Thomas Zumbroich, Andreas Müller, Günther Friedrich

Strukturgüte von Fließgewässern

Springer-Verlag Berlin Heidelberg GmbH

T. Zumbroich · A. Müller · G. Friedrich

Strukturgüte von Fließgewässern

Grundlagen und Kartierung

Mit 128 Abbildungen und 21 Tabellen

 Springer

DR. RER. NAT.　　　　　　　DR. RER. NAT.　　　　　　　PROF. DR. RER. NAT.
THOMAS ZUMBROICH　　　ANDREAS MÜLLER　　　　GÜNTHER FRIEDRICH
Büro für Umweltanalytik　　Büro für Umweltanalytik　　Landesumweltamt NRW
Elsa Brändström-Str. 121　　Rüttenscheider Str. 61　　　Wallneyer Str. 6
D-53227 Bonn　　　　　　　D-45130 Essen　　　　　　　D-45023 Essen

ISBN 978-3-540-64869-7　　ISBN 978-3-642-58594-4 (eBook)
DOI 10.1007/978-3-642-58594-4
Die Deutsche Bibliothek – CIP-Einheitsaufnahme

Strukturgüte von Fließgewässern: Grundlagen und Kartierung / Hrsg. Thomas Zumbroich ... - Berlin; Heidelberg; New York; Barcelona; Hongkong; London; Mailand; Paris; Singapur; Tokio: Springer 1999
　ISBN 978-3-540-64869-7

Dieses Werk ist urheberrechtlich geschützt. Die dadurch begründeten Rechte, insbesondere die der Übersetzung, des Nachdrucks, des Vortrags, der Entnahme von Abbildungen und Tabellen, der Funksendung, der Mikroverfilmung oder der Vervielfältigung auf anderen Wegen und der Speicherung in Datenverarbeitungsanlagen, bleiben, auch bei nur auszugsweiser Verwertung, vorbehalten. Eine Vervielfältigung dieses Werkes oder von Teilen dieses Werkes ist auch im Einzelfall nur in den Grenzen der gesetzlichen Bestimmungen des Urheberrechtgesetzes der Bundesrepublik Deutschland vom 9. September 1965 in der jeweils geltenden Fassung zulässig. Sie ist grundsätzlich vergütungspflichtig. Zuwiderhandlungen unterliegen den Strafbestimmungen des Urheberrechtgesetzes.

Die Wiedergabe von Gebrauchsnamen, Handelsnamen, Warenbezeichnungen usw. in diesem Werk berechtigt auch ohne besondere Kennzeichnung nicht zu der Annahme, daß solche Namen im Sinne der Warenzeichen- und Markenschutz-Gesetzgebung als frei zu betrachten wären und daher von jedermann benutzt werden dürften.

© Springer-Verlag Berlin Heidelberg 1999

Umschlaggestaltung: de'blik, Berlin

SPIN: 10127260　30/3136 - 5 4 3 2 1 0 - Gedruckt auf säurefreiem Papier

Vorwort

Untersuchung und Bewertung der Flüsse und Bäche in bezug auf ihre morphologische Struktur und somit als Lebensraum für Pflanzen und Tiere haben in den letzten Jahren zunehmend an Bedeutung gewonnen. Der Trend wird sich sicherlich in Zukunft noch verstärken. Bei dieser aus ökologischer Sicht begrüßenswerten Entwicklung kam den Gewässerbetten ihr eigenes Wasser zur Hilfe: denn spätestens seit den "Jahrhunderthochwässern" der letzten Dekade besteht ein Bedarf nach einer umfassenden Bestandsaufnahme des Gesundheitszustandes unserer Gewässerlandschaft, zu der, das haben die schweren Schäden durch die Überflutungen gelehrt, auch die Aue gehört.
Der Blick zur Gewässerstrukturgüte erfolgt deshalb auch aus einer ganz pragmatischen Erkenntnis: durch strukturelle Aufwertung eines Gewässers läßt sich das Hochwasserrisiko nachhaltig verringern.
In Bundes-, Landes-, Kreis- und Stadtparlamenten treten Politiker aller Couleur mit der Forderung nach "Gewässerkatastern" und Handlungskonzepten auf den Plan.
Dieses allgemein gestiegene Interesse am Umweltbestandteil "Fließgewässer" macht es verständlich, daß – nicht nur in Deutschland – an verschiedenen Stellen Verfahren und Methoden entwickelt wurden, mit dem Ziel, handlungsorientiert und umfassend eine ökologische Bestandserfassung zu ermöglichen. Ein Ergebnis dieses Trends ist es, daß heute vielerorts Kartierergebnisse vorliegen, die zwar fachlich fundiert aber nur schwer miteinander vergleichbar sind.
Die staatliche Lenkung im Gewässerschutz, die sich zum Beispiel in der Zuweisung von Fördermitteln zur Gewässerunterhaltung manifestiert, erfordert jedoch ein einheitliches Verfahren. Es kann nicht sein, daß für die Bäche eines unterhaltungspflichtigen Wasserverbandes in der Stadt A andere Maßstäbe gelten als in der Stadt B.
Entsprechend der föderalistischen Struktur der Bundesrepublik Deutschland obliegt den Ländern die Hoheit im Gewässerschutz. Bei bundeslandüberschreiten-

den Angelegenheiten ist Einheitlichkeit und damit ein regelmäßiger Dialog erforderlich. Diese Aufgabe nimmt seit über dreißig Jahren die Länderarbeitsgemeinschaft Wasser (LAWA) wahr, in der jedes Bundesland eine Stimme hat. Die Beschlüsse und Empfehlungen dieses Gremiums tragen wesentlich zur Vereinheitlichung des wasserrechtlichen Vollzugs bei.

Die LAWA ist entsprechend das Gremium, auf das der Auftrag für die Entwicklung des Verfahrens zur Bewertung der Gewässerstruktur zurückgeht. Nach etwa fünfjähriger Entwicklungszeit – für die einen zu lang, für die anderen überraschend kurz – ist ein Konsens gefunden worden zwischen den unterschiedlichsten Fachdisziplinen und Landesdialekten.

Die erste bundesweit einheitliche Kartiervorschrift für die Gewässerstruktur liegt vor.

Die Erfahrung aus vielen Gesprächen und Diskussionen anläßlich von Probekartierungen, Seminaren, Schulungsveranstaltungen und Kongressen, hat gezeigt, daß der Umgang mit einer kompakten und "amtlichen" Kartieranleitung nicht leicht ist, und daß unterstützende, erläuternde Literatur benötigt wird. Dies gilt nicht mehr und auch nicht weniger für die Gewässerstrukturgütekartierung als für andere Verfahren.

Es hat aber nicht nur der Kartierer möglicherweise Schwierigkeiten, da er sich mit einer Vielzahl verfahrensspezifischer Definitionen und Begriffe konfrontiert sieht. Auch diejenigen, die eine Gewässerstrukturgütekartierung in Auftrag geben, müssen das Verfahren kennen, um seine Möglichkeiten und Grenzen abschätzen zu können und um die Ergebnisse im Rahmen ihrer Arbeit als Unterhaltungsträger oder als Planer sinnvoll anwenden zu können.

Und dann sind da diejenigen, deren bisherige Arbeit durch eine Gewässerstrukturgütekarte in Frage gestellt werden könnte. Bei ihnen bestehen möglicherweise Vorbehalte, wenn z. B. eine mit viel Mühe durchgesetzte Renaturierung nicht die (erhoffte) Bestbewertung erhält oder technisch perfekte Maßnahmen zur Abflußregulierung ein Flußsystem "rot" werden lassen. Hier darf die Karte nicht dazu verwendet werden, um ganze Berufsstände an den Pranger zu stellen, denn der unter rein technischen Gesichtspunkten betriebene, die Gewässer denaturierende Ausbau erfolgte jahrhundertelang in gesellschaftlichem Konsens.

Vielmehr bietet die Karte aufgrund ihrer sachlichen Fundiertheit die Chance für eine Verständigung durch Diskussion und vor allem Dialog über Fächergrenzen hinweg, da sie selbst aus einer fächerübergreifenden Bearbeitung entstanden ist.

Der Dialog kann aber nur geführt werden, wenn in gegenseitigem Verständnis eine gemeinsame Sprache entwickelt wird. Damit richtet die Gewässerstrukturgütekarte auch einen Appell an die Hochschulen. Dort muß den "mit Wasser" befaßten Fachleuten, Naturwissenschaftler und Ingenieure, im Rahmen ihrer jeweiligen Ausbildung das gewisse Quentchen vom Wissen und der Sichtweise der jeweils anderen vermittelt werden.

Da das Kartierverfahren für Angehörige all dieser Fachdisziplinen anwendbar sein soll, wurde schon in der Verfahrensentwicklung das ganze Spektrum umweltbezogener Fächer beteiligt. Das Ergebnis ist – natürlich – ein Kompromiß zwischen dem, was aus der Sicht der verschiedenen Fachdisziplinen wünschenswert war und dem, was notwendig und praktikabel ist. Sicherlich bemißt sich der Wert eines Verfahrens auch an seiner Praktikabilität.

Die Autorinnen und Autoren dieses Buches spiegeln diese Vielfalt stellvertretend für alle an dem Verfahren beteiligten wider. Bauingenieure, Biologen, Chemiker, Geowissenschaftler, Landschaftsplaner und Umweltingenieure – oder anders ausgedrückt –, Mitarbeiter aus Landes-, Bezirks- und Kreisbehörden, Universitäten und Planungsbüros finden sich zwischen diesen Buchdeckeln.

Die Gewässerstrukturgütekartierung ist ein Bewertungsverfahren. Bewertung resultiert aus Wertvorstellungen und ist daher – bei aller notwendigen wissenschaftlichen Fundiertheit – stets auch ein sehr persönlicher Vorgang. Dementsprechend sind die Beiträge in diesem Buch nicht nur abstrakter, "objektiver" Lehrstoff, sondern immer auch Meinung, persönliche Reflexion und Ansicht. Und wie sich die Gewässer unterscheiden, so unterscheiden sich auch – manchmal nur in Nuancen – die Sichtweisen von Gewässerschützern.

Gemeinsam ist allen an diesem Buch Beteiligten die Liebe zur Natur und der Respekt vor ihrer Schönheit und Kraft. Dies hat die Arbeit an diesem Projekt für uns alle zu einem Gewinn werden lassen.

Bonn, Essen im September 1998

Thomas Zumbroich   Andreas Müller   Günther Friedrich

Inhaltsverzeichnis

Teil A: Grundlagen

1 Die Gewässerstrukturgütekarte - ein Beitrag zum ganzheitlichen Gewässerschutz
   G. Friedrich   3

2 Die Bewertung der Gewässerstruktur - ein neues Instrument im Gewässerschutz
   K.-J. Hesse 9

3 Grundlagen der Gewässerstrukturgütekartierung
   J. Lacombe 21

4 Leitbilder als Bewertungsgrundlage der Gewässerstrukturgütekartierung
   D. Glacer 45

5 Limnologische Leitbilder zur regionalen Gewässertypologie
   M. Sommerhäuser, T. Timm 73

Teil B: Anwendung

6 Das Verfahren der Gewässerstrukturkartierung
   A. Müller, Th. Zumbroich 97

7 Durchführung der Gewässerstrukturkartierung
   J. Aderhold 123

8 Anfertigung von Gewässerstrukturgütekarten
   D. Glacer 149

9 Computerunterstützte Bewertung und Darstellung der Gewässerstruktur
   R. Boettcher 159

10 Die Gewässerstrukturgütekarte in der Praxis der Wasserwirtschaftsverwaltung
   M. Nußbaum 187

11 Gewässerstrukturgütekarten und Fließgewässerpflegeplanung
   Th. Zumbroich, A. Müller 203

12 Gewässerstrukturgütekartierung im besiedelten Bereich
   Th. Zumbroich 217

13 Kritische Anmerkungen zur Berechnung von Strukturgüteindices
   A. Müller 245

Anhang

Einzelparameter, Zustandsmerkmale und Indices 257

Typische Gewässerabschnitte und ihre Bewertung 261

Bildnachweis 285

Autorenverzeichnis

Jutta Aderhold, Dipl.-Geogr.
  Umweltamt, Kreis Siegen-Wittgenstein
  Koblenzer Str. 40, 57069 Siegen

Roland Boettcher, Dr.-Ing.
  GREBNER Umwelt GmbH
  Robert-Koch-Str. 50, 55129 Mainz

Günther Friedrich, Prof. Dr. rer. nat., Dipl.-Biol.
  Landesumweltamt Nordrhein-Westfalen
  Wallneyer Str. 6, 45023 Essen

Dirk Glacer, Dipl.-Ing., Landschaftsarchitekt Ak NW
  Horster Str. 25 e, 45276 Essen

Karl-Josef Hesse, Dipl.-Ing.
  Händelstr. 16, 50674 Köln

Jochen Lacombe, Dipl.-Biol.
  Staatliches Umweltamt Düsseldorf
  Schanzenstr. 40, 40221 Düsseldorf

Andreas Müller, Dr. rer. nat., Dipl.-Chem.
  Büro für Umweltanalytik
  Rüttenscheider Str. 61, 45130 Essen

Martin Nußbaum, Dipl.-Ing.
  Bezirksregierung Köln, 50606 Köln

Mario Sommerhäuser, Dipl.-Biol.
  Universität GH Essen, Institut für Ökologie, Abt. Hydrobiologie
  45117 Essen

Tobias Timm☦, Dr. rer. nat., Dipl.-Biol.
  Universität GH Essen, Institut für Ökologie, Abt. Hydrobiologie
  45117 Essen

Thomas Zumbroich, Dr. rer. nat., Dipl.-Geogr.
  Büro für Umweltanalytik
  Elsa-Brändström-Str. 121, 53227 Bonn

Teil A
Grundlagen

1 Die Gewässerstrukturgütekarte - ein Beitrag zum ganzheitlichen Gewässerschutz

Günther Friedrich
Postanschrift:
Landesumweltamt Nordrhein-Westfalen, Postfach 102363, 45023 Essen

Begründet bereits zu Beginn des Jahrhunderts durch KOLKWITZ & MARSSON und inzwischen als DIN-Norm eingeführt (FRIEDRICH, 1990), war das Saprobiensystem für viele Jahrzehnte die Grundlage der Bewertung der Fließgewässer.

Die Gewässergütekarten der Bundesrepublik Deutschland, der einzelnen Bundesländer sowie von Regierungsbezirken und Gemeinden sind seit den 70er Jahren ein wichtiges Instrument des Gewässerschutzes. Mit bundesweit einheitlicher, standardisierter Methodik wird die Intensität der Verunreinigung von Flüssen und Bächen erhoben und auf anschauliche Weise dargestellt. Der Vorteil lag und liegt in der guten räumlichen Zuordnung von punktuellen Belastungsschwerpunkten zu konkreten Verursachern.

Auch heute noch gilt vielfach die saprobielle Beurteilung, also die Bewertung der Auswirkungen von Gewässerbelastungen mit biologisch leicht abbaubaren Substanzen als die Methode schlechthin. Man überschätzt die Bedeutung der "klassischen" Gewässergütekarte dennoch sicher nicht, wenn man behauptet, sie habe mit der plakativen Darstellung von Belastungsschwerpunkten einen Beitrag zur Reinhaltung der Flüsse und Bäche geleistet. Die für die Darstellung der Güteklassen von LIEBMANN (1962) eingeführten Signalfarben von blau über grün und gelb bis rot entsprechend zunehmender Gewässerverunreinigung, haben ein übriges getan, die Wirkung der Karte zu gewährleisten.

Im weiteren Verlauf wurde dieselbe Farbskala auch für viele andere Darstellungen im Umweltschutz verwendet.

Inzwischen gereicht der Vorteil der Karte zu ihrem Nachteil. Zunehmend wurde seit dem Ende der achtziger Jahre Kritik an den viel zu "grünen" Karten laut, die die eigentlichen Probleme verschleiern. Die Kritik ist ebenso begründet wie ungerechtfertigt. Ungerechtfertigt ist sie, weil die Karte manchmal überinterpretiert wurde und Schlüsse gezogen wurden, die nicht zulässig sind. Begründet ist die Kritik, weil inzwischen dank der zunehmenden Abwasserreinigung die Flüsse und Bäche sauberer geworden sind, aber aufgrund anderer Belastungen der Gewässer andersartige Gütedefizite aufweisen und diese für die Öffentlichkeit deutlich und interessant geworden sind. Schlagworte dazu sind: Kanalisierung – Gewässerversauerung – Eutrophierung – Langzeittoxizität – Mikroverunreinigung. Diese andersartigen Belastungen sind entweder tatsächlich neu, wie die Versauerung schwach gepufferter Bäche und kleiner Flüsse oder treten erst jetzt zunehmend zutage, wie die durch zu hohe Nährstoffkonzentrationen bedingte Eutrophierung, d.h. Zunahme an Pflanzenwuchs mit Verkrautung und Veralgung oder Trübung und Färbung des Wassers durch Planktonalgen. Für diese Belastungen gibt es inzwischen geeignete Bewertungsverfahren oder sie sind in Vorbereitung, vgl. dazu FRIEDRICH (1986), BAYER. LANDESAMT FÜR WASSERFORSCHUNG (1986), BAYER. LANDESANSTALT FÜR WASSERWIRTSCHAFT (1998), FRIEDRICH & LACOMBE (1992).

Wasserbau und Gewässerunterhaltung haben im Laufe von Jahrhunderten dazu beigetragen, Ackerland und Siedlungsflächen zu gewinnen. Dabei sind erhebliche ökologische Schäden an den Gewässern und ihrer Landschaft entstanden. Nach dem Zweiten Weltkrieg aber hat diese Entwicklung mit der Technisierung und Industrialisierung der Landwirtschaft sowie der zum Teil rücksichtslosen Besiedlung von Überschwemmungsräumen mit Rasanz zugenommen, Bäche und Flüsse verkamen zu "Vorflutern". Alle diese, die Gewässer "zerstörenden" Maßnahmen erfolgten lange Zeit im gesellschaftlichen Konsens. Merkwürdig erscheint jedoch im Nachhinein, daß die Vernichtung naturnaher Gewässerstrecken noch lange anhielt, als Wasserreinhaltung schon längst fester Bestandteil der Wasserwirtschaft geworden war und Fischsterben als schwerwiegende Unglücke galten.

Bezeichnend für die Entwicklung des Gewässerschutzes ist auch die Veränderung des Wasserrechts, die deutlich zeigt, wie sich aus dem Gebot zur Wasserreinhaltung ein Gebot zum Schutze der Gewässer in einem umfassenden Sinne entwickelt hat.

Der Grundsatz der Wasserwirtschaft ist niedergelegt im Wasserhaushaltsgesetz der Bundesrepublik Deutschland (WHG). Die 1. Fassung des Gesetzes von 1957 trat am 1.3.1959 in Kraft und ersetzte mehrere Gesetze und Verordnungen von 1935 bis 1945. In den einleitenden Paragraphen 1 und 2 gab es lediglich eine Definition des sachlichen Geltungsbereichs in §1 sowie in § 2 den Grundsatz, in dem festgelegt war:

"Eine Benutzung der Gewässer bedarf einer behördlichen Erlaubnis oder Bewilligung"... und

"Die Erlaubnis und die Bewilligung geben kein Recht auf Zufluß von Wasser bestimmter Menge und Beschaffenheit."

(WHG 1957 § 2 Abs. 2).

Mit der 4. Novelle (WHG 1976) wurde der Grundsatz als § 1a Abs. 1 so formuliert:

"Die Gewässer sind so zu bewirtschaften, daß sie dem Wohl der Allgemeinheit und im Einklang mit ihm auch dem Nutzen einzelner dienen und daß jede vermeidbare Beeinträchtigung unterbleibt."

Dies war der erste Schritt hin zum eigentlichen Gewässerschutz.

Zehn Jahre später, 1986, wurde der Grundsatz durch eine wesentliche Einfügung erweitert. § 1a Abs. 1 lautete nunmehr:

"Die Gewässer sind <u>als Bestandteil des Naturhaushaltes</u> so zu bewirtschaften, daß sie dem Wohl der Allgemeinheit und im Einklang mit ihm auch dem Nutzen

einzelner dienen und daß jede vermeidbare Beeinträchtigung unterbleibt."
(WHG 1986).

Der Hinweis auf die Gewässer als Bestandteile des Naturhaushaltes heißt nicht mehr und nicht weniger, als daß der Eigenwert der Gewässer anerkannt wurde und sie um ihrer selbst willen (schonend) zu bewirtschaften sind.

Im juristischen Kommentar zur Gesetzesnovelle wird dazu ausgeführt:

"*§ 1a dient dazu, die Lebensgrundlage Wasser zu erhalten und zu sichern und ist Ausdruck des Vorsorgeprinzips ..., das nach heutigem Verständnis als der vielleicht wesentlichste Grundsatz des Umweltschutzes gilt...*"
(GIESEKE et al. 1992)

Mit der 6. Novelle von 1996 wurde der § 1 a Abs. 1 nochmals wesentlich in Richtung auf einen umfassenden Gewässerschutz hin verändert. Jetzt lautet der Text:

"*Die Gewässer sind als Bestandteil des Naturhaushaltes und <u>als Lebensraum für Tiere und Pflanzen</u> zu sichern. Sie sind so zu bewirtschaften, daß sie dem Wohl der Allgemeinheit und im Einklang mit ihm auch dem Nutzen einzelner dienen und vermeidbare Beeinträchtigungen <u>ihrer ökologischen Funktionen</u> unterbleiben*"
(WHG 1996).

Der mit Vorrang genannte Schutz bedeutet natürlich nicht, daß die nachfolgenden Paragraphen die Gewässernutzung prinzipiell infrage stellen, aber die Sicherung der ökologischen Funktionsfähigkeit erhält einen dominanten Stellenwert.

Eine ähnliche Entwicklung zeichnet sich auch auf europäischer Ebene mit der geplanten Wasserrahmenrichtlinie ab, die inzwischen als überarbeiteter Entwurf vorliegt (EU 1997). Kernpunkte sind die Festlegung des ökologischen Zustandes und seine Bewertung anhand biologischer Parameter. Hydromorphologische und pyhsikalisch-chemische Parameter sind ebenfalls heranzuziehen, soweit sie Einfluß auf die Biologie haben. Die Klassifikation und Bewertung erfolgt in einer Fünf-Stufen-Skala entsprechend der Intensität der Abweichung des vorgefundenen von einem Referenzzustand. Er ist regionaltypisch für die Gewässerkategorien Flüsse, Seen, Ästuare und Küstengewässer festzulegen.

Der "Referenzzustand", angepaßt an die natürliche Differenzierung der Fließgewässertypen, entspricht in etwa dem, was in Deutschland mit "Leitbild" bezeichnet wird. Zur Beschreibung der ökologischen Qualität sollen in erster Linie die biologischen Parameter herangezogen werden (Plankton, benthische Algen und Makrophyten, benthische Fauna und die Fische). Bei den hydrochemischen Parametern handelt es sich um solche, die allgemeine Abwasserbelastung und das Vorhandensein von Mikroverunreinigungen indizieren.

Bezüglich der Hydromorphologie sind genannt:
- Wasserhaushalt: Abfluß und Abflußdynamik
- Flußkontinuum: Vorhandensein bzw. Fehlen anthropogener Unterbrechungen, die die Wanderung aquatischer Organismen und den Sedimenttransport be- oder verhindern
- Morphologie: Gewässerbettstruktur, Strömungsvarianz und Substrate, Struktur der Uferbereiche.

Aus diesem Kriterienkatalog wird deutlich, daß die Merkmale der Gewässerstruktur, wie sie bei der Strukturgütebewertung in Deutschland vorgesehen sind, eine wichtige Rolle für die Bewertung der Gewässer auch im supranationalen Rahmen spielen werden. Die Zusammenhänge zwischen Wasserchemismus, Abflußgeschehen, der Gestalt des Gewässerbettes und der umgebenden Aue mit ihrer Bedeutung für die ökologische Funktionsfähigkeit sind bereits lange bekannt. Die ausdrückliche Betonung in einer Richtlinie der Europäischen Komisssion mit Gesetzescharakter für die Mitgliedsstaaten, ist jedoch als Meilenstein im Umweltschutz zu bewerten. Daran können auch mancherlei Geburtsfehler einer solchen Richtlinie nichts ändern. So wie sich das Wasserhaushaltsgesetz nach und nach entwickelt hat, wird es auch die EU-Rahmenrichtlinie tun.

Von der Definition von Kriterien, mit denen die ökologische Qualität zu beurteilen ist bis zur Einführung international genormter Klassifikations- und Bewertungsverfahren und der Durchführung entsprechender Messungen ist es natürlich noch ein weiter Weg.

Angesichts der erheblichen Unterschiede zwischen den Mitgliedsstaaten der Europäischen Union auch in der Entwicklung des Gewässerschutzes und der routinemäßigen Gewässeruntersuchung wird es noch eine langwierige Entwicklungsphase geben, bis europaweit vergleichbare Ergebnisse zu erwarten sind. Betrachtet man die internationale Entwicklung, so kann man jedoch feststellen, daß in vielen Ländern für die Bewertung und Kartierung der Gewässerstruktur Methoden entwickelt wurden oder bereits mehr oder weniger routinemäßig angewendet werden. Umso dringlicher erscheint es, die in Deutschland im Laufe der letzten Jahre gesammelten Erfahrungen bei der Methodenentwicklung in die flächendeckende, praktische Anwendung zu bringen.

Die in diesem Buch vorgestellte Methode kann als "operationelles Verfahren" bezeichnet werden, denn die Datenaufnahme im Gelände im großen Maßstab und die Darstellung der Ergebnisse zielen nicht nur auf das Erkennen struktureller Defizite, sondern auch auf die unmittelbare Ableitung praktischer Maßnahmenvorschläge zur Verbesserung der Gewässerstruktur und zur Beseitigung der erkannten Struktugüte-Defizite ab.

Daneben wird im Rahmen der Länderarbeitsgemeinschaft Wasser (LAWA) auch ein Übersichtsverfahren entwickelt, daß vor allem für kleine Maßstäbe als "strategisches Verfahren" gedacht ist. Es beruht im wesentlichen auf der Auswertung von Karten und Luftbildern in Verbindung mit der Befragung von Orts- und Sachkundigen (BINDER & KRAIER 1998).

Die Strukturgütekarte ergänzt die bisherigen Informationen über unsere Fließgewässer. Als geeignetes Instrument im Gewässerschutz steht sie für sich allein. Sie soll außerdem Teil eines Gewässegüteatlas sein, den die LAWA angesichts der vielfältigen, spezifischen Belastungen der Gewässer herausgeben will.

Damit wird erreicht, daß für spezifische Gewässerbelastungen entsprechende Karten existieren, die den oder die Hauptverantwortlichen ansprechen.

Die Erarbeitung der Strukturgütekarte der Fließgewässer der Bundesrepublik Deutschland hat bereits begonnen, vgl. BINDER & KRAIER (1998).

Weiterhin hat die Umweltministerkonferenz (UMK) die LAWA beauftragt, eine Methode zur "integrierten Bewertung" der Gewässer zu entwickeln.

Die integrierte (oder integrale) Gewässerbewertung zielt primär darauf ab, mit einer einzigen Aussage entsprechend einer einfachen Skala die Gesamtbewertung vorzunehmen, vergleichbar einem Schulzeugnis an dessen Ende der Vermerk steht, "*Ziel erreicht - versetzt*" bzw. "*Ziel nicht erreicht - nicht versetzt*".

Für die integrierte Bewertung der Fließgewässer sind in den letzten Jahren unterschiedliche Wege beschritten worden, die man vereinfacht als bottom-up-oder top-down-Ansätze klassifizieren kann.

Informationen über den Stand der Entwicklung gibt die Schrift "Integrierte ökologische Bewertung - Inhalte und Möglichkeiten (BAYERISCHES LANDESAMT FÜR WASSERWIRTSCHAFT 1998).

Ein bottom-up-Ansatz wurde von BRAUKMANN & PINTER (1997) vorgestellt. Ein ähnlicher Ansatz wurde in Österreich entwickelt (MOOG & CHOVANEC 1998). Beide gehen davon aus, daß die Naturnähe bzw. ökologische Funktionsfähigkeit anhand ausgewählter Kenngrößen entwickelt wird. Die Ergebnisse werden anschließend zu einer Gesamtbewertung verdichtet. Auf diese Weise ist gewährleistet, daß die zugrundeliegenden Einzelbewertungen als Hintergrundinformation vorab vorhanden sind und ggf. sofort dargestellt werden können, wenn es um die Suche nach den ausschlaggebenden spezifischen Gütedefiziten geht.

Der top-down-Ansatz wurde vor allen Dingen in Großbritannien in Form des RIVPACS-Verfahrens entwickelt (WRIGHT et al. 1993). Es vergleicht die potentielle Wasserfauna mit der vorhandenen und beschreibt so die Intensität der Abweichung vom "biozönotischen Leitbild". Im Detail ist dann zu untersuchen, worin die biologischen Defizite ihre Ursachen haben.

Welcher Weg auch beschritten wird, die Struktur der Gewässer, d.h. auch ihre "Bewohnbarkeit für Lebewesen" und ihre Verknüpfung mit dem Umland spielt eine entscheidende Rolle. Daher kann man die Kartierung der Gewässerstrukturgüte mit Fug und Recht als einen wesentlichen Schritt hin zu einer ganzheitlichen Gewässerbewertung bezeichnen.

Literatur

Bayer. Landesamt für Wasserwirtschaft, Inst. f. Wasserforschung (1998): Integrierte ökologische Gewässerbewertung - Inhalte und Möglichkeiten. - Münchener Beiträge zur Abwasser-, Fischerei- und Flußbiologie, Band 51.

Bayer. Landesamt für Wasserwirtschaft, Inst. f. Wasserforschung (1986): - Münchener Beiträge zur Abwasser-, Fischerei- und Flußbiologie, Band 40.

Binder, W. & Kraier, W. (1998): Gewässerstrukturgütekarte der Bundesrepublik Deutschland, Stand der Bearbeitung. - In: Bayer. Landesamt für Wasserwirtschaft, Inst. f. Wasserforschung, Integrierte ökologische Gewässerbewertung - Inhalte und Möglichkeiten. - Müchener Beiträge zur Abwasser-, Fischerei- und Flußbiologie, Band 51.

Braukmann, U. & Pinter, I. (1997): Conzept for an integrated ecological evaluation of running waters. - Acta hydrochim. et hydrobiol. 25, 3.

EU (Kommission der Europäischen Gemeinschaften) (1997): Vorschlag der Kommission für eine Richtlinie des Rates zur Schaffung eines Ordnungsrahmens für Maßnahmen der Gemeinschaft im Bereich der Wasserpolitik, Brüssel.

Friedrich, G. (1986): Stand der Gütebewertung und nutzungsbezogene Qualitätsanforderungen an Fließgewässer in der Bundesrepublik Deutschland. - In: Bewertung der Gewässerqualität

und Gewässergüteanforderungen. - Müchener Beiträge zur Abwasser-, Fischerei- und Flußbiologie, Band 40.
Friedrich, G. (1998): Integrierte Bewertung der Fließgewässer - Möglichkeiten und Grenzen. - Münchener Beiträge zur Abwasser-, Fischerei- und Flußbiologie Band 51, D. 35-56.
Friedrich, G. & Lacombe, J. (Hrsg.) (1992): Ökologische Bewertung von Fließgewässern. - Limnologie Aktuell, Band 3, 462 S., Gustav Fischer Verlag Stuttgart.
Gieseke, P., W. Wiedermann, M. Czychowski (1992): Wasserhaushaltsgesetz unter Berücksichtigung der Landeswassergesetze und des Wasserstrafrechts. - 6. neubearbeitete Auflage, 1257 S., München.
Liebmann, H. (1962): Handbuch der Frischwasser- und Abwasserbiologie. - Band 1. 2.Auflage, 588 S., Gustav Fischer Verlag Jena.
Moog, O. & A. Chovanec (1998): Die "ökologische Funktionsfähigkeit" - ein Ansatz der integrierten Gewässerbewertung in Österreich. - In: Integrierte ökologische Gewässerbewertung - Münchene Beiträge zur Abwasser-, Fischerei- und Flußbiologie, Band 51, Hrsg.: Bayer. Landesamt für Wasserwirtschaft, Inst. f. Wasserforschung
WHG (1957): Gesetz zur Ordnung des Wasserhaushaltes (Wasserhaushaltsgesetz _ WHG) vom 27.07.1957. - BGBl, S. 1110 ber. S. 1386
WHG (1976): dito 4.Novelle vom 16.10.1996. - BGBl, S. 3017
WHG (1986): dito 5.Novelle. - BGBl, S. 1529 - 1654
WHG (1996): dito 6.Novelle vom 12.11.1996. - BGBl, S. 1695 - 1711
Wright, J.F., M.T. Further & P.D. Armetage (1993): RIVPACS - technic for evulation and biological quality of rivers in the UK. - European Water Control 3/4, pp. 15-25.

2 Die Bewertung der Gewässerstruktur - ein neues Instrument im Gewässerschutz

Karl-Josef Hesse
Händelstr. 16, 50674 Köln
vormals: Landesumweltamt Nordrhein-Westfalen

2.1 Einleitung

Der Begriff "Gewässerschutz" wurde in der Vergangenheit sowohl von Fachleuten als auch heutzutage noch von weiten Teilen der Bevölkerung als Synonym für den Schutz und die Verbesserung der Wasserbeschaffenheit verwendet. Das entsprechende, allgemein bekannte und anerkannte Bewertungsinstrument, die klassische Gewässergütekarte (LAWA 1976), zeigt Defizite und Sanierungserfolge auf und hat unbestritten viel zur Verbesserung der Wasserqualität beigetragen.

Gleichzeitig rücken jedoch qualitativ neue Probleme ins Blickfeld der Gewässerschützer, die auf einen umfassenderen Umwelt- bzw. Gewässerschutz zielen. Zu den entsprechend neuen Bewertungsinstrumenten gehört die Gewässerstrukturgütekarte. Was ist unter diesem Begriff zu verstehen und welche Defizite bzw. Sanierungserfolge sollen damit aufgezeigt werden können? Zur Beantwortung dieser Frage soll kurz die zeitliche Entwicklung und Intensität der menschlichen Gewässernutzung, ihre Auswirkungen auf die Gewässer und deren Bewertung vor dem Hintergrund eines wachsenden ökologischen Verständnisses skizziert werden.

2.2 Fließgewässernutzung und ihre Auswirkungen

Fließgewässer prägen die Landschaft seit altersher und sind eine wichtige Lebensgrundlage der Menschen, ob nun als Trink- oder Brauchwasser, als Fischgewässer oder als Verkehrswege, die die Entstehung der frühen Städte und Dörfer bedingten. Die Siedlungen wuchsen und wurden zum Wohle der Bevölkerung sauberer, da zunehmend die fäkalen Abwässer gesammelt und in die Gewässer geleitet wurden. Die Feststellung, daß Trinken, Baden und Fischen in abwasserbelasteten Gewässern nachteilige Folgen haben kann, rückte jedoch erst im Zuge der rasanten Industrialisierung Anfang dieses Jahrhunderts allgemein ins Bewußtsein und wurde spätestens in den 70er Jahren, auf dem Höhepunkt der Rheinverschmutzung, politisch bzw. planerisch wirksam. Dies äußerte sich zunächst in vermehrtem Kanalisations- und Kläranlagenausbau. Zunehmend gewannen jedoch auch wissenschaftliche Fragen hinsichtlich der Auswirkungen der Gewässernutzung, z.B. im Hinblick auf die Aufstellung von nutzungsbezogenen Qualitätsanforderungen wie der Trinkwasserverordnung (TVO 1986) und Umwelt-Mindeststandards wie den Allgemeinen Güteanforderungen für Fließgewässer (LWA NRW 1991) an Gewicht. Parallel dazu wurde es notwendig, neue Bewertungsmethoden zu entwickeln. Die begleitende Erforschung der ökologischen Wechselwirkungen führte zur Offenlegung neuer Ursache-Wirkungs-Beziehungen aber auch zum Erkennen neuer Belastungsprobleme, wie z.b. der Gewässerversauerung oder der mutagenen Wirkung von Mikroverunreinigungen. Die Diskussion über die Bewertung der Wasserbeschaffenheit dauert weiter an, soll jedoch hier nicht weiter verfolgt werden (CORING & KÜCHENHOFF 1995, FRIEDRICH 1986 u. 1990, IRMER et al. 1990, NEWMAN 1988).

Die Situation der Fließgewässer wird aber nicht nur durch die Nutzung und Beeinflussung des Wasserkörpers, sondern in ähnlicher Weise auch durch die strukturelle Umgestaltung des Gewässerbettes bestimmt. Im Zuge der verbesserten technischen Möglichkeiten führten einseitig ausgerichtete Nutzungsinteressen zu einem völlig neuen Habitus der Gewässer.

Aber auch hier wächst die Erkenntnis, daß Nutzungen oftmals mit negativen Rückkopplungen verbunden sind, die, vornehmlich wenn sie andere Interessengruppen betreffen, nur sektoral erforscht, bewertet und administrativ behoben werden. So sollten zur Steigerung des Abflußvermögens entsprechend ausgebaute und unterhaltene Profile die betreffenden Anlieger vor Hochwässern schützen. Häufig brachten diese Ausbaumaßnahmen jedoch verschärfte Hochwasserprobleme für die Unterlieger mit sich. Auch wurden aus Hochwasserschutzgründen zahlreiche Hochwasserrückhaltebecken gebaut, die, wenn sie talquerend im Hauptschluß liegen, eine Barriere für viele Tiere darstellen. Insbesondere sind davon die Fische und damit wiederum die Interessen der Angler betroffen. Darüber hinaus stellen Hochwasserrückhaltebecken häufig "Sedimentfallen" dar, so daß sie regelmäßig ausgebaggert werden müssen und damit Kosten für die Allgemeinheit verursachen.

Weiterhin führt die auf Landgewinn ausgerichtete Entwässerung weiter Teile des Landes durch Drainage, Eindeichung und Tieferlegung der Gewässer auch zu einem Verlust von Retentionsräumen. Dieser beschleunigt wiederum den Abfluß und wirkt sich potentiell hochwasserverschärfend für die Unterlieger aus.

Im Zuge der Verbesserung der Wasserqualität wurde immer deutlicher, daß die strukturelle Umgestaltung der Fließgewässer einen immer bestimmenderen Einfluß auf die gewässerabhängige Lebewelt ausübt, die in weiten Teilen des Landes immer einheitlicher und artenärmer wurde.

2 Bewertung der Gewässerstruktur - ein neues Instrument im Gewässerschutz

Abb. 2.1. Die Intensivierung der Flächennutzung ging in der Regel mit der massiven strukturellen Verarmung der Gewässer einher.

Der durch Bevölkerungswachstum und Industrialisierung verstärkte Einfluß auf die Gewässer betrifft also nicht nur die Wasserbeschaffenheit, sondern das ganze Gewässer. Aus praktischen Gründen werden jedoch aus Sicht des Gewässerschutzes folgende drei Teilbereiche unterschieden:

- Wasserqualität,
- Struktur (Gewässerbett, Ufer, Aue) und
- Abfluß/Hydraulik.

Die aufgeführten Teilbereiche prägen den Lebensraum Fließgewässer und definieren ihn für die entsprechend angepaßten Biozönosen. Durch ihre Analyse wird somit einerseits die wesentliche Voraussetzung für die gewässerabhängige Lebewelt beurteilbar. Andererseits bleibt erkennbar, durch welche Art von Maßnahmen eine Verbesserung zu bewirken wäre.

2.3
Die Bewertung der Gewässerstruktur als Teil der Gewässerbeschaffenheit

Es fällt schwer, die Auswirkungen der Fließgewässernutzung wertfrei zu beschreiben, da sowohl die direkte Nutzung als auch die Folgewirkungen menschliche Interessen berühren und entsprechend unmittelbar bewertet werden. Bewertung hat zunächst wenig mit Wissenschaft und Ökologie zu tun, sie fand und findet jedoch mittel- und unmittelbar fortwährend statt.

Die allgemein negative Bewertung der Gewässerstruktur anthropogen überformter Fließgewässer hat im wesentlichen folgende Gründe:
- Der Erholungswert von "uniformierten" Fließgewässerstrukturen ("Regelprofil") wird im Verhältnis zu "natürlichen" Fließgewässern überwiegend als schlecht beurteilt.
- Die einheitlich technisch gestaltete Gewässerstruktur hat einen negativen Einfluß auf die fischereiliche Nutzbarkeit.
- Der Verlust von Retentionsräumen in der ehemaligen Aue wird ursächlich für weiterhin auftretende Hochwässerschäden mitverantwortlich gemacht.

Abb. 2.2. Die Zeche für die intensive Auennutzung und die Zerstörung von Retentionsräumen wird von den Unterliegern gezahlt.

- Die Vereinheitlichung der Gewässerstruktur zieht eine Verarmung der Fließgewässerbiozönose und so ihre nachhaltige nachteilige Veränderung nach sich.
- Intensiv genutzte Fließgewässer sind kaum geeignet, die ihnen gemäße Funktion im Naturhaushalt zu erfüllen und insbesondere die Vernetzung der Biotope zu gewährleisten.
- Sowohl die Schwebstoffrückhaltung als auch der Abbau der Restverunreinigung von gereinigtem Abwasser verschlechtern sich potentiell.
- Aus der fehlenden Ausnutzung der selbstregulierenden natürlichen Prozesse ergibt sich ein erhöhter Pflege- und Instandhaltungsaufwand.

Parallel zu dieser Entwicklung wuchs die Einsicht, daß ökologische Wechselwirkungen zwischen belebter und unbelebter Natur stark vernetzt und Ursache-Wirkungs-Beziehungen häufig nur fragmentarisch erkennbar sind. Gleichzeitig sollen sie jedoch, sofern bekannt, mit in die Planung und Gestaltung unserer Umwelt bzw. Gewässer einfließen.

Im Gewässerschutz stand und steht die Sicherstellung von menschlichen Nutzungsansprüchen zwangsläufig im Vordergrund. Der Schutz der Natur um ihrer selbst willen im Sinne eines umfassenden Naturschutzes ist jedoch als nutzungsgleicher Anspruch zu verstehen und entsprechend zu berücksichtigen. Die Entscheidungsprozesse innerhalb der Planung sowie die notwendigen Bewertungsmethoden sind nach wie vor nutzungsorientiert. Neu ist jedoch, daß sie zunehmend den heutigen ökologischen Erkenntnissen gerecht werden müssen.

Entsprechend schwierig war die Entwicklung geeigneter Ansätze zur Bewertung der Gewässerstruktur. In einer Veröffentlichung von FRIEDRICH und LACOMBE (1992) wurden die bis dahin bekanntesten Verfahren und Ansätze zur "ökologischen Bewertung" zusammengetragen. Der Begriff "ökologische Bewertung" macht deutlich, daß neben dem Wasserbereich auch die anderen Teilbereiche einschließlich ihrer Wechselwirkungen zur Biozönose Gegenstand der Diskussion waren. Da Gewässerbewertungen jedoch handlungsorientiert den für die Verbesserung Zuständigen ansprechen sollen, wurde auf Länderebene beschlossen, zunächst den Teilbereich Gewässerstruktur komplementär zur Wasserqualität ("Gewässergüte") zu bearbeiten. Ansätze gab es hierzu auch in anderen Ländern, wie z.B. in Österreich (WERTH 1989). In Deutschland sind insbesondere die Ansätze aus Bayern (MAUCH 1992), dem Saarland (WILD und KUNZ 1992), aus Rheinland-Pfalz (OTTO 1992) sowie aus Nordrhein-Westfalen (FRIEDRICH, HESSE und LACOMBE 1993) zu nennen.

2.4
Ziele und Leitbilder - Konsenssuche und Grundkonflikte

Den zunehmend negativ empfundenen wasserbaulichen Auswirkungen begegnete man zunächst mit der Verwendung alternativer Baustoffe und Bauweisen. Etwa zur gleichen Zeit, also zu Beginn der achtziger Jahre, wurden die ersten Richtlinien, Verordnungen und Merkblätter zur Gewässerpflege und zu naturnahem Gewässerausbau veröffentlicht (vergl. z.B. BINDER 1979, DVWK 1984 u. 1988, MURL 1987, LÖLF u. LWA NRW 1985, LWA NRW 1989). Auch wurden zur Verbesserung der "ökologischen Situation" viele Renaturierungsmaßnahmen oder Maßnahmen mit ähnlich klingenden Bezeichnungen meist im Rahmen von Länderprogrammen durchgeführt. SMUKALLA (1994) weist jedoch im Rahmen eines Forschungsprojektes hinsichtlich der ökologischen Effizienz derartiger Renaturierungen darauf hin, daß zu den durchgeführten Maßnahmen sehr unterschiedliche und manchmal auch keine Zielvorstellungen formuliert wurden. Nach und nach wurde deutlich, daß die Aufstellung von Zielen und Kriterien mehr ein gesellschaftlich-kulturelles, denn ein wissenschaftlich-ökologisches Problem darstellt. Entsprechend schwierig war es, eine Bewertungskonvention zu entwickeln, insbesondere dann, wenn so subjektive Kriterien wie die "Verbesserung des Landschaftsbildes" berücksichtigt werden sollen. Besonders deutlich wird der zeitliche Wandel der gesellschaftlichen Wertevorstellungen in den Abbildungen 2.3 und 2.4. Sie entstammen einer Schrift, die die Niers, einen kleinen Fluß am linken Niederrhein, beschreibt.Im Bestreben, ökologische Erkenntnisse zur Sicherung der langfristigen bzw. nachhaltigen Nutzung der Umwelt einfließen zu lassen, aber auch zum Schutz der Natur um ihrer selbst willen, gewannen Begriffe wie "Naturhaushalt" und "ökologische Funktionsfähigkeit" an Bedeutung (CHOVANEC et al. 1994). Sie sind vorwiegend auf dem Hintergrund einer "organismischen Ökosystemtheorie" zu verstehen (TREPL 1988) und fanden auch Eingang in Gesetze und Richtlinien. So fordert das Wasserhaushaltsgesetz in seinem Grundsatzparagraphen 1 a, "die Gewässer als Bestandteil des Naturhaushalts so zu bewirtschaften, daß sie dem Wohl der Allgemeinheit und im Einklang mit ihm auch dem Nutzen einzelner dienen und daß jede vermeidbare Beeinträchtigung unterbleibt" (WHG 1996). Dem Wohl der Allgemeinheit dient unter anderem die naturgemäße ökologische Funktionsfähigkeit der Gewässer, welche von ihrer Struktur maßgeblich bestimmt wird. Als Teilaspekte wären hier u.a. die natürliche Hochwasserrückhaltung, der natürliche Geschiebehaushalt und naturgemäße Biotopstrukturen zu nennen. Zusammenfassend wurden in Nordrhein-Westfalen im ersten Entwurf einer Kartieranleitung zur Erhebung und Bewertung der Gewässerstruktur (LWA NRW 1993) drei Hauptziele genannt, die entsprechend den unterschiedlichen Interessenlagen keine hierarchische Reihung aufweisen:

- Sicherung und Verbesserung der ökologischen Funktionsfähigkeit.
- Sicherung und Verbesserung des Lebensraumes Fließgewässer für Pflanzen und Tiere.
- Sicherung und Verbesserung des Landschaftsbildes.

Erscheint es noch relativ leicht, aus den ursächlichen Defiziten einen breiten Konsens hinsichtlich der Ziele herbeizuführen, so wird bei der Methodenentwicklung schnell deutlich, daß hier ein Bewertungsverfahren für ein komplexes Ursache-Wirkungsgefüge entwickelt werden muß, welches aus unterschiedlichen Interessen und emotionalen Blickwinkeln betrachtet werden kann. Für eine breite Akzeptanz der Bewertungsergebnisse ist es jedoch unabdingbar, daß ein Konsens hinsichtlich einer intersubjektiven Werthaltung herbeigeführt wird. Ebenso wichtig ist es, daß die Ergebnisse ausreichend reproduzierbar sind.

Abb. 2.3. "Nierslauf bei Kloerath, heute eingeebnet. Der überhöhte Uferrand als Längsstauung hat das Land zu heideartigem Brachland voll müden Hindämmerns gemacht" (LINSSEN 1940).

Abb. 2.4. "Ein kraftvoller Zug erwachten Lebenswillens verbindet sich mit dem Gefühl der Unendlichkeit zu ernster, heroischer Poesie der Landschaft" (LINSSEN 1940).

Davon ausgehend, daß man Bewertung als Bestimmung der Abweichung von einem Bestzustand begreifen kann, wurde es erforderlich, diesen Bestzustand allgemein zu definieren. Dieses sogenannte allgemeine Leitbild wurde von der Länderarbeitsgemeinschaft Wasser vorgegeben und konnte anschließend entsprechend den unterschiedlichen Naturräumen modifiziert und beschrieben werden (LAWA 1996).

Leitbilder sind notwendige Voraussetzung für die Bewertung der Gewässer-Ist-Zustände. Damit man verschiedene Gewässerstrukturbewertungen vergleichen kann, muß der zum Vergleich heranzuziehende Fixpunkt Maximalcharakter aufweisen. Unterschiedliche Rahmenbedingungen und Kosten-Nutzen-Abwägungen dürfen keine unterschiedliche Bewertung nach sich ziehen. Das Leitbild wurde demnach von der LAWA anhand des heutigen Naturpotentials definiert; das entspricht dem Naturzustand, der heute nach irreversiblen Veränderungen natürlich wäre (vergl. FRIEDRICH & LACOMBE 1992).

Viele Meinungsverschiedenheiten hinsichtlich der Bedeutung von Leitbildern sind unter der Kategorie "Mißverständnisse" einzuordnen und können auf der Basis von allgemein anerkannten Begriffsdefinitionen behoben werden. So wurde von vielen der Begriff "Leitbild" inhaltlich mit dem Begriff "Entwicklungsziel" gleichgesetzt, welcher nach Definition der LAWA aber sozio-ökonomische Betrachtungen und Kosten-Nutzen-Abwägungen beinhaltet (siehe hierzu auch MÜLLER et al. 1996).

Abb. 2.5. Entscheidend für die Optimalbewertung eines Auenbereichs sind im Rahmen der Gewässerstrukturgütekartierung nicht bioökologische Aspekte wie "Artenvielfalt", sondern eine möglichst ungestörte Dynamik des Fluß-Aue-Systems.

Diese beharrliche Sichtweise erklärt sich dadurch, daß Bewertung als Ermittlung der Abweichung von einem "gewünschten Zustand" (WIEGLEB 1989) zu verstehen ist und dieser von vielen unmittelbar mit dem Sollzustand (=Entwicklungsziel) gleichgesetzt wird. Häufig wird eben nicht der reine Naturzustand, sondern der "naturnahe" Kulturzustand gewünscht.

Folgt man streng der von der LAWA festgelegten Definition, so darf z.B. auch der naturschützerische Aspekt im Rahmen der Gewässerstrukturbewertung nicht verabsolutiert werden. So muß gemäß den Vorgaben die dem Leitbild entsprechende Nutzungsfreiheit der Aue besser bewertet werden, als z.B. eine artenreiche, extensiv genutzte Mähwiese, auch wenn diese einige Rote-Liste-Arten aufweist. Naturschützer müssen aufgrund der LAWA-Definition damit leben, daß die erwähnte Mähwiese ein Entwicklungsziel darstellt und sie sicher nach heutiger Sicht nicht aus der Nutzung genommen werden soll, aber in der Gewässerstrukturgütekarte nicht die beste Bewertung erreicht.

Eine große Schwierigkeit besteht in der Notwendigkeit, die allgemeinen Leitbildvorgaben naturraumbezogen in konkretere sogenannte spezifische Leitbilder umzusetzen. Insbesondere im Flachland, wo kaum noch naturgemäße Fließgewässer vorhanden sind, aber auch z. B. in Bergsenkungsgebieten oder grundwasserabgesenkten Gebieten kommt man dabei ohne vereinfachende Konvention nicht aus. Für die Flachlandbäche Nordrhein-Westfalens stellten TIMM et al. (1995) eine Typisierung auf, deren abgeleitete naturraumspezifischen Leitbilder eine Grundlage für die Durchführung der Gewässerstrukturgütekartierung darstellen und dem Kartierer die Erarbeitung des jeweiligen Naturzustandes erleichtern sollen (siehe hierzu auch Kapitel 5 in diesem Buch).

2.5
Ökosystemare Ansätze - integraler Gewässerschutz

Mit dem Begriff "Ökologische Bewertungsverfahren" werden Verfahren bezeichnet, die versuchen, den Gesamtzustand von Ökosystemen ganzheitlich zu bewerten. Entsprechende Verfahren basieren häufig auf einer biozönotischen Bestandsaufnahme und orientieren sich vergleichend an Naturzuständen als Fixpunkt für die Beschreibung des Bestzustandes. Anhand der Lebensgemeinschaft sollen sämtliche auf sie einwirkenden abiotischen Kräfte integral erfaßt werden, also auch anthropogene Einflüsse.

Zur Zeit sind jedoch noch viele praktische und methodische Schwierigkeiten dadurch bedingt, daß der Naturzustand infolge der menschlichen Einflußnahme nicht mehr vorgefunden und somit auch nicht mehr vollständig beschrieben werden kann. Soweit sich diese Verfahrensansätze auf die naturgemäße Artenzusammensetzung beziehen, wie z.B. RIVPACS (WRIGHT et al. 1984), besteht bei vorhandener Vergleichsregion ohne menschliche Einflußnahme eine weitere Schwierigkeit darin, daß die natürlichen abiotischen und biotischen Faktoren eine hohe Variation der biozönotischen Zusammensetzung bedingen.

Wenn auch die Einzelkomponenten von Gewässersystemen recht gut erforscht sind, so besteht doch erheblicher synökologischer Forschungsbedarf, insbesondere was die gewichtete systematische Verknüpfung und Integration des vorhandenen Wissens anbelangt. Bis auf weiteres empfiehlt es sich damit für den integralen (ganzheitlichen) Gewässerschutz, die Teilbereiche Hydrologie, Wasserqualität und Struktur sektoral zu bearbeiten, so daß auch einzelne Verbesserungen in den genannten Teilbereichen nachvollziehbar sind. Biologische Untersuchungen können auf dem Hintergrund von praktikablen Ursache-Wirkungs-Modellen helfen, bestimmte gewünschte Zustände integral zu indizieren.

Für einen effektiven Gewässerschutz ist es jedoch wichtig, daß nicht nur bewertet wird, sondern auf der Basis der Bewertung Verbesserungen durchgeführt werden. Dabei ist auch auf ökonomische Effizienz zu achten. So sind Renaturierungen meistens besser (im ökonomischen Sinne) durch eine modifizierte Unterhaltung als durch teure Einzelprojekte zu erreichen. Einen dahingehend wichtigen Beitrag leisten Gewässerpflegepläne oder Konzepte zur naturnahen Entwicklung von Fließgewässern, die auf der Basis der Gewässerstrukturgüte die Ist-Zustände analysieren und bewerten sowie konkrete Verbesserungen hinsichtlich der zukünftigen Unterhaltung festschreiben.

Literatur

Binder, W. (1979): Grundzüge der Gewässerpflege. Schriftenreihe des Bayer. Landesamtes für Wasserwirtschaft, H. 10: 1-56. München.
Chovanec, A., Heger, H., Koller-Kreimel, O., Moog, O. & T. Spindler (1994): Anforderungen an die Erhebung und Beurteilung der ökologischen Funktionsfähigkeit von Fließgewässern - eine Diskussionsgrundlage. - Österreichische Wasser- und Abfallwirtschaft. 46, H. 11/12: 257 - 264.
Coring, E. & B. Küchenhoff (1995): Vergleichende Bewertung der biologischen Untersuchungs- und Auswertemethoden für Fließgewässer - Forschungsbericht 102 04 106, gefördert durch das Umweltbundesamt. - Materialien 18, Landesumweltamt NRW.
DVWK (Deutscher Verband für Wasserwirtschaft und Kulturbau)(1984): Ökologische Aspekte bei Ausbau und Unterhaltung von Fließgewässern. Merkblatt 204. Hamburg, Berlin.
DVWK (Deutscher Verband für Wasserwirtschaft und Kulturbau)(1988): Grundlagen der naturnahen Regelung stehender Gewässer. Hamburg, Berlin.
Friedrich, G. (1986): Stand der Gütebewertung und nutzungsbezogene Qualitätsanforderungen an Fließgewässer in der Bundesrepublik Deutschland 9-33. In: Bewertung der Gewässerqualität und Gewässergüteanforderungen. - Münchner Beiträge zur Abwasser-, Fischerei- und Flußbiologie, Bd. 40: 617 S.
Friedrich, G. (1990): Eine Revision des Saprobiensystems. Z. Wasser-Abwasser-Forsch. 23: 141 - 152.
Friedrich, G. & Lacombe, J. (1992): Ökologische Bewertung von Fließgewässern. Limnologie aktuell, Bd. 3: 462 S., Stuttgart.
Friedrich, G., Hesse, K.-J. & Lacombe, J. (1993): Die ökologische Gewässerstrukturkarte. Wasser-Abwasser-Abfall, 11: 189-202.
Irmer, H., Friedrich, G., Hälke, A., Juhnke, I. & Knie, J. (1990): Bewertung gefährlicher Stoffe im Abwasser. Gewässerschutz - Wasser - Abwasser. Bd 112: 297-310.
LAWA (Länderarbeitsgemeinschaft Wasser)(1976): Die Gewässergütekarte der Bundesrepublik Deutschland, Mainz.
Linssen, H.(1940): Die Niers. Sonderdruck aus der Zeitschrift "Die Heimat". Herausgegeben vom Verein für Heimatkunde zu Krefeld.
LÖLF & LWA NRW (1985): Bewertung des ökologischen Zustandes von Fließgewässern. Woeste-Druck u. Verlag, Essen.

LWA NRW (Landesamt für Wasser und Abfall Nordrhein-Westfalen) (1989): Richtlinie für naturnahen Ausbau und Unterhaltung von Fließgewässern in NRW, Woeste Druck u. Verlag Essen.
LWA NRW (1991): Allgemeine Güteanforderungen für Fließgewässer (AGA). - LWA-Merkblätter Nr. 7, Woeste Druck u. Verlag Essen.
LWA NRW (1993): Kartieranleitung zur Gewässerstrukturgütekartierung - Entwurf Oktober 1993. Düsseldorf.
Landesumweltamt NRW (LUA) (1998) Gewässerstrukturgütekartierung in Nordrhein-Westfalen - Kartieranleitung. Essen.
Mauch, E. (1992): Ein Verfahren zur gesamtökologischen Bewertung der Gewässer. In: Friedrich, G. & Lacombe, J. (1992): Ökologische Bewertung von Fließgewässern. Limnologie aktuell, Bd. 3: 462 S., Stuttgart.
Müller, A., Glacer, D., Sommerhäuser, M., Timm, T. (1996): Leitbilder für die Gewässerstrukturgütekarteierung in Nordrhein-Westfalen. In: Tönsmann, F. (1996): Sanierung und Renaturierung von Fließgewässern - Grundlagen und Praxis. Kasseler Wasserbau-Mitteilungen Heft 6/1996: 95 - 105. Kassel
MURL NRW (Ministerium für Umwelt, Raumordnung und Landwirtschaft des Landes Nordrhein-Westfalen)(1987): Von der Quelle bis zur Mündung. Schutz der Fließgewässer in NRW. Düsseldorf.
Newman, P.J. (1988): Classification of surface water quality. Review of schemes used in EC Member States. Basildon, 189 pp.
Otto, A. (1992): Gewässerstrukturkartierung in Rheinland-Pfalz: In: "Beiträge zum Jahresbericht der Wasserwirtschaft". - Berichte des Landesamt für Wasserwirtschaft Rheinland-Pfalz - Mainz, 6 S.
Smukalla, R. (1994): Ökologische Effizienz von Renaturierungsmaßnahmen an Fließgewässern. In: Materialien Nr. 7 des Landesumweltamtes NRW. 462 S., Essen.
Timm, T. et al. (1995): Zielvorgaben und Handlungsanweisungen für die Renaturierung von Tieflandbächen in NRW - Studie im Auftrag des MURL NRW - (im Druck).
Trepl, L. (1988): Gibt es Ökosysteme? Landschaft und Stadt, 20: 176-185.
TVO (1986): Verordnung über Trinkwasser und über Wasser für Lebensmittelbetriebe (Trinkwasserverordnung - TrinkwV) vom 22. Mai 1986. BGBl, Teil 1, S. 760-773, Bonn.
Werth, W. (1989): Gewässerzustandkartierungen in Oberösterreich. Österreichische Wasserwirtschaft, Jg. 39, H. 5/6: 122 - 128, Wien.
WHG (1996): Gesetz zur Ordnung des Wasserhaushalts (Wasserhaushaltsgesetz- WHG) i.d.F. v. 12.11.1996 (BGBl. I S. 1965)
Wiegleb, G. (1989): Theoretische und praktische Überlegungen zur ökologischen Bewertung von Landschaftsteilen, diskutiert am Beispiel der Fließgewässer. Landschaft und Stadt, H.21(1): 15-20.
Wild, V. & M. Kunz (1992): Bewertung von Fließgewässern mit Hilfe ausgewählter Strukturparameter. In: Friedrich, G. & Lacombe, J. (1992): Ökologische Bewertung von Fließgewässern. Limnologie aktuell, Bd. 3: 462 S., Stuttgart.
Wright, J.F., Moss, D., Armitage, P.D. & M.T. Furse (1984): A preliminary classification of running-water sites in Great Britain based on macroinvertebrate species and the prediction of community type using environmental data. Freshwater Biol. 14: 221 - 256.

3 Grundlagen der Gewässerstrukturgütekartierung

Jochen Lacombe
Staatliches Umweltamt Düsseldorf, Schanzenstr. 40, 40221 Düsseldorf

3.1
Fließgewässer als Ökosysteme

Die belebten und die unbelebten Teile unserer Umwelt sind durch eine Vielzahl funktionaler Wechselbeziehungen miteinander verwoben, die in ihrer Gesamtheit als Ökosystem bezeichnet werden. Streng genommen existiert auf der Erde nur ein einziges Ökosystem, das die gesamte Biosphäre umfaßt. Dennoch können Untersysteme abgegrenzt werden, die sich durch ihre jeweils charakteristischen Mechanismen, Funktionen und Funktionsträger voneinander unterscheiden.

In diesem Sinne stellen auch Fließgewässer charakteristische Ökosysteme dar. Allerdings darf dabei nicht vergessen werden, daß gerade die Fließgewässer stärker als andere Ökosysteme, wie z.B. Seen, von anderen Systemen in ihrem Einzugsgebiet abhängig sind. So sind z.B. die Bachoberläufe überwiegend auf den Eintrag von Nährstoffen aus Landökosystemen angewiesen. Eine wichtige Rolle spielt dabei zum Beispiel der Eintrag von Fallaub.

Ökosysteme besitzen allgemein eine ausgeprägte Tendenz zur Selbsterhaltung und -regulation. Innere oder äußere Störungen können bis zu einer gewissen Einflußstärke ausgeglichen werden, ohne den Gesamtzustand des Systems zu verändern (ODUM 1983).

Doch auch bei scheinbar unveränderter Gleichgewichtslage sind die inneren Abläufe des Systems stets dynamisch; es kann auf veränderte Bedingungen interaktiv reagieren. Man kann daher den Zustand von Ökosystemen als dynamische Stabilität im Sinne eines Fließgleichgewichtes auffassen. Maßgeblich sowohl für die selbstregulierenden Kräfte (Stabilität) als auch für die Reaktionsfähigkeit auf veränderte Grundbedingungen (Dynamik) sind die Funktionen des Systems im Sinne von Mechanismen oder Abläufen sowie seine Funktionsträger, die als Strukturen oder Organismen beteiligt sind.

Als vereinfachendes Beispiel für die Zusammenhänge innerhalb eines Ökosystems sei der Weg des Stickstoffs in einem naturnahen Bachoberlauf genannt (Abb. 3.2). Die Funktion "Stickstofffluß", die auch mit einem entsprechenden Energiefluß gekoppelt ist, wird gewährleistet durch z. B. folgende Funktionsträger:

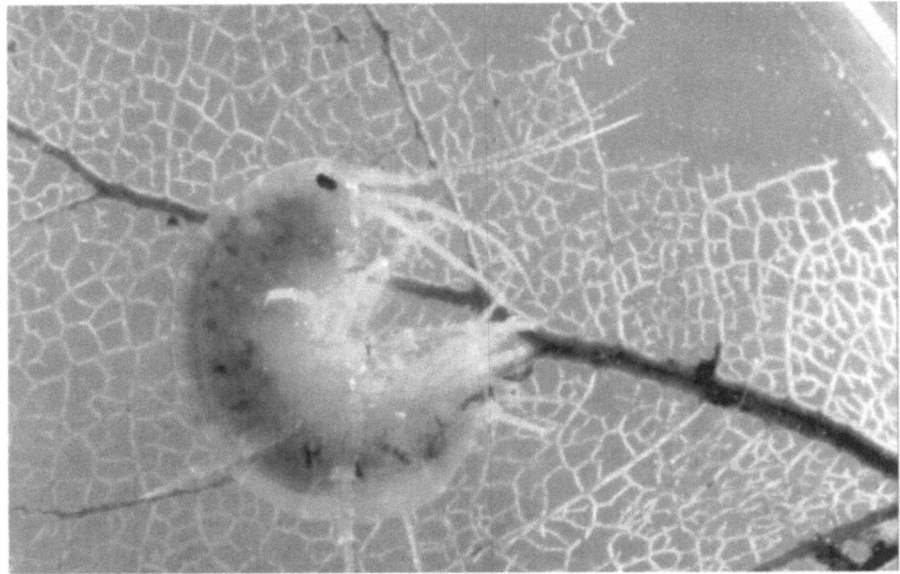

Abb. 3.1. Das Vorkommen von Bachflohkrebsen (Gammarus spec.) erlaubt folgende Aussagen über ein Gewässer: relativ hohe Strömung, ausreichendes Vorkommen von Fallaub, geringe Belastung des Wassers.

- einfallendes Laub als Nährstoffgrundlage
- Bachflohkrebse (Gammariden) als Primärzerkleinerer
- Bakterien und Pilze als Destruenten
- Detritusfresser und Räuber als weitere trophische Ebenen des Nahrungsnetzes
- Nitrifikanten für die Oxidation des freigesetzten Ammoniums
- Kieselalgen für die Rückführung des Stickstoffs in die Nahrungskette
- Wasserströmung als Transportmedium für den benötigten Sauerstoff und die Stickstoffverbindungen
- Steine, Totholz und Baumwurzeln als Substrate für die beteiligten Organismen
- Schnellen (riffles) und Stillen (pools) als Habitatstruktur für Organismen unterschiedlicher Strömungspräferenz und als Ursache der mosaikartigen Verteilung der Nahrungsgrundlage "Laub"

3 Grundlagen der Gewässerstrukturgütekartierung 23

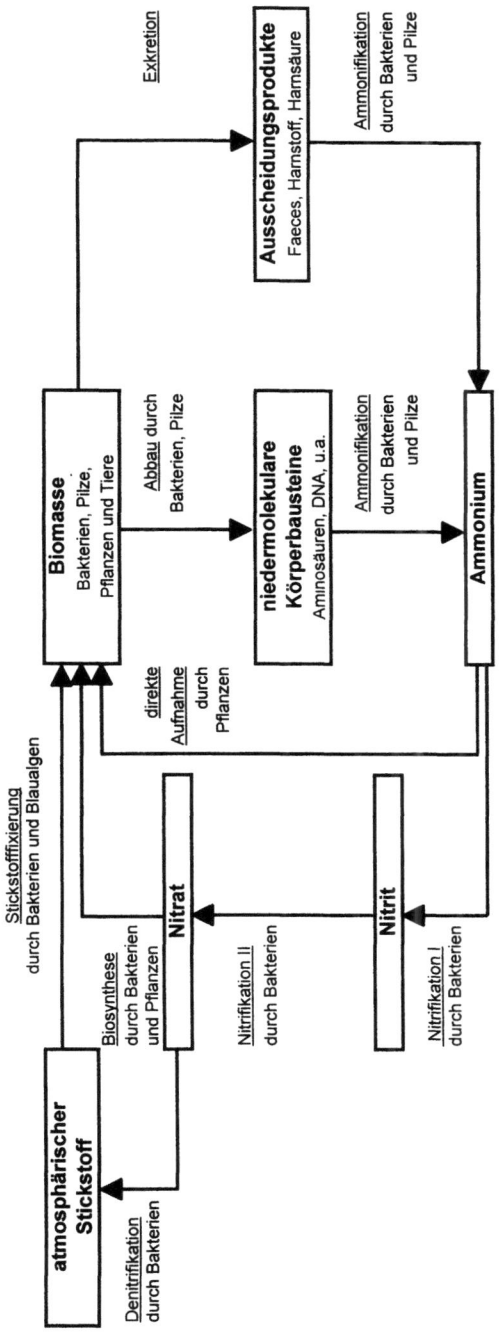

Abb. 3.2. Biogeochemischer Stickstoffkreislauf, vereinfacht.

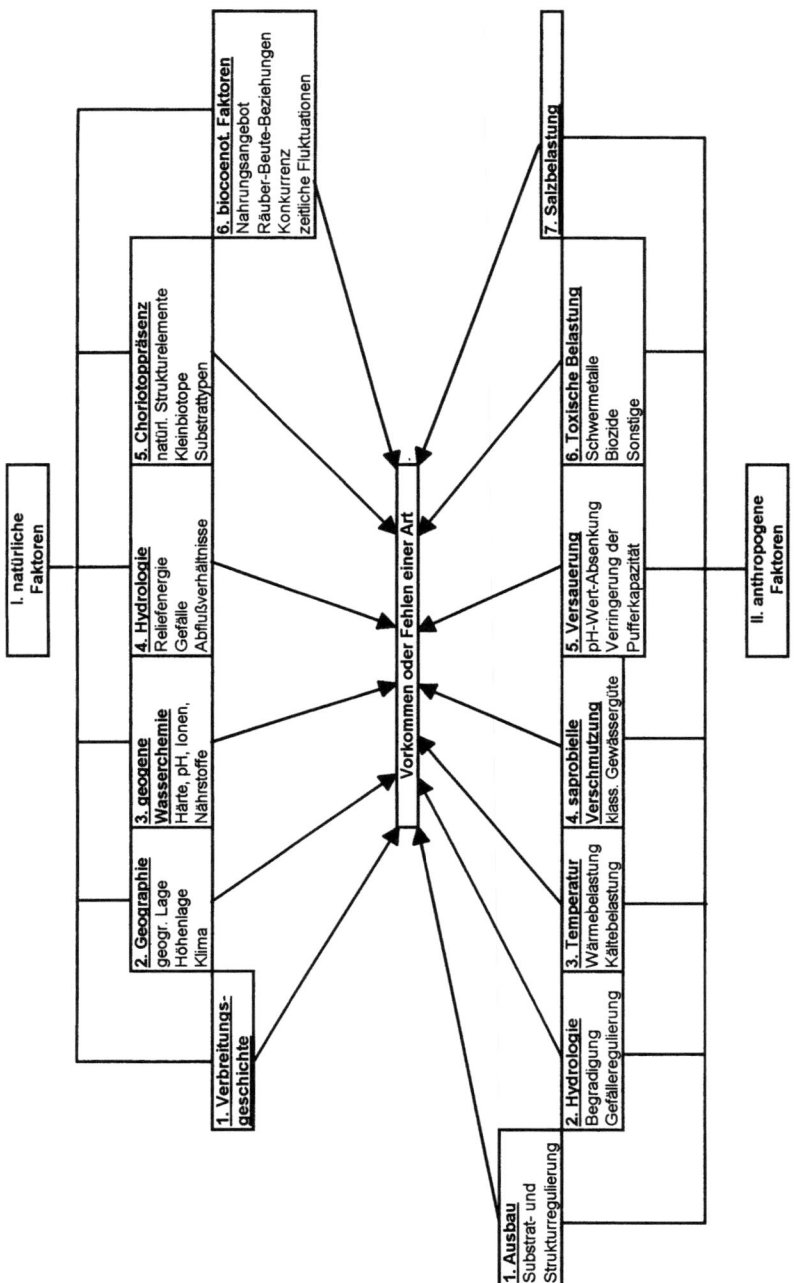

Abb. 3.3. Die wichtigsten Umweltfaktoren, die auf die Verbreitung von Süßwasserorganismen einwirken (nach BRAUKMANN 1987, verändert).

Jeder dieser Funktionsträger ist dabei gleichzeitig auch für eine oder mehrere andere Funktionen bedeutsam. So sind z.b. die Bachflohkrebse nicht nur die Primärzerkleiner des einfallenden Laubs, sondern gleichzeitig auch eine wichtige Nahrungsgrundlage für Fische. Kieselalgen nehmen nicht nur Stickstoff auf, sondern produzieren auch Sauerstoff. Das strömende Wasser wirkt nicht nur als Transportmedium, sondern auch gewässerbettbildend und strukturformend. Die wahre Komplexität des Funktionsnetzes innerhalb eines Ökosystems läßt sich kaum darstellen und ist in vielen Bereichen auch noch weitgehend unverstanden. Einen Versuch unternimmt die Abb. 3.3 mit der Darstellung der Faktoren, die auf das Vorkommen oder Fehlen einer Tierart an einem Standort Einfluß haben können.

3.2
Ist Natur bewertbar?

Ökosysteme, ihre Funktionen und deren Funktionsträger sind grundsätzlich zunächst wertfrei und können wertneutral mit Hilfe der Ökologie als Wissenschaft betrachtet werden. Die Funktionen der verschiedenen Ökosysteme einschließlich der durch den Menschen geschaffenen oder veränderten kann man zwar messen, erfassen und klassifizieren, hieraus ergibt sich jedoch noch kein Ansatz einer Bewertung oder gar eine Skala der Bewertungsstufen (vgl. LAMPERT und SOMMER 1993, S.404 ff.). Selbst eindeutig anthropogene Ökosysteme wie z.B. Straßenpfützen, Innenstädte oder auch Aquarien zeigen typische Eigenschaften echter Ökosysteme. Allerdings sind sie meist nicht selbsterhaltend und entsprechen damit keinem Klimaxstadium (wie z.B. ein Wald), sondern eher einem künstlich aufrechterhaltenen Sukzessionsstadium. Dies kann jedoch z.B. auch von einigen natürlichen Steppenlandschaften angenommen werden, die nicht vom Menschen an der Erreichung des Klimaxstadiums gehindert werden, sondern von großen Weidegängern (z.B. Bisons). Auch eindeutig vom Menschen geschaffene oder beeinflußte Biotope sind somit grundsätzlich wertfrei und insofern natürlichen Biotopen vergleichbar. Erst die Festlegung einer Zielsetzung und eines Bewertungsmaßstabes schafft die Grundlage für eine Bewertung. Die Festlegung eines Leitbildes erfolgt im allgemeinen in Form einer Konvention auf der Basis gesellschaftlicher Normen und Entwicklungen; die Ableitung eines Bewertungsmaßstabes ergibt sich dann aus den verschiedenen Degradationsstadien des vorgegebenen Leitbildes. Dabei sind bei der Definition des Leitbildes durchaus unterschiedliche Sichtweisen möglich. Selbst wenn Einigkeit über den Begriff der Naturnähe als Leitbild besteht, so werden in manchen Fällen menschengeschaffene Biotope aufgrund ihres größeren Artenreichtums höher bewertet als die vor dem Eingreifen des Menschen an dieser Stelle zu findenden Lebensräume (Beispiel: Kalkmagerrasen statt Eichen-Buchen-Wälder, vgl. KAULE 1986 oder BLAB 1986), während in anderen Fällen eine größtmögliche Fähigkeit zur Selbstregulation als Ziel angestrebt wird (Beispiel: Naturnaher Gewässerbau). Im ersten Fall ist ständiger Pflegeaufwand vonnöten, im zweiten Fall soll gerade die Pflege minimiert werden (vgl.

FRIEDRICH 1986). Jede Bewertung ist somit ein anthropozentrischer Akt, also in Hinblick auf einen wie auch immer definierten Wert für den Menschen ausgerichtet. Die Frage, ob Natur bewertbar sei, kann daher im Grundsatz bejaht werden.

3.3
Sind Bewertungen notwendig?

Sowohl die Praxis der Wasserwirtschaft als auch die des Gewässer- und Landschaftsschutzes verlangt nach Bewertungen des Ist-Zustandes von Gewässern oder anderen Landschaftsbestandteilen. Selbst wenn der Begriff "Bewertung" nicht explizit verwendet wird, so basiert doch jede qualifizierte Entscheidung auf einer Beurteilung der zur Verfügung stehenden Alternativen. Dies ist bereits ein Akt der Bewertung. Dabei ist es unerheblich, ob man aus wissenschaftlicher Sicht eine Bewertung überhaupt für möglich oder sinnvoll hält. Jede Entscheidung für oder gegen ein bestimmtes Projekt ist automatisch gleichzeitig eine Bewertung, denn die Bevorzugung eines Projektes A (z.B. den Rückbau eines Wehres) gegenüber einem Projekt B (z.B. den Bau einer Eisvogelnistwand) bedeutet nichts anderes, als daß man der Realisierung des Projektes A einen höheren Wert zuweist als der des Projektes B.

Es darf dabei nicht vergessen werden, daß Entscheidungen und die hierfür durchgeführten Bewertungen letztlich der Lenkung von Geldströmen dienen. Dabei handelt es sich weniger um wissenschaftlich als vielmehr um politisch begründete Entscheidungen, die im Sinne einer Weichenstellung die zukünftige Zielrichtung festlegen. Welchen Umfang ein solches Investitionsvolumen haben kann, verdeutlicht das Beispiel "Saprobiologische Gewässergüte". Mit dem - im übrigen oft kritisierten - Bewertungssystem der Saprobienberechnung (DIN 38 410, Teil 2) wurde vor allem in den siebziger Jahren ein Handlungsbedarf aufgedeckt, der schließlich Investitionen in Milliardenhöhe für die Sanierung von Kläranlagen und Kanalsystemen bewirkt hat. Hiervon waren sowohl die kommunalen als auch die industriellen Einleiter betroffen.

So wurden von Bund, Ländern, Kommunen und von der Industrie von 1980 bis 1992 mehr als 110 Milliarden DM für den Gewässerschutz ausgegeben, überwiegend für die Gewässerreinhaltung (Wasserwirtschaft 1996). Für weitergehende Abwasser-Reinigungsmaßnahmen (Stickstoff- und Phosphatelimination), die an vielen Kläranlagen derzeit durchgeführt werden, sind weitere Ausgaben notwendig.

Die Gewässerstrukturgüte wird neben der saprobiologischen Gewässergüte als eines der wichtigsten Kriterien für die Beurteilung des Gütezustands eines Fließgewässers angesehen. Den Beschluß für die Entwicklung eines geeigneten Bewertungsverfahrens und dessen Erprobung haben die Umweltministerkonferenz und die Länderarbeitsgemeinschaft Wasser (LAWA) im Jahre 1991 getroffen.

Wie im Fall der klassischen, saprobiellen Gewässergüte wird auch die kartographische Darstellung der Gewässerstrukturgüte aller Voraussicht nach einen Handlungsbedarf aufdecken, der nach erfolgter Definition von Entwicklungszielen und

Mindestgüteanforderungen entsprechende Sanierungsmaßnahmen und die hierfür notwendigen Investitionen zeitigen wird.

Angesichts der umweltpolitischen Bedeutung und des möglicherweise hohen Investitionsbedarfs verlangt die Kartierung der Gewässerstrukturgüte nach einem praktikablen, nachvollziehbaren und transparenten Bewertungsverfahren, das möglichst nicht nur der Bewertungsfindung dienen, sondern zudem unmittelbar planungsrelevante Daten liefern soll.

3.4
Die Gewässerstruktur als Indikator

Die Erfassung der komplexen Zusammenhänge eines Ökosystems ist auf der Ebene der ökologischen Funktionen im Rahmen einer Kartierung nicht mit vertretbarem Aufwand möglich.

So wären z.B. für die Analyse der Funktion "gewässerbettformende Erosion" detaillierte Informationen über verschiedene Einzelphänomene erforderlich. Dazu müßten die Strömungsverhältnisse in Tiefen- und Querprofilen, an verschiedenen Meßpunkten und bei unterschiedlichen Wasserständen gemessen werden. Zusammen mit Angaben über die Geschiebe- und Schwebstofführung und die Abtragungsrate an Ufer und Sohle würde dies unter Umständen eine Abschätzung der Erosionsprozesse erlauben.

Einfacher und dem Zweck einer Kartierung eher entsprechend ist die Auswahl eines geeigneten Indikatorsystems, mit dessen Hilfe nicht die Ökosystemfunktionen selbst, sondern ihre Wirkung auf leicht zu erhebende Strukturen erfaßt werden. Als ein geeigneter Indikator für wesentliche Funktionen des Ökosystems Fließgewässer kann die Gewässerstruktur angesehen werden (OTTO 1993).

Längsprofil

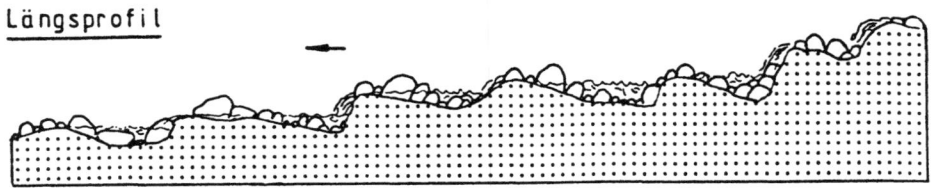

Aufsicht

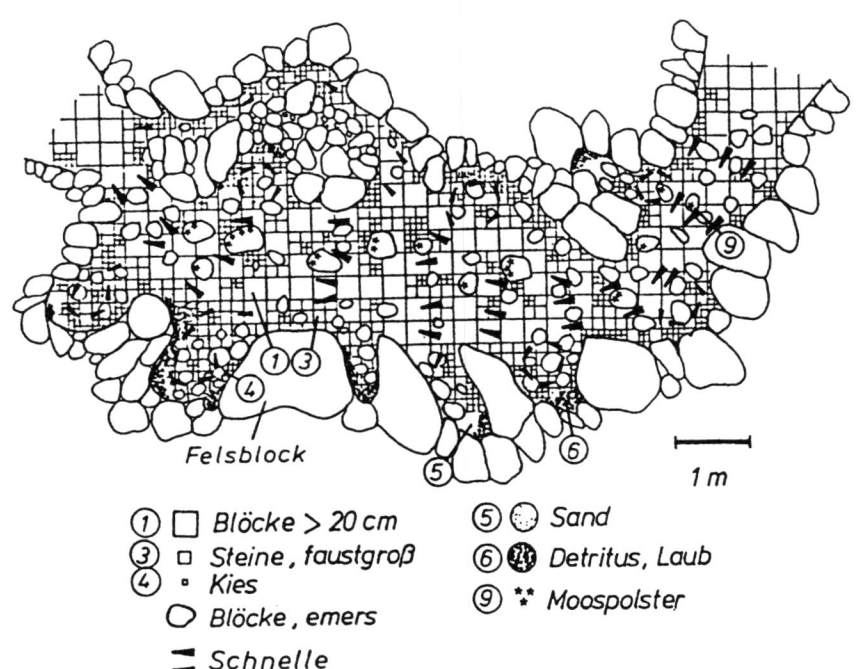

① ☐ Blöcke > 20 cm
③ ▫ Steine, faustgroß
④ ▪ Kies
○ Blöcke, emers
≊ Schnelle
⑤ ◉ Sand
⑥ ● Detritus, Laub
⑨ ⁑ Moospolster

Abb. 3.5. Längsprofil und Aufsicht eines hochmontanen, gefällereichen Silikat-Gebirgsbaches im Südschwarzwald. Halbschematische Darstellung des Längsprofils, des Substratmosaiks der Bachsohle und des Strömungsmusters (aus: BRAUKMANN 1987).

Dabei muß der Begriff der Gewässerstruktur sowohl Strukturen der Gewässersohle und der Ufer, als auch der angrenzenden Landbereiche ("Aue") umfassen. In Abhängigkeit vom Talgefälle, der mittleren Wasserführung sowie der Hochwasserhäufigkeit und -stärke, vom Untergrund, von der Art der Landnutzung und nicht zuletzt vom Ausbaugrad des Gewässers sind die Strukturelemente dieser drei Bereiche unterschiedlich ausgeprägt.

Fließendes Wasser entspricht aus energetischer Sicht einem Körper, der von einem Zustand höherer potentieller Energie zu einem Zustand geringerer potentieller Energie gelangt. Die Differenz beider Energiezustände steht dem fließenden Wasser zur Leistung von Arbeit (Transportarbeit, Verformungsarbeit etc.) zur Verfügung. Demgemäß können Fließgewässer ihre Struktur durch mechanische und eigendynamische Prozesse viel stärker und in viel kürzeren Zeiträumen formen als andere Ökosysteme (vgl. MANGELSDORF & SCHEURMANN 1980).

Die Gewässersohle kann aus dem Spektrum zwischen einem einheitlichen und homogen verteilten Substrat (z.B. Sand) und einem vielfältigen Mosaik verschiedener Substrattypen alle Übergänge zeigen (Abb. 3.5).

Die Verhältnisse können sich zudem im Längsverlauf eines Gewässers erheblich ändern. Die Geschiebeführung eines Gewässers und seine Fähigkeit, verschiedene Korngrößen zu sortieren und in bestimmten Verteilungsmustern zu sedimentieren, prägen entscheidend den Charakter eines Fließgewässers.

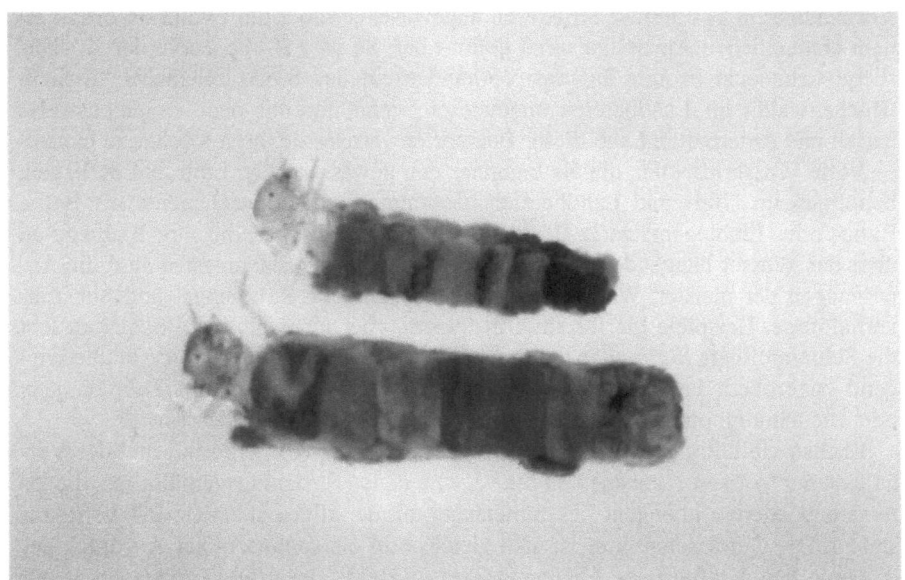

Abb. 3.6. Köcherfliege *Crunoecia irrorata*

Auch die Ufer werden durch die Kraft des Wassers modelliert. Sie können flach, steil oder überhängend sein, stabil oder instabil, bewachsen oder kahl. In der Aue schließlich können durch Hochwässer Flutmulden ausgewaschen oder Sedimentationsbereiche aufgehöht werden. Gewässerbettverlagerungen lassen Altarme oder Altwässer zurück. Auch die Lebewesen der Fließgewässer wirken in nicht unerheblichem Umfang strukturprägend. Einige Uferbäume (z.B. Schwarzerlen) schieben ihre Wurzeln bis in den Wasserbereich, die krautige Ufer- und Wasservegetation setzt sich der Kraft des Wassers ebenfalls entgegen; beide stabilisieren somit Ufer und Sohle. Bisamratten und Biber gestalten die Ufer, letztere sogar das Abflußverhalten des Gewässers. Andere, vor allem die wirbellosen Organismen sorgen durch ihre Tätigkeit als Zerkleinerer für das Beseitigen von Abflußhindernissen (z.B. Bachflohkrebse Gammarus spp. als Blattzerkleinerer in kleinen Waldbächen) und beeinflussen somit ebenfalls die Gewässerstruktur.

Auf steiniges Substrat sind die meisten Weidegänger aus den verschiedensten Tiergruppen angewiesen, z.B. die Schnecke *Ancylus fluviatilis*, die Eintagsfliegenlarve *Ecdyonurus spec.* oder die Köcherfliegenlarve *Agapetus spec.*

Aber auch viele Tierarten anderer Ernährungstypen kommen nur auf steinigem Substrat vor wie z.B. sämtliche Steinfliegen (*Plecoptera*). Wassermoose als Substrat bevorzugen dagegen viele Käfer der Familie *Dryopidae* (Angaben aus: JACOBS/ RENNER 1988; RESH/ ROSENBERG 1984; SCHÖNBORN 1992). Andererseits sind alle in oder an einem Gewässer lebenden Organismen auf das Vorhandensein bestimmter Strukturen angewiesen, wobei die Evolution oft zu einem erstaunlichen Anpassungsgrad geführt hat. So ist z.B. die Larve der Köcherfliege Crunoecia irrorata auf das Vorhandensein des Strukturelements "Eichen-/Buchenwald" im Landbereich angewiesen, denn nur mit dem vergleichsweise harten und dauerhaften Laub dieser Baumarten vermag sie ihren Köcher zu bauen.

Viele Wasserinsekten, die als Imagines den gewässernahen Luftraum befliegen, benötigen im Ufer- und Landbereich bestimmte Vegetationselemente als Balz-, Ruhe- oder Eiablageplätze (z.B. die Ibisfliege *Atherix ibis*, die ihre Eiablage an über das Wasser hängender Vegetation vollbringt). Am bekanntesten sind die Anpassungen der meisten Wasserorganismen an spezielle Strömungs- und Substratverhältnisse. Beispiele hierfür sind: in feinem, aber nicht fauligem Schlamm lebt die Schlammfliege *Sialis spec.* oder die Eintagsfliege *Ephemera spec.*, in überwiegend anaerobem Faulschlamm dagegen der Schlammröhrenwurm *Tubifex spec.* oder die hämoglobinhaltigen Zuckmückenlarven der Gattung *Chironomus*.

Ebenso vielfältig ist die Liste der Anpassungen der Körpergestalt und des Verhaltens der Wasserorganismen an die verschiedenen Strömungsverhältnisse, die ihrerseits wiederum in engem Zusammenhang mit der allgemeinen Gewässerstruktur stehen. Die Gewässerstruktur ist also gleichzeitig ein summarischer Ausdruck der dynamischen Kräfte eines Fließgewässers und eine der Voraussetzungen seiner Besiedlung mit Organismen. Sie nimmt somit eine zentrale Position im Funktionsgefüge des Ökosystems Fließgewässer ein. Ohne geeignete Gewässerstrukturen können die gewässertypischen Prozesse in der Regel nicht ablaufen.

Abb. 3.7. Bach im Buchenwald

Abb. 3.8. Ibisfliege *Atherix ibis*

3.5
Die Bewertung der Gewässerstruktur mit Hilfe von Hauptparametern

Das Wirkungsgefüge eines Fließgewässers ist zu komplex, um den Gewässerzustand summarisch und als Ganzes zu bewerten. Vielmehr muß durch die Einführung zusätzlicher Bewertungsebenen die Bewertung differenziert und damit das Verfahren insgesamt transparenter gestaltet werden. Bewertet werden sollten dabei Einheiten, die einerseits funktional zusammenhängen und andererseits ein erkennbares und abgrenzbares Strukturgefüge darstellen. Das Kartierverfahren nach LAWA (1998) verwendet sechs solcher Bewertungseinheiten, die als sogenannte Hauptparameter die wesentlichen Aspekte der Gewässerstruktur widerspiegeln sollen. Die sechs Hauptparameter sind die Grundsäulen des Verfahrens. Sie lassen sich den Bereichen Wasser, Ufer und Land eindeutig zuordnen.

Die Erfassung der aktuellen Strukturen erfolgt mit Hilfe sogenannter Einzelparameter, die den Hauptparametern zugeordnet sind und die eigentlichen Erhebungsgrößen darstellen. Zu jedem Einzelparameter wiederum gehört eine Reihung verschiedener möglicher Ausprägungen, die als Zustandsmerkmale bezeichnet werden.

Tabelle 3.1. Haupt- und Einzelparameter der Gewässerstrukturgütekartierung einschließlich der funktionalen Einheiten. Erläuterungen im Text.

Hauptparameter	Funktionale Einheit	Einzelparameter
Laufentwicklung	Krümmung	Laufkrümmung, Längsbänke, Besondere Laufstrukturen
	Beweglichkeit	Krümmungserosion, Profiltiefe, Uferverbau
Längsprofil	Natürliche Längsprofilelemente	Querbänke, Strömungsdiversität, Tiefenvarianz
	Anthropogene Wanderbarrieren	Querbauwerke, Verrohrungen, Durchlässe, Rückstau
Sohlenstruktur	Art und Verteilung der Substrate	Sohlsubstrat, Substratdiversität, Besondere Sohlenstrukturen; Besondere Belastungen
	Sohlenverbau	Sohlsubstrat; Sohlenverbau
Querprofil	Profilform	Profiltyp
	Profiltiefe	Profiltiefe
	Breitenentwicklung	Breitenerosion, Breitenvarianz
Uferstruktur	Naturraumtypischer Bewuchs	Uferbewuchs
	Uferverbau	Uferverbau
	Naturraumtypische Ausprägung	Besondere Uferstrukturen, Besondere Belastungen
Gewässerumfeld	Vorland	Flächennutzung, Schädliche Umfeldstrukturen, Besondere Umfeldstrukturen
	Gewässerrandstreifen	Gewässerrandstreifen, Uferbewuchs

Die eigentliche Bewertung der Gewässerstruktur erfolgt anhand sogenannter funktionaler Einheiten. Sie fassen jeweils mehrere Einzelparameter zu Gruppen zusammen, die den verschiedenen Funktionen des Ökosystems entsprechen. In Tabelle 3.1 sind einige Einzelparameter mehreren funktionalen Einheiten zugeordnet, was dem starken Vernetzungsgrad im Wirkungsgefüge entspricht und bei der Bewertung als eine Form der Gewichtung zum Tragen kommt.

Die funktionalen Einheiten ihrerseits sind den Hauptparametern eindeutig zugeordnet. Deren Aufgabe ist es, die Bewertung der ermittelten Daten für eine weitere Auswertung sowohl hinreichend verdichtet (und damit leicht überschaubar) als auch differenziert (zur zielgerichteten Ableitung von Maßnahmen) darzustellen. Das folgende Beispiel soll dies verdeutlichen.

Dem Hauptparameter "Uferstruktur" sind vier Einzelparameter zugeordnet, darunter der Einzelparameter "Uferbewuchs". Diesem Einzelparameter sind bezüglich der Ufergehölze folgende Zustandsmerkmale zugeordnet, unter denen sich die Kartierenden entscheiden müssen:

- bodenständiger Wald,
- bodenständige Galerie,
- bodenständige Einzelbäume,
- nicht bodenständiger Wald/Forst,
- nicht bodenständige Galerie,
- nicht bodenständige Einzelbäume,
- kein Ufergehölz.

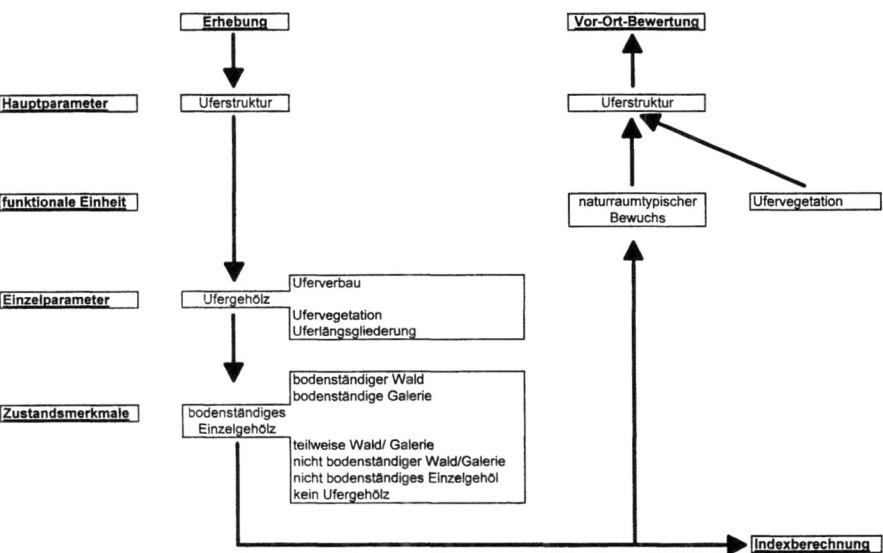

Abb. 3.9. Zusammenhang von Hauptparametern, funktionalen Einheiten und Einzelparametern bei der Erhebung und Bewertung der Gewässerstruktur.

Bewertet wird nun die funktionale Einheit "naturraumtypischer Bewuchs", wozu die Ausprägungen des Einzelparametes "Uferbewuchs" (Ufergehölz und krautige Ufervegetation) betrachtet werden. Die Bewertung des Hauptparameters "Uferstruktur" ergbt sich durch Verdichtung dieser funktionalen Einheit mit den funktionalen Einheiten "naturraumtypische Ausprägung" und "Uferverbau" (siehe Abb. 3.9).

Eine detaillierte Beschreibung des Verfahrens und der praktischen Vorgehensweise im Gelände geben ZUMBROICH und MÜLLER sowie ADERHOLD in diesem Buch. An dieser Stelle sollen darum lediglich die Hauptparameter zusammenfassend vorgestellt werden.

Der Hauptparameter **Laufentwicklung** beinhaltet die Krümmung des Gewässerverlaufes, den Aspekt der Beweglichkeit bzw. Festgelegtheit des Gewässerbettes sowie Differenzierungen der Gewässersohle, die den Grundriß des Gewässerlaufes prägen. Er umfaßt die Einzelparameter "Laufkrümmung", "Krümmungserosion", "Längsbänke" und "Besondere Laufstrukturen" (wie z.B. Inselbildungen, Kaskaden oder Laufverzweigungen). Bewertet wird die Laufentwicklung anhand der funktionalen Einheiten "Beweglichkeit" und "Krümmung".

Das **Längsprofil** umfaßt sowohl natürliche Längsprofilelemente wie Querbänke und unterschiedliche Strömungs- und Tiefenverhältnisse als auch anthropogene Wanderbarrieren, die den Populationsaustausch der Wasserorganismen und den Geschiebetrieb durch Unterbrechung des Gewässerzusammenhangs behindern. Zugehörig sind die Einzelparameter "Querbauwerke", "Verrohrungen", "Rückstau", "Querbänke", "Strömungsdiversität" und "Tiefenvarianz". Die Bewertung erfolgt über die funktionalen Einheiten "natürliche Längsprofilelemente" und "Wanderbarrieren".

Die **Sohlenstruktur** wird durch Art und Verteilung der Sohlsubstrate beschrieben. Hierin gehen sowohl die Diversität der Substratbestandteile, besondere Sohlstrukturen wie z.B. Kolke und Schnellen sowie der Ausbauzustand der Sohle ein. Erhoben wird sie mit Hilfe der Einzelparameter "Sohlensubstrattyp", "Sohlenverbau", "Substratdiversität" und "Besondere Sohlenstrukturen"; bewertet mittels der funktionalen Einheiten "Art und Verteilung der Substrate" und "Sohlverbau".

Das **Querprofil** wird erhoben durch die Bearbeitung der Einzelparameter "Profiltyp", "Profiltiefe", "Breitenerosion", "Breitenvarianz" und "Durchlässe". Die Bewertung erfolgt über die funktionalen Einheiten "Profiltiefe", "Breitenentwicklung" und "Profilform".

Zur **Uferstruktur** gehören die Ausprägung der Ufergestalt (z.B. steil, flach, buchtig), der Uferbewuchs mit Gehölzen und krautigen Pflanzen und die verschiedenen Formen des Uferverbaus. Die Erhebung umfaßt die Einzelparameter "Ufergehölz", krautige "Ufervegetation", "Uferverbau" und "Besondere Uferstrukturen", die für die Bewertung den funktionalen Einheiten "naturraumtypische Ausprägung", "naturraumtypischer Bewuchs" und "Uferverbau" zugeordnet sind.

Aus dem **Gewässerumfeld** wird das Vorhandensein eines Gewässerrandstreifens als gewässerbegleitender Schutzstreifen ohne eigene Nutzung und das angrenzende Vorland mit seiner Flächennutzung und den gewässerschädlichen Umfeldstrukturen erfaßt. Erhoben werden die Einzelparameter "Flächennutzung", "Gewässerrandstreifen" und "Schädliche Umfeldstrukturen". Die Bewertung erfolgt anhand der Einzelbewertungen der funktionalen Einheiten "Uferstreifen" und "Vorland".

3.6 Entwicklungsziel und Leitbild

Jede Bewertung verfolgt letztlich eine bestimmte Zielsetzung (z.B. Ermittlung des Handlungsbedarfes im Gewässerschutz) und orientiert sich an einem Bewertungsmaßstab, der als eine Art Meßlatte die gesamte Skala von "ganz schlecht" bis "sehr gut" umfaßt. Dieser Bewertungsmaßstab sollte im Interesse der Nachvollziehbarkeit eindeutig definiert sein.

Im Fall der Gewässerstrukturgüte wird der ökologische Optimalzustand eines Gewässers unabhängig vom aktuellen Zustand als Leitbild bezeichnet. Von diesem wird der Bewertungsmaßstab in Form von sechs Degradationsstufen entsprechend der insgesamt siebenstufigen Bewertungsskala abgeleitet. Zur generellen Ableitung des optimalen Zustandes eines Gewässers bedient man sich eines Konzeptes, das gewisse Analogien zu dem aus der Vegetationskunde bekannten Begriff der Potentiellen Natürlichen Vegetation aufweist (FRIEDRICH et al. 1996). Das Leitbild beschreibt demnach einen Zustand, der sich nach dem Fortfall jeglicher Einflußnahme des Menschen aus dem jetzigen Zustand entwickeln könnte. Er ergibt sich, wenn man sich alle reversiblen oder zurücknehmbaren menschlichen Einflüsse wegdenkt, die irreversiblen Entwicklungen wie z.B. die Auelehmbildung als Folge der mittelalterlichen Entwaldung jedoch miteinbezieht. Das Leitbild entspricht somit einem heutigen potentiellen natürlichen Gewässerzustand (hpnG). Für die praktische Nutzbarkeit muß es regionalspezifisch definiert sein und sollte durch Referenzgewässer belegt werden können. Eine ausführliche Diskussion des Leitbildbegriffes findet sich bei GLACER, praktische Hinweise zur Formulierung von Leitbildern in der Limnologie bei SOMMERHÄUSER und TIMM in diesem Buch.

Als Entwicklungsziel bezeichnet man dagegen die Zielsetzung bei konkreten Gewässerschutzmaßnahmen. Im Idealfall können Entwicklungsziel und Leitbild identisch sein: Dann wird für den Gewässerschutz das Maximale erreicht. Meist stehen der vollständigen Renaturierung jedoch praktische Gründe wie z.B. wasserwirtschaftliche Zwangspunkte, mangelndes Finanzvolumen, fehlende Kenntnisse oder auch fehlender Wille entgegen, so daß als Entwicklungsziel ein Zustand angestrebt werden muß, der zwar nicht dem Leitbild entspricht, ihm aber ähnlicher ist als der aktuelle Ist-Zustand. Den Zusammenhang zwischen den Begriffen "Leitbild", "Entwicklungsziel" und "Ist-Zustand" zeigt die Abb. 3.10.

Es sei darauf hingewiesen, daß die Begriffe "Leitbild" und "Entwicklungsziel" in verschiedenen Kreisen unterschiedlich definiert sind. So wird "Leitbild" oft auch im Sinne des hier als Entwicklungsziel bezeichneten Begriffes verstanden (GUNKEL 1996).

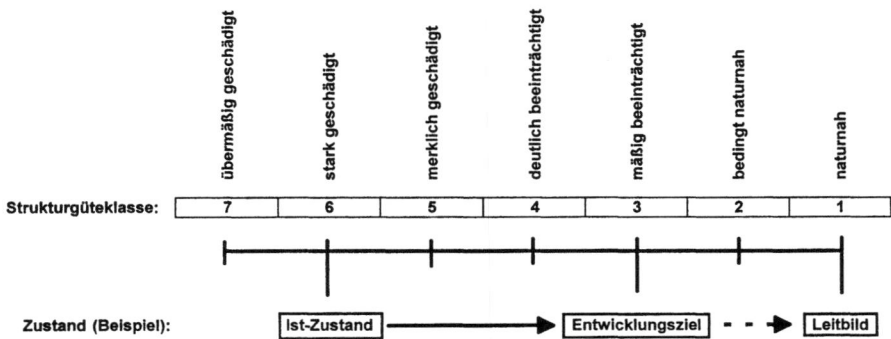

Abb. 3.10. Definition der Begriffe Ist-Zustand, Entwicklungsziel und Leitbild bei der Gewässerstrukturgütekartierung. Erläuterungen im Text.

3.7
Die Bewertung der Strukturgüte: Index oder Intuition?

Bei jedweder Bewertung von Vorgängen oder Zuständen gibt es grundsätzlich zwei Möglichkeiten, zu einer Wertzahl zu kommen. Man kann mit Hilfe eines formalisierten Rechenverfahrens eine Zahl oder einen Index errechnen oder man kann basierend auf einer eher intuitiven Erfassung der bewertungsrelevanten Aspekte auf der Basis eines breiten Fachwissens eine Note vergeben.

Für beide Varianten gibt es Beispiele aus der allgemeinen Erfahrung. Man denke z.B. an die Punktvergabe beim Eiskunstlaufen (Intuition), die Berechnung von Ausgleichsmaßnahmen im Naturschutz (Index), die önologische Beurteilung von Weinen (Intuition) oder die theoretische Führerscheinprüfung (Index). Die Reihe ließe sich beliebig fortsetzen.

Jedes Verfahren hat dabei seine speziellen Vor- und Nachteile, wobei bei deren Beurteilung oft auch die Vorlieben der Anwender eine erhebliche Rolle spielen.

Die Berechnung eines Index besticht in der Regel durch ein logisch nachvollziehbares und mathematisch exaktes Verfahren, das zu einer scheinbar "harten" Wertzahl führt.

Meist ist auch die Möglichkeit der EDV-technischen Automatisierung gegeben, was als weiterer Vorteil gewertet werden kann. Die Tatsache, daß der Taschenrechner bzw. der Computer bei der Fütterung mit identischen Daten auch stets dieselbe Wertzahl errechnet, wird oft als Zeichen einer hohen Reproduzierbarkeit empfunden. Das Bestreben, menschliche Leistungen und Erfahrungen durch einen Rechner zu ersetzen (und dadurch auch Kosten zu sparen), führt oft zu der Tendenz, viel in die Entwicklung sogenannter Expertensysteme zu investieren und die eigentliche Arbeit dann von Hilfskräften ausführen zu lassen.

Gerade hier liegen jedoch auch die entscheidenden Nachteile eines Indexverfahrens. Die Ergebnisse jeder automatisierten Berechnung sind nur so gut wie der Algorithmus des Verfahrens und die Qualität der eingegebenen Daten.

Im Beispiel der Strukturgütekartierung bedeutet dies:

Ein Indexverfahren, mit dem für einen gegebenen Gewässerabschnitt eine Wertzahl errechnet werden soll, muß z.B. folgende Aspekte in die Berechnung mit einbeziehen können:

- In welcher Großregion befindet sich das Gewässer (Flachland, Mittelgebirge, Gebirge)?
- In welchem Naturraum befindet sich das Gewässer?
- Welche Böden bzw. welcher geologische Untergrund herrscht vor?
- An welcher Position der längszonalen Gliederung des Gewässers befindet sich der Untersuchungsabschnitt?
- Welches Gefälle ist bestimmend?
- Welche Talform ist prägend?
- Gegebenenfalls: Zu welcher Jahreszeit wird kartiert?

Der Algorithmus einer rechnerischen Bewertung benötigt auch die bereits erwähnten regionalspezifischen Leitbilder, die als konkreter Bewertungsmaßstab dienen. Darüberhinaus muß ein Rechenverfahren aber auch die gesamte Bandbreite der möglichen und durchaus natürlichen Abweichungen vom Grundtypus des Leitbildes erfassen und auch in diesen Fällen zu einem sicheren Bewertungsergebnis führen.

Gelingt es nicht, eine Rechenvorschrift zu finden, die diese Anforderungen erfüllt, so sind Fehleinschätzungen vorprogrammiert, die umso gravierender ausfallen, je geringer die Qualifikation der Kartierer ist und je weniger die Rechenergebnisse kritisch hinterfragt werden.

Schließlich liegt eine Fehlerquelle darin, daß bei der Datenerhebung ein Kontinuum von Zuständen (= die Natur) auf eine beschränkte Anzahl von Zustandsmerkmalen abgebildet wird. Die Auswahl des "falschen" Zustandsmerkmals führt dabei unmittelbar zu einer falschen Bewertung. Auch hier spielt die Qualifikation des Kartierpersonals eine große Rolle.

Auf der anderen Seite verlangt eine eher intuitive Bewertung vom Kartierenden ein hohes Maß an Fachwissen und Erfahrung, Selbstkritik und Disziplin, um zu transparenten und reproduzierbaren Ergebnissen zu gelangen. Durch Schulungen und Ringversuche kann zwar versucht werden, den Kreis der Kartierenden auf ein einheitliches Niveau "einzuschwören", jedoch kann bei der allgemein üblichen Vergabepraxis von Kartieraufträgen nicht ausgeschlossen werden, daß auch Kartierenden geringerer Qualifikation eingesetzt werden.

Es darf auch nicht geleugnet werden, daß diverse Randfaktoren wie z.B. Wetter, Tagesform des Kartierenden und Dauer der Kartierarbeiten einen Einfluß auf die Bewertung haben können. Wenn am Ende einer anstrengenden, mehrwöchigen Kartierphase der Regen einsetzt und der Kartierende zusätzlich private Sorgen mit sich herumträgt, so wird manches vielleicht negativer gesehen als zu Beginn der Kartierung bei strahlendem Sonnenschein. Jedoch dürften auch dann, entsprechende Qualifikation der Kartierenden vorausgesetzt, keine gravierenden Abweichungen auftreten.

Der entscheidende Vorteil einer intuitiven Bewertung liegt gerade in der oft kritisierten Entscheidungsfreiheit des Bewertenden, vorausgesetzt, sie findet auf einer breiten Wissensbasis statt. Bei komplexen Zusammenhängen mit einem weiten Spektrum an Ausprägungen, die noch als normal ("natürlich") zu bezeichnen sind, kann oft nur im Rahmen einer Gesamtschau beurteilt werden, welche Faktoren für das Ökosystem prägend sind und für seine Funktionsfähigkeit die größere Bedeutung haben.

Als ein Beispiel sei eine offensichtlich alte, im Zerfall befindliche, von Ufervegetation und -gehölzen durchwachsene Steinschüttung im Uferbereich eines Baches genannt. Die wahre Bedeutung dieser anthropogenen Struktur für das Gewässer kann mit dem Einzelparametersystem nicht ausreichend erfaßt werden. Bei einer Indexberechnung führt diese Steinschüttung automatisch zu einer Abwertung, obwohl sie offensichtlich das Gewässer kaum noch beeinträchtigt. Hier kann nur mit Hilfe der Entscheidungsfreiheit des Kartierers eine realistische Bewertung durchgeführt werden.

Abb. 3.11. Die Bedeutung dieses verfallenden, in nächster Zukunft nicht mehr wirksamen Sohlabsturzes kann durch ein starres Indexsystem nicht ausreichend genau bewertet werden.

Auch natürliche Abweichungen vom regionalen Leitbild lassen sich als Sonderfälle oft nur durch bewußte Bewertungsentscheidungen angemessen bewerten. So kommen z.b. im Rheinischen Schiefergebirge, das überwiegend durch Grauwakken und Schiefer geprägt ist und dessen Bäche infolgedessen vorwiegend kiesigsteinige Sohlsedimente aufweisen, lokal eng begrenzt sowohl Massenkalk- als auch Flugsandablagerungen vor. Vereinzelt finden sich folglich Bäche, die streckenweise (z.T. nur auf wenigen hundert Metern) versintert sind oder als typische Sandbäche erscheinen, ohne daß dies unnatürlich oder durch den Menschen verursacht wäre. Die Bandbreite der möglichen Erscheinungen läßt sich zwar im allgemeinen Leitbild verbal beschreiben, die Aufstellung eines Einzelparameter- und Indexsystems, das alle Varianten berücksichtigt, ist jedoch weder möglich noch praktikabel.

3.8
Ein zweigleisiges Bewertungsverfahren

Laut Beschluß der Länderarbeitsgemeinschaft Wasser werden die beiden grundsätzlich möglichen Bewertungsansätze in einem einheitlichen Verfahren verwirklicht, um so wechselseitig die Nachteile des einen Verfahrens durch die Vorzüge des anderen ausgleichen zu können.

Die Basis der Kartiermethode ist dabei identisch. Die Länge der Kartierabschnitte, das System der Haupt- und Einzelparameter und nicht zuletzt die Zielsetzung der Verfahren sind ebenso deckungsgleich wie die Heranziehung von regionalen Leitbildern mit Hilfe von Referenzgewässern und die grundsätzliche Vorstellung von der Struktur eines naturnahen Baches. Nach der einmaligen Erhebung der Daten im Gelände soll somit sowohl die Vor-Ort-Bewertung mit Hilfe funktionaler Einheiten als auch die indexgestützte Bewertung durchgeführt werden. Aus den beiden Teilergebnissen soll schließlich eine Gesamtbewertung abgeleitet werden.

Ein wesentlicher Aspekt bei der Zusammenführung der beiden Verfahren ist dabei, daß Fehleinschätzungen, die aus der intuitiven Bewertung resultieren, durch das Indexsystem aufgedeckt werden können, unplausible Ergebnisse der Indexberechnung dagegen durch die Vor-Ort-Bewertung korrigiert werden können. Häufiges Abweichen der beiden Bewertungsergebnisse weist dabei auf systematische Fehler hin, die entweder auf der Seite des Kartierers oder bei der Definition des Leitbildes zu suchen sind. Beide müssen in diesem Fall überprüft und gegebenenfalls neu "geeicht" werden. In diesem Sinne können die beiden Bewertungsansätze als wechselseitig wirksame Plausibilitätskontrollen aufgefaßt werden, die den Bearbeiter dazu zwingen, sich und seine Arbeit ständig selbstkritisch zu hinterfragen und auf diese Weise zu optimalen Bewertungsergebnissen zu gelangen. In der Praxis verläuft die Bewertungsentscheidung wie in Abbildung 3.12.

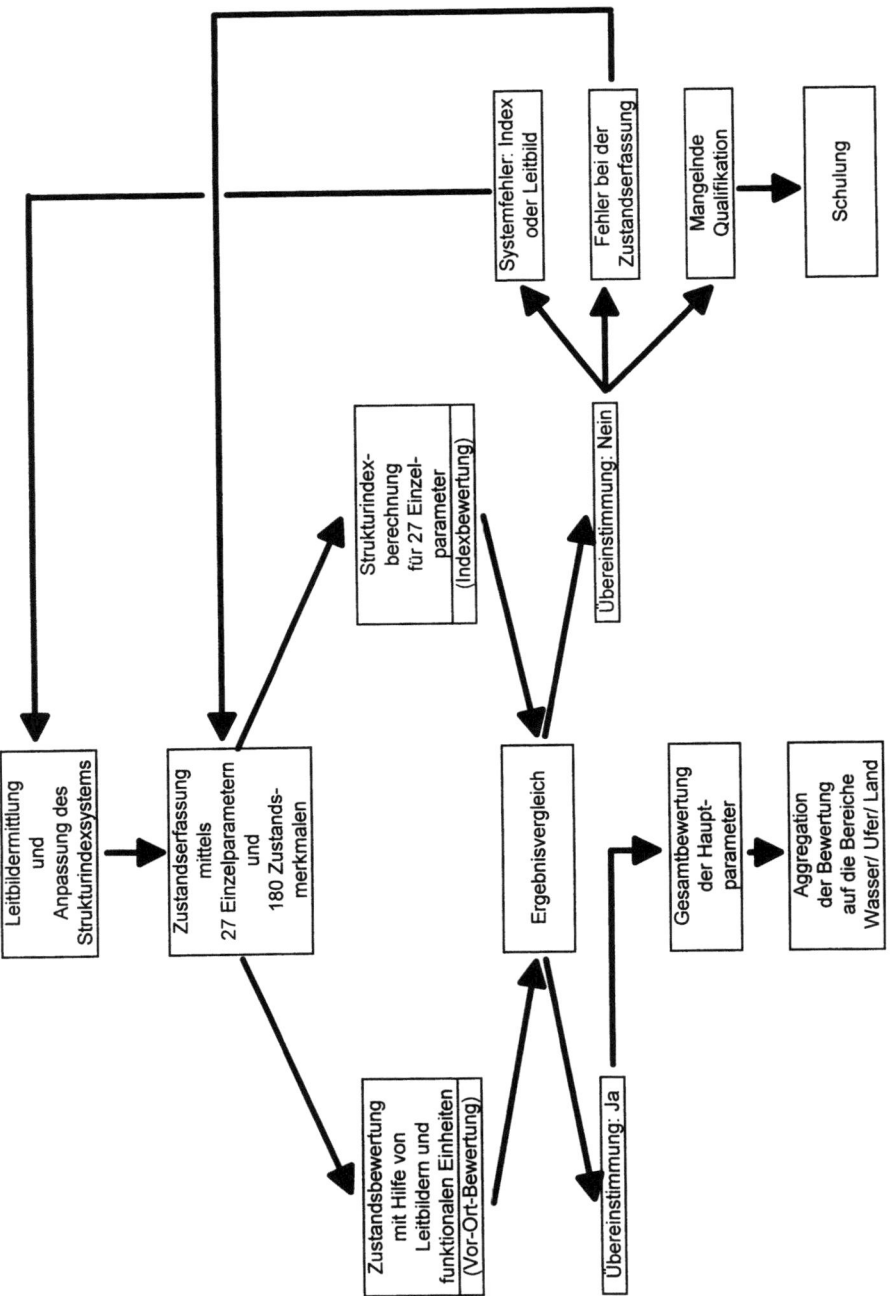

Abb. 3.12. Ablauf der Bewertungsentscheidung bei der Gewässerstrukturgütekartierung. Erläuterungen im Text.

3.9
Anforderungen an die Kartierenden

Wie jedes qualifizierte Vorhaben, so verlangt auch die Durchführung der Gewässerstrukturgütekartierung nach Fachleuten, die ihr Handwerk verstehen und ein gesichertes Ergebnis abliefern können. Ebensowenig wie man die Reparatur seiner häuslichen Heizungsanlage einem Nicht-Fachmann anvertrauen würde, sollte man angesichts ihrer großen investitionslenkenden Bedeutung die Erhebung und Bewertung der Gewässerstruktur nach der LAWA-Methode Fachfremden oder Hilfskräften überlassen.

Die Anwendung des Verfahrens verlangt vom Kartierenden ein hohes Maß an Wissen und Erfahrungen auf dem Gebiet der allgemeinen Fließgewässerkunde einschließlich spezieller naturräumlicher Kenntnisse. Geologische, geographische, hydrologische, zoologische und botanische Zusammenhänge sollten zumindest in ihren Grundzügen bekannt sein. Insbesondere die Bedeutung der Strukturparameter für die aquatische Lebensgemeinschaft sollte durch ein vertieftes biologisches Wissen erfaßt werden können. Grundlegende botanische Kenntnisse sind für die Beurteilung der Ufer- und Landvegetation notwendig, wenn z.B. zwischen bodenständiger und nicht bodenständiger Vegetation unterschieden werden muß.

Die Fachrichtung des Kartierenden spielt dagegen grundsätzlich eine eher untergeordnete Rolle. Wichtiger ist sein Erfahrungsschatz aus dem Gebiet der Fließgewässerkunde und des praktischen Gewässerschutzes sowie seine Fähigkeit zu fachübergreifendem, vernetztem Denken. Dennoch wird der größte Anteil der Kartierenden aus den Fachbereichen der Bio- und Geowissenschaften sowie der Landesplanung stammen.

Für die Erreichung eines einheitlichen Ausbildungsniveaus ist die Teilnahme an Schulungsveranstaltungen zu empfehlen. Ringversuche sollten als qualitätssichernde Maßnahmen im Rahmen des Qualitätsmanagements die Vergleichbarkeit der Kartierungsergebnisse unterschiedlicher Bearbeiter gewährleisten.

3.10
Grenzen der Gewässerstrukturgütekartierung

Die Gewässerstrukturgütekartierung wurde als Verfahren vor allem für kleinere Maßstäbe konzipiert. Als Arbeitsgrundlage dürfte im Normalfall eine Karte im Maßstab 1:25.000 dienen. Noch kleinere Maßstäbe sind als Arbeitsblatt nicht zu empfehlen, die Arbeit mit größeren Maßstäben ist grundsätzlich möglich. Ziel des Verfahrens ist es, mit möglichst geringem Aufwand gesicherte Aussagen über den Ist-Zustand der Gewässer bezüglich ihrer Strukturgüte zu erlangen, die auf einer Karte dargestellt werden können.

Für großmaßstäbliche Planungen wie z.B. im Rahmen von Renaturierungsmaßnahmen, reichen die mit der Methode der Gewässerstrukturgütekartierung erhobenen Parameter in der Regel nicht aus. Sie können aber als vorbereitende Grundlage der Planungen verwendet werden, die durch ergänzende Erhebungen wie z. B. Vegetationskartierungen und faunistische Untersuchungen sowie hydrologische und ingenieurtechnische Aspekte zu vervollständigen sind. Entwickelt wurde die Methode zunächst für kleine bis mittlere Fließgewässer. Die Anwendung des Verfahrens an größeren Fließgewässern, deren Verhältnisse im Sohlbereich aufgrund der größeren Wassertiefe oder -trübung nicht mehr erkannt werden können, ist nicht unmittelbar möglich. Eine modifizierte Methode für die Bearbeitung größerer Fließgewässer in Form einer stärker generalisierenden Übersichtskartierung wird derzeit durch einen Arbeitskreis der LAWA entwickelt.

Gewässer, die keine Fließgewässer im engeren Sinne sind, wie z.B. Kanäle und Gräben, sollten als anthropogene Strukturen gesondert beurteilt werden. Allerdings ist die Unterscheidung zwischen "echten" und "unechten" Fließgewässern oftmals schwierig. Im Zweifel sollten in solchen Fällen die möglichen Entwicklungsziele definiert und in die Betrachtung einbezogen werden: So macht es z.B. wenig Sinn, einen Entwässerungsgraben, der aufgrund seiner reichen Besiedlung mit Wasser- und Sumpfpflanzen naturschutzwürdig ist, als Fließgewässer zu kartieren, das womöglich als solches schlecht bewertet werden müßte und dessen "Renaturierung" zum Verschwinden der Wasservegetation führen würde.

Die Gewässerstruktur wird bei der Gewässerstrukturgütekartierung als Indikator für den ökologischen Zustand des Gewässers verwendet, da sie eine wichtige Voraussetzung für ein ökologisch intaktes Fließgewässer darstellt. Hieraus darf jedoch nicht der Schluß gezogen werden, daß es sich um eine ökologische Kartierung und Bewertung handelt. Vielmehr können im Rahmen dieses praxisorientierten Verfahrens zahlreiche Aspekte, die für eine echte ökologische Beurteilung unabdingbar sind, nicht oder nicht hinreichend bearbeitet werden. Es sind dies u.a. biologische Untersuchungen (faunistische und floristische Erhebungen), Gewässergütebetrachtungen (saprobielle Güte, Stoffeinträge und -frachten, Toxizitäten) und hydrologische Aspekte (Abflußverhalten, Austausch mit dem Grundwasser). Die Auswertung der Ergebnisse müßte in Hinblick auf Stoffkreisläufe und Energiebilanzen sowie populationsdynamische Prozesse erfolgen, um wirklich Aussagen über die Funktionsfähigkeit des Ökosystems Fließgewässer zu erlauben. Ökologische Grundlagenforschung dieser Art kann jedoch von einer einfachen, anwendungsorientierten Kartiermethode nicht geleistet werden.

Alle genannten Defizite sollen jedoch nicht darüber hinweg täuschen, daß die Gewässerstrukturgütekartierung bereits vor ihrer offiziellen Inkraftsetzung durch die LAWA in zahlreichen Regionen und Bundesländern als hilfreiches Instrument einer an der Ökologie orientierten Gewässerpflegeplanung eingesetzt wurde.

Literatur

Blab, J. (1986): Grundlagen des Biotopschutzes für Tiere. - 2. Aufl. Kilda Verlag. Greven. 257 S.
Braukmann, U. (1992): Typologischer Ansatz zur ökologischen Bewertung von Fließgewässern. - In: Friedrich, G. & Lacombe, J. (Hrsg.) (1992): Ökologische Bewertung von Fließgewässern. Limnologie Aktuell Bd. 3. Gustav Fischer Verlag. Stuttgart - Jena - New York. 462 S.
Deutsche Industrienormen (1990): DIN 38 410, Teil 2 "Bestimmung des Saprobienindex. - In: Deutsche Einheitsverfahren zur Wasser-, Abwasser- und Schlammuntersuchung. VCH - Beuth. Loseblattsammlung.
Friedrich, G. (1986): Was bedeutet Renaturierung ? - In: Landesamt für Wasser und Abfall NRW (1986): Aktuelle Fragen der Unterhaltung von Fließgewässern. LWA-Mitteilungen 3/86. Landesamt für Wasser und Abfall NRW. Düsseldorf. 104 S.
Friedrich, G., Hesse, K.-J. & Lacombe, J. (1996): Bewertung der Gewässerqualität. - In: Gunkel, G. (Hrsg.) (1996): Renaturierung kleiner Fließgewässer. Gustav Fischer Verlag. Jena - Stuttgart. 471 S.
Gunkel, G. (Hrsgb.)(1996): Renaturierung kleiner Fließgewässer. - Gustav Fischer Verlag. Jena - Stuttgart. 471 S.
Jacobs, W. & Renner, M. (1988): Biologie und Ökologie der Insekten. - 2. Aufl. Gustav Fischer Verlag. Stuttgart - New York. 690 S.
Kaule , G. (1986): Arten- und Biotopschutz. - 1. Aufl. Verlag Eugen Ulmer. Stuttgart. 461 S.
Länderarbeitsgemeinschaft Wasser (LAWA) (1998): Strukturgütekartierung in der Bundesrepublik Deutschland.
Lampert, W. & Sommer, U. (1993): Limnoökologie. - 1. Aufl. Thieme Verlag. Stuttgart - New York. 440 S.
Mangelsdorf, J. & Scheurmann, K. (1980): Flußmorphologie - Ein Leitfaden für Naturwissenschaftler und Ingenieure. - Oldenbourg. München - Wien. 262 S.
Odum, E.P. (1983): Grundlagen der Ökologie. - 2 Bände. 2. Auflage. Thieme Verlag. Stuttgart - New York. 836 S.
Otto, A. (1993): Gewässerstrukturkartierung in Rheinland-Pfalz. - In: Beiträge zum Jahresbericht der Wasserwirtschaftsverwaltung. Berichte des Landesamtes für Wasserwirtschaft Rheinland-Pfalz. Mainz. 6 S.
Resh, V.H. & Rosenberg, D.M. (1984): The ecology of aquatic insects. - Praeger. New York - Westport, Connecticut - London. 625 S.
Schönborn, W. (1992): Fließgewässerbiologie. - 1. Aufl. Gustav Fischer Verlag. Jena - Stuttgart. 504 S.

4 Leitbilder als Bewertungsgrundlage der Gewässerstrukturgütekartierung

Dirk Glacer
Landschaftsarchitekt Ak NW, Horster Str. 25 e, 45276 Essen

4.1
Bewertungsgrundlagen und Verwertungsabsichten – Fallbeispiele zum Einstieg

Fachliche Anforderungen an die Gewässerstrukturkartierung und die darauf basierende Bewertung wurden in diesem Band bereits von HESSE und LACOMBE dargestellt. Sie weisen darauf hin, daß Bewertungsverfahren neben ihrer "objektiven" Ebene der Zustandsbeschreibung eine subjektive Ebene der Bewertung haben. Letztere basiert auf allgemeinen oder weitgehend anerkannten Konventionen darüber, welche Zustände als positiv oder negativ beurteilt werden. Derartige Konventionen fußen einerseits auf wissenschaftlichen Erkenntnissen über ökologische Zusammenhänge, andererseits sind sie aber auch das Ergebnis von Verwertungsabsichten.

Dieser Tatbestand wird in der Gutachter- und Planungspraxis häufig nicht (mehr) explizit formuliert. Stattdessen wird besonders im Rahmen ökologischer Schutzwürdigkeits-, Eignungs-, Leistungsfähigkeits- oder Empfindlichkeitsbewertungen das wissenschaftliche Fundament anhand "objektiver" oder "rein fachlicher" Beurteilungskriterien in den Vordergrund gestellt.

Diese "Scheinverwissenschaftlichung" des Bewertungsprozesses und die (Un)Tauglichkeit der Verfahren in Abhängigkeit von Planungsanlaß und -zweck sind vielfach diskutiert worden. Beispielhaft seien hier SCHEMEL (1985, S. 130 ff., S. 196 ff.) oder die kritische Arbeit von SCHERNER (1995) über avifaunistische Bewertungsverfahren erwähnt. Bevor im folgenden auf die Gewässerstrukturbewertung eingegangen wird, soll deshalb zunächst an einigen Beispielen verdeutlicht werden, wie unscharf die Grenzen zwischen Verwertungsabsicht und fachlicher Beurteilung gezogen sind.

4.1.1
Beschaffungshilfe für Kompensationsflächen

Biotoptypenbewertungen (z.B. ADAM et al. (1986) oder LUDWIG (1991)) werden in der Praxis häufig im Rahmen von Eingriffsbeurteilungen (Umweltverträglichkeitsstudien, landschaftspflegerische Begleitpläne) angewandt, um projektbedingte Auswirkungen oder Vorbelastungen auf die wildlebende Pflanzen- und Tierwelt und andere Naturgüter (Boden, Wasser, Luft) abschätzen zu können. Mit derartigen Biotoptypenbewertungen geht implizit eine Bewertung von Nutzungen einher. Für die prägenden Nutzungsformen unserer Kulturlandschaften ergibt sich dabei im Prinzip eine Abnahme der Wertigkeiten von Wald über Grünland zu Akker. Dieses Bewertungsgerüst ist in dreierlei Sicht erstaunlich:

1. Die jeweiligen Landnutzungen für sich betrachtet bringen eigenständige Biozönosen hervor, von denen viele aus naturschützerischer Sicht erhaltenswert sind. Der Ansatz, unterschiedliche Nutzungsarten gegeneinander zu verrechnen, ist rein fachlich durchaus kritisch zu sehen, denn wer kann und will entscheiden, ob ein durch Wiese- oder Weidewirtschaft geprägter Landschaftsraum bio-ökologisch bedeutender ist als ein waldgeprägter Raum. Diskutabel und damit unterschiedlich bewertbar dürfte doch allenfalls sein, wie eine Landnutzung (Wald, Grünland, Acker) für sich betrachtet ausgestaltet sein sollte, damit sie im bio-ökologischen Sinne erhaltenswert ist.

2. Von einem Biotoptyp auf die Beeinflussung von Naturgütern zu schließen, ist bestenfalls in Ausnahmefällen möglich. So ist beispielsweise bekannt, daß sich unter unterschiedlichen naturbürtigen Voraussetzungen gleiche Artenbestände anthropogen entwickeln lassen. Ein einfaches Beispiel hierfür sind die vielfältigen Ausprägungen des Wirtschaftsgrünlandes und seiner Saum- und Randstrukturen, die sich je nach Düngung, Be- oder Entwässerung auf unterschiedlichsten Böden etablieren lassen (vergleiche hierzu KLAPP (1965), HÜLBUSCH (1987), LÜHRS (1994) oder HEINEMANN et al. (1986)). Erst unter Berücksichtigung des natürlichen Standortpotentials ist es also möglich, die Artenausstattung eines Bestandes daraufhin zu interpretieren, wie die Flächenbewirtschafter mit den natürlichen Lebensgrundlagen umgehen. Viel mehr als die Tatsache, daß eine Fläche beackert, gemäht und beweidet oder überhaupt nicht genutzt wird, läßt sich aus einer Biotoptypenkartierung und deren formalisierter Bewertung nicht entnehmen. Ebenso indiskutabel wie die Gleichbewertung analoger Bestände bzw. Biotoptypen ist die unterschiedliche Bewertung von in gleicher Weise anthropogen stabilisierten, aber andersartigen Beständen. Warum sollte die Glatthaferwiese auf einem naturbürtig produktiveren Standort schlechter bewertet werden als beispielsweise ein Halbtrockenrasen auf einem Standort mit natürlicher Lageungunst, obwohl beide Typen aktuell einem vergleichbaren menschlichen Einfluß ausgesetzt sein können (z. B. gleiche Düngeintensität)?

3. Der größte Teil unserer Landschaften einschließlich ihrer Biotop- und Artenausstattung ist durch Nutzungen entstanden und stabilisiert. Die Diskussion über den Erhalt oder die Entwicklung bestimmter Bestände kann daher sinnvoll nur im Zusammenhang über den Erhalt der dazugehörigen Bewirtschaftungsgrundlagen erfolgen.

Wenn die beiden letztgenannten Punkte in der gängigen Planungspraxis keine bedeutende Rolle spielen, so ist das weder mit mangelnder fachwissenschaftlicher Erkenntnis noch mit einem begrenzten fachgesetzlichen Auftrag erklärbar. Die Abhängigkeiten zwischen Pflanzen- und Tierbestand, Standort und Nutzung sind in ihren Grundzügen bekannt. Auch die in der Praxis vorherrschende Konzentration der planerisch-gutachterlichen Arbeitskraft auf die Pflanzen- und Tierwelt ist nicht durch die Naturschutzgesetzgebung vorgegeben. Deren Aufgabenbereich und Ziele sind weitaus umfassender und erstrecken sich auch auf die "Leistungsfähigkeit des Naturhaushaltes" und die "Nutzungsfähigkeit der Naturgüter" unter einem formulierten anthropogen ausgerichteten Kontext, als "Lebensgrundlage des Menschen". BIERHALS et al. (1986, S.13 ff.) zitieren andere Autoren und führen hierzu aus:

"(...) Ziele und Grundsätze des BNatSchG stellen Anweisungsnormen sowohl für den Landesgesetzgeber als auch für alle Behörden und öffentliche Stellen dar. Sie sind von ihnen unmittelbar zu beachten (...) Leistungsfähigkeit des Naturhaushaltes - dieser Begriff steht im § 1 der Naturschutzgesetze zwar neben den Begriffen Nutzungsfähigkeit der Naturgüter sowie Pflanzen- und Tierwelt, aber er umfaßt die beiden letzteren (...) Der Schutz der Leistungs- und Funktionsfähigkeit des Naturhaushaltes schließt den wesentlichen Aspekt der Nutzungsfähigkeit der Naturgüter ein (...)"

Für in der planerischen und administrativen Praxis vorgefundene Abweichungen von diesem Anspruch können zwei Begründungen angeführt werden. Zum einen ist dies ein aus dem inneren Entstehungs- und Stabilisierungszusammenhang herausgelöstes floristisch-faunistisches Interesse seitens der für Naturschutz zuständigen Fachbehörden. Zum anderen besteht ein Interesse seitens der Eingriffsverursacher, zur Beseitigung von Planungshindernissen über Flächenerwerb und darauf stattfindender Biotopgestaltung den Kompensationsforderungen nachzukommen. Hierbei hat man sich schon im Vorfeld durch eine pauschalisierte und nicht am Planungsobjekt überprüfte Vorgabe in Form des ausgewählten Biotoptypenbewertungsverfahrens stillschweigend auf die Inanspruchnahme bestimmter Flächentypen sowohl für den Eingriff als auch für dessen Kompensation geeinigt. Dies sind im allgemeinen ackerbaulich genutzte Flächen. Für diese Flächenbeschaffung sind Biotoptypenbewertungen ausreichend tauglich. Sie sind aber weder rein fachwissenschaftlich noch fachgesetzlich begründet. Ihre Anwendung beinhaltet vielmehr eine versteckte Vorabwägung unter den umfangreichen Zielen des Naturschutzes und der Landespflege. Bei dem Aufwand, der um die Auswahl geeigneter Beurteilungskriterien, ihrer Skalierung und Aggregation innerhalb der Bewertungsverfahren betrieben wird, geht dies zumeist (gewollt?) unter.

4.1.2
Historische Leitbilder als Legitimation für den Flächenzugriff

Ein Aufsatz über die Bedeutung der quartären Megafauna für die Formulierung von Zielen und Zielkonflikten im Naturschutz (BUNZEL-DRÜKE et al., 1995) kann hierfür als Beispiel herangezogen werden. Die Autoren referieren darüber, daß sich auch ohne Auftauchen und Einfluß des Menschen in Mitteleuropa mosaikartig strukturierte Wald-Weidelandschaften – durch die Aktivitäten von Großsäugern - hätten entwickeln können. Hier schließt sich die Frage an, welcher Zweck mit dieser historischen Spekulation verfolgt wird.

"(...) Diese Auswahl einer Zeitphase als Basis ist nicht so sehr wissenschaftlich zu begründen, als vielmehr eine naturschutzpolitische Entscheidung" (a.a.O.).

Welche Naturschutzpolitik verfolgt wird, wird dann leider nicht explizit genannt. Erstaunlich ist aber, daß die Autoren nicht nur eine Diskussion über *neue* Landschaftsstrukturen anhand historischer Urlandschafts-Vorbilder anregen wollen, sondern auch für die *bisher bekannten* Strukturen, die ja zumeist Produkt menschlichen Wirtschaftens (z. B. Hutewälder) sind, neue Entstehungsmöglichkeiten und Stabilisierungstheorien liefern. Ein solches Spekulieren macht nur Sinn, wenn seitens der Autoren beabsichtigt ist, größere Verfügungsflächen für Naturschutzbelange losgelöst von den stabilisierenden Produktionsbedingungen zu sichern.

Abb. 4.1. Die historische Betrachtung von Landschaften ist nur dann ein sinnvolles Planungsinstrument, wenn aktuelle Produktionsbedingungen berücksichtigt werden.

Es ist daher nicht verwunderlich, daß der Artikel zu einem Zeitpunkt erschien, als im räumlichen Arbeitsumfeld der Autoren die Umnutzung großer, ehemalig militärisch genutzter Flächen diskutiert wurde. Auch hier hat sich die oben genannte verschwiegene naturschutzpolitische Absicht weit von wichtigen Zielen und Grundsätzen der Naturschutzgesetzgebung entfernt, den produktiven Umgang mit Naturgütern als unsere natürliche Lebensgrundlage zu betrachten. Die historische Betrachtung der Autoren ist somit nicht auf Erfahrungsgewinn ausgerichtet, sondern dient als Mittel, die vorhandenen Landschaftsstrukturen aus ihrem Entstehungszusammenhang herauszulösen. Dadurch wird die produktive Arbeit der wirtschaftenden Menschen als wichtiger landschaftsbildender Bestandteil bewußt negiert.

Wir dürfen gespannt sein, ob demnächst ein botanisches Institut, vielleicht fachlich unterstützt durch den Verband der deutschen Baumschulisten, eine wissenschaftlich möglichst exakte Beschreibung der Tertiärflora Deutschlands vorlegen wird, in denen Gattungen wie Ginkgo, Liquidambar oder Magnolia auftauchen, um deren Wiederansiedlung in ihrem natürlichen Verbreitungsgebiet als Diskussionsbeitrag in die Naturschutzdebatte einzubringen. Welche naturschutzpolitischen Ziele könnten wohl damit verbunden sein?

SCHEMEL (1985, S. 141) kritisiert das oben beschriebene Arbeiten mit unausgesprochenen Wertvorstellungen und versteckten Prioritäten zu Recht als unzureichend für eine demokratische Gesellschaftsordnung:

"Freilich sollten die von Experten (einschl. Planungswissenschaftler und Planungspraktiker, Anm. d. Verf.) *vorgeschlagenen Wertungen (Gewichtungen, Einstufungen nach Relevanz etc.) von ihm auch begründet werden. Denn es handelt sich dabei nicht um individualistische Wertungen, sondern um Werturteile, die Anspruch auf allgemeine (intersubjektive) Gültigkeit erheben und gegenüber divergierenden Wertungen einen Forderungscharakter haben. Eine solche Geltung kann nicht wissenschaftlich abgeleitet und dann "verordnet" werden, sondern muß sich in der argumentativen Auseinandersetzung bewähren, kann also nur das Ergebnis eines Konsensbildungsprozesses sein. Eine wissenschaftliche Wertanalyse kann nicht zu absoluten oder "richtigen" Werten führen, sondern sie kann den begrifflichen Rahmen für eine Diskussion über Werte und Wertungen schaffen, und sie kann das Feld abstecken, in dem rational über Werte gesprochen werden kann"* (SCHEMEL, a.a.O.).

Von den zahlreichen inhaltlichen Kritiken an reduktionistischen Ansätzen im Rahmen der Landschaftsplanung seien die von HARD (1984, 1992), HÜLBUSCH (1981, 1987), HAAFKE (1987) und SAUERWEIN (1989) genannt, die sowohl ökologisch als auch sozial begründet sind.

Die Autoren kritisieren unter anderem die eintretenden Strukturverarmungen infolge des Ersatzes vielfältiger Nutzungen durch standardisierte Pflege und die Verlagerung von Verfügungs- und Entscheidungsqualitäten von den ursprünglichen Flächennutzern in die administrative Zuständigkeit und deren zugehörige Fachdisziplinen. HARD (1992) resümiert die Entwicklung in der naturschutzorientierten Planung unter anderem deshalb wie folgt:

"(...)Viertens entsteht eine korrelate Wachstumsbranche von (Pseudo)Wissenschaft, deren Naturbeschreibungsschemata immer administrationsförmiger werden, sich immer weniger am Gegenstand und immer stärker an umstandsloser administrativ-politischer Verwertbarkeit orientieren (Kataster und Rasterfahndungen aller Art, Land- und Stadtbeschreibung mittels V- und Zeigerwerten, Landschaftsbild- und andere Bewertungsverfahren, Schutzwürdigkeits- und Eingriffskompensationsberechnungen)"

Auf diese Problematiken hin wird sich also auch das Verfahren der Gewässerstrukturkartierung und -strukturgütebewertung untersuchen lassen müssen:
- Welche Absichten sind mit der Gewässerstrukturgütekartierung verbunden, welche davon sind explizit genannt und welche wichtigen Voraussetzungen sind vielleicht nur verschwiegen enthalten?
- Welche Konsequenzen ergeben sich hieraus für Anwendungsbereiche und Tauglichkeit des Verfahrens?
- Welchen Einfluß kann Gewässerstrukturgütekartierung auf die Gestaltung unserer Gewässer als natürliche Lebensgrundlagen haben?

Der Konsens und die Definition dessen, was im Rahmen der Strukturgütebewertung als Optimum betrachtet wird, kann die wichtigsten Grundlagen für die Beantwortung dieser Fragen liefern. Eine Analyse dieser Definition soll deshalb nachfolgend versucht werden.

4.2
Bewertungsgrundlagen der Gewässerstrukturkartierung

Die Länderarbeitsgemeinschaft Wasser und Abfall (LAWA) hat Begriffsdefinitionen für bedeutsame Zustände im Rahmen der Gewässerbewertung eingeführt. Die Definitionen sollen Gültigkeit für alle Gewässerbewertungsverfahren der LAWA erhalten.

Dabei wurden insbesondere die Unterschiede zwischen dem, was in einem formalisierten Bewertungsrahmen als Bewertungsoptimum eines Zustandes zu betrachten ist, und dem, was als Planungsziel angestrebt wird, angesprochen:

"Leitbild: Das Leitbild definiert den Zustand eines Gewässers anhand des heutigen Naturpotentiales des Gewässerökosystems auf der Grundlage des Kenntnisstandes über dessen natürliche Funktionen. Das Leitbild schließt insofern nur irreversible anthropogene Einflüsse auf das Gewässerökosystem ein. Das Leitbild beschreibt kein konkretes Sanierungsziel, sondern dient in erster Linie als Grundlage für die Bewertung des Gewässerökosystems (Gewässergüteklasse I). Es kann lediglich als das aus rein fachlicher Sicht maximal mögliche Sanierungsziel verstanden werden, wenn es keine sozio-ökonomischen Beschränkungen gäbe. Kosten-Nutzen Betrachtungen fließen daher in die Ableitung des Leitbildes nicht ein.

Entwicklungsziel: Das Entwicklungsziel definiert den möglichst naturnahen, aber unter gegebenen sozio-ökonomischen Bedingungen realisierbaren Zustand eines Gewässers nach den jeweils bestmöglichen Umweltbewertungskriterien unter Einbeziehung des gesamten Einzugsgebietes. Es ist das realistische Sanierungsziel unter Abwägung der gesellschaftspolitischen Randbedingungen der verantwortlichen Interessenträger und Nutzer. Die Abwägung bezieht Kosten-Nutzen-Betrachtungen mit ein ..." (LAWA AGO, 1996)

Durch die Definition dieser Begriffe ist klargestellt, daß es innerhalb des Planungsprozesses (mindestens) zwei Arbeitsschritte gibt:
1. Die fachliche Definition eines Optimalzustandes als Bewertungsgrundlage.
2. Die Formulierung von Planungsabsichten unter Berücksichtigung weiterer Gesichtspunkte (z. B. sozio-ökonomische Bedingungen, Kosten-Nutzen-Betrachtungen) neben der Sicherung, Annäherung an bzw. Erreichen dieses Zustandes.

Für die Gewässerstrukturgütebewertung ist zunächst der erste Punkt - die Definition des Leitbildes als Bewertungsgrundlage bzw. Bewertungsmaßstab - von Bedeutung. Angesichts der verwendeten Terminologie erscheint es notwendig, diese Begrifflichkeit und deren Definition eingehender zu betrachten.

4.3
Der Begriff des Leitbildes in der Gewässerbewertung

MÜLLER et al. (1996) haben dargelegt, daß Leitbilder in Planungsdisziplinen schon lange als Grundlage für eine geordnete und zielgerichtete Entwicklung herangezogen werden.

Das Leitbild formuliert allgemein anerkannte und in ihren Grundzügen mit anderen Fachplanungen abgestimmte Planungsziele, an denen Einzelmaßnahmen zu orientieren und zu messen sind. In diesem Sinne ist der Leitbildbegriff auch in die Gewässerplanung eingeführt worden (vergleiche beispielsweise MURL, 1993, KOHMANN et al., 1994 oder DVWK, 1995, S. 27).

Nach der oben genannten Definition der LAWA hingegen ist das Leitbild "nur" eine Bewertungsgrundlage und kein Planungsziel. Es beschreibt einen allgemeinen Optimalzustand unabhängig von dessen Realisierbarkeit innerhalb eines bestimmten Planverfahrens.

Als Planungsziel wäre die Bewertungsgrundlage (im oben definierten Sinne) nur dann tauglich, wenn es keine weiteren abwägungsrelevanten Gesichtspunkte gäbe.

Die nachfolgende Tabelle zeigt die Bedeutung der unterschiedlichen Begriffe im Vergleich.

Tabelle 4.1. Begriffe in Planung und Bewertung (aus: MÜLLER et al., 1996)

Bedeutung	Gewässerbewertung	Planung
maximal mögliches Sanierungsziel	Leitbild	Maximalforderung
tatsächliches Sanierungsziel	Entwicklungsziel	Leitbild
aktueller Zustand	Ist – Zustand	Ist – Zustand

Das allgemeine Leitbild für Fließgewässer wurde durch die LAWA als das heutige Naturpotential eines Gewässers unter Berücksichtigung irreversibler Eingriffe definiert. Dieser Zustand erhält somit definitionsgemäß die Güteklasse I. Überträgt man diese Definition auf die bereits bestehende "klassische Gewässergütekarte", so ergeben sich erhebliche Diskrepanzen zur derzeitigen Handhabung. Die FORSCHUNGSGRUPPE FLIEßGEWÄSSER (1996, S.192) legt in ihrer Typologie natürlicher Fließgewässer Baden-Württembergs beispielsweise dar, daß "Flachland-Auebäche" sowie "Rheinauebäche" natürlicherweise mäßig bzw. mäßig bis deutlich belastet sind, also entsprechend der bisherigen Handhabung bestenfalls in die Gewässergüteklasse II einzuordnen sind. Gemäß obiger Definition wären sie aber in die Kategorie I einzuordnen, denn die Bäche verfügen von Natur aus über eine höhere organische Fracht als beispielsweise natürliche Berglandbäche. Sie weisen also scheinbare Gütedefizite auf, obwohl sie dem Naturpotential entsprechen. Vergleichbare Anwendungsschwierigkeiten dürften nicht nur bei einigen baden-württembergischen Gewässertypen, sondern auch z.B. für eine Reihe nordwestdeutscher natürlicher Tieflandtypen vorliegen. Offensichtlich liegen somit für Bewertungsverfahren der LAWA zwei unterschiedliche Bezugssysteme für die Bestimmung des Güteoptimums vor:
1. In der klassischen Gewässergütekarte werden Bäche an einer für alle Naturräume einheitlichen Bezugsskala bewertet. Dies hat zur Folge, daß für die Beurteilung der physiko-chemischen Parameter die gleichen Güteschwellen existieren, unabhängig davon, ob diese Werte jemals in einem Naturraum vorgelegen haben können oder nicht.
2. Die neue Definition der Güteklasse I setzt voraus, daß die Gewässer entsprechend einer naturraumspezifischen Bezugsskala bewertet und skaliert werden. Sie hat somit die Kenntnis der "spezifischen Natur einer Region" als Bewertungsgrundlage zur Voraussetzung.

Dieser Exkurs über die räumlichen Bezugsrahmen macht deutlich, daß das Bewertungsoptimum eben nicht rein fachlich bzw. objektiv, sondern aufgabenorientiert ist. Während mit der klassischen Gewässergütekarte das Ziel verbunden war, die Belastung der Gewässer durch Abwassereinleitungen zu minimieren, soll durch die Gewässerstrukturgütekarte erreicht werden, daß Gewässer als Landschaftsbestandteile erhalten bzw. wiederhergestellt werden.

Für diesen zweiten Zweck ist eine einheitliche Bewertungsgrundlage nicht mehr tauglich; der gestreckte Verlauf eines Gewässers kann im Bergland durchaus natürlich sein, im reliefarmen Tiefland ist er das Ergebnis von Begradigungen.

4 Leitbilder als Bewertungsgrundlage der Gewässerstrukturgütekartierung

Für die jeweiligen unterschiedlichen Absichten sind die gewählten Bezugssysteme, Skalierungen und Definitionen für sich betrachtet durchaus tauglich (solange nicht die Gewässergüteklasse I für Tieflandbäche angestrebt wird), sie sind nur nicht gegeneinander austauschbar oder übertragbar.

Abb. 4.2. Ein naturbelassener Mittelgebirgs-Quellbach im Buchenforst: Wasser der Güteklasse I bei fast geradlinigem Verlauf. Beides wäre für echte Tieflandgewässer "unnatürlich".

4.4 Heutiges Naturpotential von Gewässerökosystemen

4.4.1 Potentiale, Funktionen und Leistungen des Natur- und Landschaftshaushaltes

Die LAWA hat die Güteklasse I mit dem Begriff des "Naturpotentials auf Grundlage der natürlichen Funktionen des Gewässers" umschrieben. Als Konkretisierung der Ziele und Aufgaben des Naturschutzes ist dies nicht ohne weiteres verständlich. Es ist daher eine inhaltliche Interpretation erforderlich.

Gerade die Begriffe "Naturpotential" und "natürliche Funktionen" können hinsichtlich der Gewässer mit einer Vielzahl von Inhalten verbunden werden.

MARKS (1979), BIERHALS et al. (1986), LESER und KLINK (1988) und MARKS et al. (1992) haben sich intensiv mit der Operationalisierung von unterschiedlichen Leistungen, Funktionen und Potentialen des Natur- und Landschaftshaushaltes auseinandergesetzt:

"Das Leistungsvermögen des Landschaftshaushaltes setzt sich aus der Summe seiner Funktionen und Potentiale zusammen. Beide Begriffe werden in der Literatur meist synonym verwendet. Der Arbeitskreis schlägt vor, grundsätzlich den Begriff "Funktion" zu benutzen, da dieser geeigneter zur Bezeichnung der Aufgaben und Leistungen ist, welche der Haushalt der Landschaft zu erfüllen hat. Der Terminus "Potential" sollte auf das "Naturraumpotential", also auf die wirtschaftlich nutzbaren Ressourcen (land- und forstwirtschaftliches Ertragspotential, Wasserdargebotspotential) sowie auf reale Objekte, z. B. Relief der Landschaft (landeskundliches Potential), beschränkt bleiben.

Die Funktionen und Potentiale bezeichnen das Vermögen des Landschaftshaushaltes, bestimmte Leistungen der Ökosysteme zu ermöglichen und auch für die (umweltverträgliche) Nutzung bereitzustellen" (MARKS et al.,1992, S. 33).

Die Erarbeitung und Bewertung dieser Leistungen und Funktionen der Landschaft nahm seit den siebziger Jahren breiten Raum in der ökologisch orientierten raumwirksamen Planung ein. Begriffsverständnis und Aufbau dortiger Skalierungen und "Bewertungen" lassen sich daher zur Diskussion des Verfahrens der Gewässerstrukturgütekartierung heranziehen. Hierzu einige Beispiele.

4.4.2
Beispiel: Ökologisch begründete Raumgliederung

MARKS (1979) untersucht Möglichkeiten und Machbarkeit einer ökologisch begründeten Raumgliederung als allgemeine Grundlage für unterschiedliche Nutzungsansprüche.

Diese Raumgliederung basiert auf der Auswahl und der Skalierung planungsrelevanter Geofaktoren. Flächen mit gleicher Ausprägung mehrerer Geofaktoren werden zu ökologisch begründeten Raum- oder Landschaftseinheiten zusammengefaßt. Die Besonnung beispielsweise, gemessen in $kcal/cm^2 \times a$, wird als planungsrelevanter Geofaktor definiert und die Flächen eines Planungsraumes gemäß ihrer Exposition und Hangneigung in Flächen mit unterschiedlicher Einstrahlungsrate von hoch bis niedrig eingeteilt.

Bis zu diesem Punkt ist die Ermittlung der unterschiedlichen Leistungsfähigkeiten einzelner Flächen nahezu wertfrei - sieht man einmal von der exakten Festlegung der "Schwellenwerte" für die Skalierung der Geofaktoren ab. Sie sollen im Marks'schen Ansatz Gültigkeit für unterschiedlichste Ansprüche haben. Zu Recht sind sie damit rein fachlicher Natur, denn es kann keine Diskussion darüber geben, ob der Südhang eine höhere Besonnung aufweist als der Nordhang.

Diesen Arbeitsschritt bezeichnet Marks als Quantifizierung der Geofaktoren. Ob sich die Ausprägung eines Geofaktors nun positiv oder negativ auf einen formulierten Anspruch auswirkt - also als "gut" oder "schlecht" zu bewerten ist - ist nunmehr abhängig von der jeweils beabsichtigten Nutzung. Für den Bau eines Kühlhauses beispielsweise dürfte der Nordhang die optimale natürliche Standortgunst aufweisen, da die verminderten Einstrahlungsraten Isolations- und Energieeinsparung bedeuten können, für die Anlage einer Weinpflanzung dürfte er ungeeignet sein.

Gemäß dieser Definition von MARKS et. al. (1992) sind die Nutzungsansprüche als Potentiale zu bezeichnen (in diesem Fall "Weinanbaupotential" bzw. "Kühlhauserrichtungspotential").

Der Marks`sche Ansatz läßt also also erkennen, daß die "objektive reine Fachlichkeit" (Auswahl der planungsrelevanten Geofaktoren und deren Skalierung) zunächst einen "intersubjektiven Konsens" (Einigung auf einen Gebrauchsanspruch) zur Voraussetzung haben muß und Bewertung nur im Hinblick auf eine bestimmte, konsensbedürftige Verwertungsabsicht möglich ist. Im Gegensatz dazu ist der LAWA-Definition diese Verwertungsabsicht nicht zu entnehmen. "Funktionen" und "Potentiale" bleiben inhaltlich unausgefüllte Begriffe.

4.4.3
Grenzziehung zwischen Funktionen und Potentialen

Von den Potentialen unterscheiden MARKS et al. (1992) die Funktionen des Landschaftshaushaltes.

Tabelle 4.2. Funktionen und Potentiale des Landschaftshaushaltes nach Marks et al. (1992)

Landschaftshaushaltliche Funktionen	Landschaftshaushaltliche Potentiale
Erosionswiderstandsfunktion Filter-, Puffer- und Transformatorfunktion Grundwasserschutzfunktion Grundwasserneubildungsfunktion Abflußregulationsfunktion Immissionsschutzfunktion Luftregenerationsfunktion Klimameliorations- und bioklimatische Funktion Ökotopbildungs- und Naturschutzfunktion Erholungsfunktion	Grundwasserdargebotspotential Biotisches Ertragspotential Landeskundliches Potential

Trotz der oben aufgeführten Definition ist die Grenze zwischen Potential und Funktion letztlich nicht eindeutig. So ließe sich beispielsweise die Grundwasserneubildungsfunktion durchaus auch als Grundwasserneubildungspotential bezeichnen, denn für die nachhaltige wirtschaftliche Nutzung eines Grundwasserleiters kann die Grundwasserneubildungsrate sicherlich von erheblicher Bedeutung sein.

In Tabelle 4.2 werden aber auch einige Unterschiede zwischen Potential und Funktion deutlich. So sind lediglich in der Kategorie der Funktionen einige Regulations- und Regenerationsleistungen für einzelne Umweltmedien aufgeführt, die sich anhand physikalischer Meßgrößen skalieren lassen. In der Kategorie der Potentiale fehlen diese Regulations- und Regenerationsleistungen.

Allerdings fällt es schwer, der Erholungsfunktion diese Regulations- oder Regenerationsleistung zuzusprechen (es sei denn der Regeneration der menschlichen Arbeitskraft) bzw. Ökotopbildungs- und Naturschutzfunktionen auf Basis physikalischer Größen zu skalieren. Bei diesen beiden Funktionen bedarf es im Gegensatz zu den übrigen (und auch im Gegensatz zu den genannten Potentialen) erheblich weitreichenderer Konsensbildungen für eine Auswahl der Beurteilungskriterien und eine Skalierung der möglichen Erscheinungsformen.

Die wildlebende Pflanzen- und Tierwelt beispielsweise läßt sich nicht nur nach den in den meisten Biotoptypenbewertungen verwendeten Schutzkriterien (Seltenheit, Gefährdung, etc.) skalieren, sondern beispielsweise auch nach der Verwendbarkeit als Nahrungs- oder Heilmittel. Eine solche Betrachtung als Lebensgrundlage des Menschen im Sinne der Naturschutzgesetzgebung wäre durchaus naheliegend und würde zu gänzlich anderen Beurteilungskriterien und Skalierungen führen.

Angesichts obiger Abgrenzungsschwierigkeiten ist es verständlich, daß BIERHALS et al. (a.a.O., S.28) es für zweckmäßig erachten, auf die Begriffe Naturpotential, Naturraumpotential, Landschaftsfunktionen und Landschaftspotential zu verzichten, zumal der Begriff "...-potential" sowohl eine gegenwärtige als auch eine – unter Umständen erst durch Entwicklungsmaßnahmen erreichbare – "potentielle" Leistungsfähigkeit" ausdrücken kann.

Die Autoren schlagen als Sammelbegriff anstelle von Potentialen und Funktionen den Begriff "Leistungen" vor. Allerdings grenzen auch sie leider nicht deutlich die unterschiedlichen Bewertungsvoraussetzungen für Ökotopbildungs-, Naturschutz- und Erholungsleistungen ab.

Dieser terminologische Exkurs wirft natürlich auch für die von der LAWA bezüglich der Bewertung von Gewässern vorgenommenen Definitionen entsprechende Fragen auf:

- Was wird unter "Funktionen" verstanden und wie sind sie gegenüber "Potentialen" abgegrenzt?
- Warum wird von "dem" Naturraumpotential des Gewässers gesprochen, während die genannten Autoren davon ausgehen, daß es durchaus mehrere Potentiale eines Gewässers geben kann (beispielsweise "Energiegewinnungsotentiale" für Wasserkraftnutzung oder "Geschiebeakkumulationspotentiale" für die Ermittlung potentieller Auskiesungsflächen)?
- Beschränkt sich auch die LAWA-Definition auf wirtschaftlich nutzbares Naturpotential bzw. ein reales Objekt oder ist der Potentialbegriff anders interpretiert? Wennn ja, wie?
- Beschreibt der Begriff des Potentiales eine tatsächliche Fähigkeit oder eine mögliche Leistungsfähigkeit, die aktuell noch nicht vorhanden ist?

Die von der LAWA festgelegten Definitionen geben auf diese Fragen keine direkten Antworten.

Es ist somit festzustellen, daß diese Analyse auf der Grundlage planungstheoretischer Arbeiten (noch) nicht zu einer befriedigenden Klärung der Kernfrage ausreicht, nämlich,
- was die Länderarbeitsgemeinschaft Wasser als Optimum bei einer Gewässerbewertung ansieht und
- warum hierunter das Optimum zu verstehen ist.

4.5 Das allgemeine Leitbild für Fließgewässer

KOHMANN et al. (1994) haben im Zusammenhang mit der Sanierung kleiner Fließgewässer ebenfalls versucht, Gewässerfunktionen zu beschreiben. Sie verstehen hierunter, daß Stofftransport und Energiefluß von Populationen als Funktionsträger nach Störungen wieder in den gleichen inneren Organisationsgrad zurückversetzt werden.

Sie leiten aus ökosystemaren Gesetzmäßigkeiten ein allgemeingültiges Planungsleitbild für die Sanierung kleiner Fließgewässer ab. Dessen zentrale Eigenschaften sind Elastizität und Reorganisationsvermögen. In seinen physikalischen, chemischen und biologischen "Leitbildbausteinen" ist es gekennzeichnet durch Abflußdynamik, Gewässerbettdynamik, Auendynamik, Stoffdynamik und Besiedlungsdynamik.

Ob diese Elastizitäts- und Reorganisationsfähigkeiten tatsächlich so vorhanden sind und ob es sich dabei ausschließlich um Eigenschaften von nicht sanierungsbedürftigen Fließgewässern mit entsprechender Dynamik handelt, mag für die folgenden Betrachtungen dahingestellt bleiben. Wenden wir uns stattdessen dem Verständnis des Funktionsbegriffes zu.

Während bei BIERHALS et al. und MARKS et al. im weitesten Sinne unter Funktionen "Gebrauchsansprüche" an die Naturgüter und ihre Wechselwirkungen verstanden werden, benutzen KOHMANN et al. den Funktionsbegriff für eine modellhafte Beschreibung bestimmter Abläufe im Gewässer ohne Berücksichtigung eines möglichen Gebrauchsanspruches, aber durchaus unter Berücksichtigung einer bestimmten Verwertungsabsicht. Gewässer bzw. deren Einzelelemente werden von den Autoren als "ökologische Schutzgüter" betrachtet, denen die durch den Zugriff des Menschen entstandenen Nutzungen und wasserbaulichen Maßnahmen diametral gegenübergestellt werden (a.a.O., S. 327), um den Dringlichkeitsgrad der Gewässersanierung erarbeiten zu können.

Allerdings gibt es auch Ähnlichkeiten in der Verwendung des Funktionsbegriffes. Sieht man einmal von der Ökotopbildungs- und Naturschutzfunktion ab, umschreiben alle Autoren damit bestimmte Regulations- oder Regenerationsleistungen für einzelne Umweltmedien oder den Menschen, allerdings unter gänzlich verschiedenen Verständnissen vom Umgang mit Natur ("Gebrauchsverständnis" gegenüber "Schutzgutverständnis").

Überträgt man das Funktionsverständnis von KOHMANN et al. auf die Definition nach LAWA, so würde also der Kenntnisstand über die natürliche Dynamik der einzelnen Leitbildbausteine (s. o.) eine Bedeutung für die Beschreibung des Gewässeroptimums haben.

Ob außerdem das oben genannte Schutzgut-Verständnis auch im Rahmen der LAWA-Definition als tragende Wertvorstellung eine Rolle spielt, kann bis zu diesem Analysezeitpunkt noch nicht entschieden werden. Dagegen spricht zunächst einmal die Verwendung des Potentialbegriffes in der LAWA-Definition.

Versuchen wir also deshalb nun, über die Aspekte, die mit dem Begriff des Naturpotentiales verbunden sein können, die Leitbilddefinition inhaltlich weiter auszufüllen.

4.6
Heutiges Naturpotential und heutiger potentieller natürlicher Gewässerzustand (hpnG)

4.6.1
Die "heutige potentielle natürliche Vegetation" als Vorbild für den "heutigen potentiellen natürlichen Gewässerzustand"

Obwohl der Terminus des "heutigen potentiellen natürlichen Gewässerzustandes" (hpnG) vielfach in der ökologisch orientierten Fließgewässerbeurteilung verwendet wird, existiert für ihn keine eindeutige Definition. Der folgende Versuch einer Definition könnte in Anlehnung an TÜXENS Verständnis der heutigen potentiellen natürlichen Vegetation (hpnV) zutreffen:

"Der heutige potentielle natürliche Gewässerzustand ist derjenige gedachte Zustand, den man sich schlagartig eingestellt denkt, wenn alles weitere menschliche Wirken auf das Gewässer ab sofort eingestellt wäre."

Um mit dem Begriff des "potentiellen natürlichen" sicherer umgehen zu können und um Fehlinterpretationen (vgl. hierzu auch DIERSCHKE 1994, S. 443-446 und KOWARIK 1987) zu vermeiden, ist es ratsam, kurz auf die grundlegende Arbeit von TÜXEN (1956) zur hpnV einzugehen:

1. Die hpnV beschreibt einen *gedachten* (potentiellen) und nicht einen *realen* Zustand der Vegetation, auch nicht einen früher realen oder ursprünglichen Zustand.
2. Dieser Zustand ist *schlagartig eingestellt* gedacht (und nicht das Endergebnis einer Entwicklung nach Einstellung einer menschlichen Tätigkeit), um z. B. "denkbare Wirkungen inzwischen sich vollziehender Klimaänderungen und ihrer Folgen auszuschließen (...)" (a.a.O.,S. 5).
3. Der *heutige* potentielle natürliche Zustand unterscheidet sich von *früheren* potentiellen natürlichen Zuständen durch den unterschiedlichen Anteil anthropogener und natürlicher Standortveränderungen. "Auf einem extremen Heidepodsol, d. h. einem Bleichsand-Ortstein-Boden mit stark verhärteter Ortstein-Bank, würde der heutige natürliche Wald weniger lei-

4 Leitbilder als Bewertungsgrundlage der Gewässerstrukturgütekartierung

stungsfähig und vielleicht aus weniger anspruchsvollen Arten zusammengesetzt sein als der vor der Verheidung und der durch sie bedingten Ortsteinbildung tatsächlich am gleichen Wuchsort vorhanden gewesene" (a.a.O., S. 7).

4. "Die heutige potentielle natürliche Vegetation ist auch nicht gleichbedeutend mit einem Zustand der Vegetation, der heute vorgefunden werden würde, wenn der Mensch nie landschaftsumgestaltend eingegriffen hätte" (a.a.O., S 8).

Diese Inhalte, die TÜXEN mit der hpnV verbindet, sind getragen von dem praktischen Anwendungsbereich, den er mit ihrer Kartierung verbindet. Explizit sind die möglichen Verwertungsabsichten aufgeführt (a.a.O., S. 13-15): neben dem wohl allgemein bekannten Einsatz bei Anpflanzungen und Ansaaten (geeignete Artenauswahl) verweist er unter anderem auch auf die Tauglichkeit im Rahmen von Nutzungen, in denen die Vegetation Quelle wirtschaftlicher Nutzung (z. B. Landwirtschaft) oder als Indikator für Standorteigenschaften von Bedeutung ist. Gemäß TÜXENS Verständnis läßt sich die hpnV also auch als "synthetischer Ausdruck des aktuellen natürlichen Standortpotentiales" beschreiben, mit deren Hilfe die wirtschaftlich günstigsten Möglichkeiten für eine Nutzung abgelesen werden können.

Abb. 4.3. Ursprünglich für landwirtschaftliche Gebiete konzipiert, liefert TÜXENS hpnV-Verständnis keine klare Antwort für urbane Bereiche. Ist die Asphaltdecke ein nachhaltiger Standortfaktor, der Wald als hpnV ausscheiden läßt?

Die hpnV ist also in erster Linie als ein Arbeitsmittel gedacht, um vorhandene Natur produktiv zu nutzen. Nur unter Kenntnis dieser produktiv orientierten Verwertungsabsicht ist verstehbar, warum TÜXEN den Begriff der heutigen potentiellen natürlichen Vegetation so wie oben beschrieben und nicht anders verstanden hat.

4.6.2
Sind hpnV und hpnG äquivalente Begriffe?

"Bezogen auf die Fließgewässer könnte in gleicher Weise der heutige potentielle natürliche Gewässerzustand als Fixpunkt für größte Naturnähe definiert werden. Sie wäre erreicht, wenn sich die Gewässer mit ihrer Aue in diesem Zustand befinden." (FRIEDRICH, 1992).

FRIEDRICH weist zu Recht darauf hin, daß die Übertragbarkeit des Terminus aus der Pflanzensoziologie trotz seiner Qualitäten problematisch ist, da Fließgewässer im Gegensatz zur Landvegetation ausgesprochen dynamisch sind, also ihren Zustand in gewissen Grenzen ändern. Es bestehen jedoch noch einige weitere Probleme bei der Übertragung dieses Konzeptes. Einige Beispiele sollen dies veranschaulichen:
1. Das Fließgewässersystem von Emscher und Lippe (nördliches Ruhrgebiet) ist durch den Einfluß des Steinkohlebergbaus nachhaltig von Bergsenkungen betroffen. Dies kann analog zu TÜXENS Beispiel der Ortstein-Bank als Standortveränderung angesehen werden. Die Senkungen sind stellenweise von solchem Ausmaß, daß sich bei einigen Bächen die ursprüngliche Fließrichtung umkehrt. Einzelne Fließgewässer(abschnitte) würden sich also ohne weiteres menschliches Eingreifen zu Stillgewässer(abschnitte)n umwandeln. Gemäß FRIEDRICHS Vorschlag und einer inhaltlich korrekten Übertragung des Begriffes "potentiell natürlich" von der Angewandten Pflanzensoziologie in die Gewässerbewertung und -planung wäre also die maximale Naturnähe für diese Abschnitte nicht mehr ein Fließgewässer-, sondern ein Stillgewässertyp. So müßte dann also auch das an maximaler (potentieller) Naturnähe orientierte Leitbild ein Stillgewässer beschreiben.
2. In Analogie zu TÜXENS Verständnis und Verwertungsabsicht läßt der hpnG sich als "synthetischer Ausdruck des aktuellen natürlichen Gewässerpotentiales" auffassen, ein Begriff, der dem des "heutigen Naturpotentiales" aus der Definition der LAWA nahe verwandt zu sein scheint. Dieser Potentialbegriff käme auch dem obigen Verständnis von MARKS et al. nahe, würde also auch das wirtschaftlich verwertbare Potential miterfassen.
Stellen wir uns als Beispiel deshalb das bereits oben erwähnte "Energiegewinnungspotential aus Wasserkraft" als einen Teil des gesamten Gewässerpotentiales vor. Stellen wir uns gleichzeitig einen in seinem Umfeld zum Teil versiegelten Stadtbach vor, in den das Niederschlags-

4 Leitbilder als Bewertungsgrundlage der Gewässerstrukturgütekartierung

wasser der Kanalisation eingeleitet wird. Wie wäre der hpnG im Hinblick auf dieses Teilpotential Energiegewinnung zweckmäßig zu beschreiben? Eines der größten Probleme ist hierbei der Konsens und die Definition über die Beschreibung des Gewässereinzugsgebietes, das ja maßgeblich das Abflußregime und damit auch das Teilpotential Wasserkraftnutzung bestimmt.
Wie ist das Gewässerumfeld im Hinblick auf den hpnG zu beschreiben? Ist für das Einzugsgebiet die hpnV zu unterstellen oder ist im Hinblick auf das produktiv nutzbare Gewässerpotential die aktuelle Nutzung im Einzugsgebiet die sinnvoller zu unterstellende Voraussetzung?
Wenn die hpnV zu unterstellen ist, welches ist die hpnV des Einzugsgebietes (Stadt), ein Mosaik aus Waldgesellschaften (z. B. auf den unversiegelten Freiflächen) und aus Kryptogamengesellschaften (z. B. auf den versiegelten Flächen)?
Oder unterstellen wir besser die aktuelle Nutzung im Einzugsgebiet für den hpnG? Er würde dann nämlich sofort Aufschluß über das aktuelle Abflußregime und damit die aktuellen Nutzungspotentiale (im Sinne von Möglichkeiten, unabhängig von tatsächlichen derzeitigen Nutzungen) der Wasserkraft geben.

3. Stellen wir uns einen in Sohle und Ufer ausgebauten Stadtbach vor, der unter bio-ökologischen Gesichtspunkten umgestaltet werden soll. Gemäß TÜXENS Verständnis könnten diese Ausbaumerkmale Bestandteil der potentiellen Natur dieses Gewässers sein, ebenso wie beispielsweise Plaggenauftrag für die Ermittlung der hpnV Bedeutung hat. Dabei ist für die Ermittlung des potentiell natürlichen Zustandes zunächst einmal nicht ausschlaggebend, ob die genannten Standort- bzw. Gewässermerkmale beseitigbar sind oder nicht. Ebenso wie sich die Gewässerbefestigungen beseitigen ließen, könnte man ja auch die Plaggenauflage - z. B. durch Abschieben - beseitigen. Der hpnG (im Sinne TÜXENS) für einen ausgebauten Stadtbach wäre also ein Bach, der als Strukturbestandteile Ausbaumerkmale aufweist! Eine am "Leitbild hpnG" orientierte Gewässerplanung müßte also die vorhandenen Ausbaumaßnahmen im Gewässer belassen, dürfte sie aber gemäß obigem Definitionsversuch nicht mehr länger instand halten.
Dieses Beispiel macht wohl einen der am häufigsten begangenen Fehlschlüsse in Bezug auf die hpnV bzw. den hpnG deutlich. Aus der Tatsache, daß irreversible Änderungen zur potentiellen Natur des Standortes bzw. des Gewässers gehören, wird fälschlicherweise der Umkehrschluß gezogen, daß reversible Änderungen nicht zur potentiellen Natur des Standortes bzw. des Gewässers gehören.

Durch die LAWA (1998) ist für die Gewässerstrukturgütekartierung der Bewertungsmaßstab definiert worden:
"Maßstab der Bewertung ist der heutige potentielle natürliche Gewässerzustand (hpnG). Das ist der Zustand, der sich nach Auflassung vorhandener Nutzungen in

und am Gewässer und seiner Aue sowie nach Entnahme aller Verbauungen einstellen würde".

Abb. 4.4. Wer kann den hpnG ermitteln? Mit Spundwänden verbauter Lauferbach in Gelsenkirchen am Fuße einer Bergehalde.

Als vergleichendes Resumee läßt sich also festhalten:

1. Eine breit geführte Diskussion über Beschreibung und Definition des Gewässerumfeldes im Hinblick auf den hpnG sowie über die mit dem hpnG verbundenen Verwertungsabsichten hat bisher noch nicht stattgefunden, so daß die oben gestellten Fragen vorerst unbeantwortet bleiben müssen.
2. Der hpnG (im Sinne TÜXENS) ist – zumindest bei urbanen Gewässern – als Orientierungsmaßstab nicht tauglich für Gewässerbewertungen und

4 Leitbilder als Bewertungsgrundlage der Gewässerstrukturgütekartierung

-planungen, in denen als Optimalzustand bzw. Planungsziel weitestmöglich vom Menschen unbeeinflußte, ursprünglichere Zustände angesehen werden (Renaturierungen). Er wird in Unkenntnis des produktiv orientierten Naturverständnisses TÜXENS lediglich oft falsch verwendet, indem ein ausschließlich auf einem Schutzgutverständnis aufbauender Naturbegriff um irreversible anthropogene Veränderungen erweitert wird.

3. Trotz der scheinbaren Ähnlichkeiten entsprechen sich die beiden Ansätze (TÜXEN und LAWA) nicht. Der hpnG analog TÜXENS hpnV umfaßt reversible *und* irreversible (aber ohne menschliches Zutun weiterhin nachhaltig wirkende) Veränderungen der Natur, das heutige Naturpotential gemäß LAWA-Definition schließt *nur* irreversible anthropogene Einflüsse mit ein. Außerdem ist durch die LAWA-Definition ein Entwicklungszeitraum für den hpnG unterstellt, ein hpnG streng nach TÜXEN ist schlagartig eingestellt gedacht.

4. Wird der hpnG analog zu TÜXENS hpnV verwendet, so ist er als Arbeitsmittel für einen produktiven Umgang mit Gewässern tauglich. Seine Tauglichkeit erhält er durch seinen Charakter als ganzheitlicher Informationslieferant über das Gewässerpotential (im Sinne der produktiven Möglichkeiten, die mit dem Gewässer verbunden sind), nicht aber durch seine Verwendung als Bewertungsmaßstab oder Planungsziel. Die LAWA-Definition des hpnG liefert ein Bewertungsoptimum, das einen produktiven Umgang mit Gewässern abwertet.

5. Wesentliche Begriffsinhalte der potentiellen Natürlichkeit, die sich über Jahrzehnte in der Fachwelt etabliert haben, werden durch die LAWA-Definition negiert. Dies wird zu weiteren Unsicherheiten und Verwirrungen führen (vgl. hierzu auch die Verwendung von Begriffen wie "Funktion", "Potential", "Leitbild"). Ein der LAWA-Definition näher kommender Terminus wäre evtl. analog der pflanzensoziologischen Terminologie der "Klimaxgewässerzustand".

Daß dieses Streben nach Ursprünglichkeit und Unberührtheit weite Bereiche der ökologisch orientierten, administrativ geförderten Gewässerbewertung und -planung prägt, ist bereits erwähnt worden (vgl. z. B. KOHMANN et al., a.a.O., FORSCHUNGSGRUPPE FLIEßGEWÄSSER, 1993, MURL, 1995).

Da dieses Verständnis von möglichst ursprünglicher bzw. unberührter Natur als Optimum für die LAWA-Definition Gültigkeit hat, muß der Potentialbegriff hier grundlegend anders gemeint sein als in der ökologisch orientierten Landschaftsplanung üblich. Dort ist dieser ja an (umweltverträgliche) Gebrauchs- und Nutzungsansprüche gebunden (s. o.).

Tabelle 4.3. Unterschiede von Definition und Verständnis des hpnG

Kriterium	hpnG analog TÜXEN	hpnG gemäß LAWA
zeitliche Dimension frühere Einflüsse	schlagartig eingestellter Zustand irreversibler Einfluß wird berücksichtigt reversibler Einfluß nur, wenn er nachhaltig fortwirkt.	sich entwickelnder Zustand nur irreversibler Einfluß wird berücksichtigt
zukünftige Einflüsse	keine direkte Einflußnahme auf das Gewässer unklar, ob für das Umfeld die aktuelle Nutzung oder die hpnV zu unterstellen ist	Verbau wird entfernt Auflassung aller Nutzungen wird unterstellt
Anwendungsbereiche und Verwertungsabsichten	Hilfsmittel und Informationsquelle für produktiven und umweltverträglichen Umgang mit Gewässern	Bewertungsmaßstab, ggfs. Planungsziel, umweltverträgliche Gewässernutzung wird nicht als das Optimum betrachtet.

4.7
Das optimale Gewässer - unberührtes Ökosystem oder verträglich genutzter Landschaftsbestandteil?

4.7.1
Der hpnG als Mittel zur fortschreitenden Ökotopnivellierung?

Die obige Analyse hat aufgezeigt, daß die LAWA-Definition des allgemeinen Fließgewässerleitbildes und des hpnG viele Fragen aufwirft. Kommen wir deshalb noch einmal auf den Anlaß zur obigen Analyse zurück.

Welche Konsequenzen hat die oben erwähnte Optimalvorstellung eines möglichst ursprünglichen bzw. unberührten Gewässers für die Fragen nach den offenen und verschwiegenen Absichten und Wertvorstellungen, nach den implizierten Voraussetzungen sowie nach der Anwendbarkeit und Tauglichkeit des Verfahrens im Hinblick auf die Gestaltung unserer Gewässer als natürliche Lebensgrundlagen?

Hinsichtlich der rechtlichen Ausfüllung der Anweisungsnormen des Bundesnaturschutzgesetzes bzw. des Wasserhaushaltsgesetzes, das den Naturhaushaltsbegriff aus der Naturschutzgesetzgebung übernommen hat, ist festzuhalten, daß das Leitbild "Ursprünglichkeit" die mit dem Erhalt der Leistungsfähigkeit des Naturhaushalts verbundenen Ziele nur unvollständig ausfüllt, da dieses Leitbild den im Naturhaushalt enthaltenen Aspekt der Nutzungsfähigkeit außer acht läßt.

Ähnlich wie bei den einleitenden Beispielen "Biotoptypenbewertung" und "Quartäre Megafauna" ist also ein Desinteresse an den anthropogen entstandenen Entstehungs- und Stabilisierungszusammenhängen prägend für die Wertvorstellungen dieses Leitbildes. Auch bei Fließgewässern kann aber kein Zweifel daran bestehen, daß Struktur und Dynamik zu großen Teilen vom menschlichen Schaffen geprägt werden können.

Zu diesen durch Nutzung geprägten Gewässern gehören im übrigen nicht nur die strukturell verarmten Gewässer in industrialisierten Landschaften, die durch Maßnahmen des Überflutungsschutzes, standardisierte Dräntiefen und darauf ausgerichtete Gewässerspiegelhöhen und Normprofile verändert wurden.

Abb. 4.5. Auch dieses naturschutzwürdige Gewässer und sein Umland sind Ergebnis menschlicher Nutzung.

Nutzungsgeprägt sind auch zahlreiche unverbaute, gehölzbestandene Wiesenbäche der Mittelgebirge mit ihrem charakteristischen muldenförmigen Querprofil und weitgehend ungestörter Dynamik, die trotz ihrer anthropogen bedingten Strukturen landläufig als schutzwürdig eingestuft sind.

Solche Gewässer fallen vor dem Hintergrund des hpnG-Verständnisses der LAWA ebenso durch wie beispielsweise Wässerwiesenlandschaften, in denen die Dynamik der Gewässer in hohem Maße anthropogen gesteuert ist. Diese Landschaften werden uneingeschränkt als erhaltenswert im Sinne des klassischen Naturschutzes erachtet und ihr Erhalt ist nur möglich, so lange die anthropogene Steuerung der Gewässer funktioniert (vgl. HASSLER et al. (1995)). Die Wässerwiesenlandschaften sind dadurch ein ideales Beispiel für die notwendige ganzheitliche Betrachtung von Gewässer und Umfeld.

Warum bleiben also real existierende Positivbeispiele für die Verbindung von produktiver Naturnutzung und Naturschutz im LAWA-Leitbild unberücksichtigt?

Die Unkenntnis dieser Beispiele kann wohl ausgeschlossen werden. Naheliegender ist es, zu vermuten, daß die institutionellen Interessen nicht in erster Linie an den existierenden Umweltbedingungen einzelner Orte und der daraus resultierenden Lebensbedingungen interessiert sind (vgl. die eingangs zitierte Kritik von HARD), sondern vielmehr an der verselbständigten Sicherung bzw. Ausweitung des institutionellen Einflusses. Für diese Verselbständigung sprechen unter anderem:
1. Die Verwendung des Leitbildbegriffes in der LAWA-Definition.
KIENAST (1986) sieht das Auftauchen von Leitbildern in einer Profession als Suche nach einem Ausweg aus einer innerprofessionellen Perspektivlosigkeit. Angesichts des weit fortgeschrittenen Stands des technischen Gewässerausbaus ist das Erschließen neuer Arbeitsfelder im ökologischen Bereich eine durchaus wahrscheinlich erscheinende Absicht seitens der Wasserbauinstitutionen.
2. Der zunehmend in den letzten Jahren geäußerte ökosystemare Ansatz.
Die Diskussion über die Ausgestaltung der Aue ist hierfür ein wesentliches Kennzeichen. Dabei handelt es sich keineswegs um eine neue wissenschaftliche Erkenntnis, daß Gewässerumfeld und Struktur bzw. Dynamik der Gewässer sich gegenseitig beeinflussen. Diese Tatsache dürfte bekannt sein, seit es Gewässerausbau gibt. Es stellt sich also die Frage, warum die Forderung nach ökosystemarer Betrachtungsweise gerade zum jetzigen Zeitpunkt zum Tragen kommt. Ein Grund hierfür ist sicherlich der positive Inhalt, der in der Umgangssprache mit dem Ökosystembegriff verbunden ist, so daß es leicht fällt, im politischen Entscheidungsraum und in der Öffentlichkeit Akzeptanz für die institutionellen und professionellen Absichten zu erlangen. Hier darf man außerdem einen weiteren "zeitgemäßen", pragmatisch orientierten Grund nicht außer acht lassen: mindestens ebenso bedeutend dürfte sein, daß agrarpolitisch initiierte Flächenstillegungen in der Landwirtschaft die Ausdehnung der naturschutzorientierten Gewässerplanung auf das Gewässerumfeld erst ermöglichen könnten.

Welche Auswirkungen können nun die oben beschriebenen institutionsorientierten Absichten auf die im LAWA-Leitbild implizit enthaltenen Voraussetzungen und auf die Gestalt der Gewässerlandschaften sowie der daraus resultierenden Umweltbedingungen haben?

Befassen wir uns dazu noch einmal mit dem "ökosystemorientierten Ursprünglichkeitsleitbild" und dessen Anwendung auf das Gewässerumfeld.

Wenn man als These voraussetzt, daß die Leitbild-Definition unausgesprochen durch "institutionelle Absichten" geprägt ist, wird verständlich, warum die beispielhaft beschriebenen Gewässersituationen ("intakte" Mittelgebirgswiesenbäche, Wässerwiesenlandschaften) nicht diesem Leitbild entsprechen. Um Flächenstillegungsprogramme zu realisieren, sind Positivbeispiele für die Kombination von Produktion und Naturschutz nicht nötig. Sie können sogar hinderlich sein, da sie Alternativen zur Flächenstillegung aufzeigen.

Abgesehen von der bereits erwähnten, unzureichenden inhaltlichen Ausfüllung des Naturhaushaltsbegriffes hat die fehlende Transparenz der tragenden Wertvorstellungen eine Reihe weiterer Konsequenzen, die sich aus dem Opportunismus zu agrarpolitisch initiierten Flächenstillegungen ergibt. Unabhängig davon, wie weit sich Naturschutzansprüche zukünftig erstrecken werden, müssen wir davon ausgehen, daß auch in Zukunft der Großteil unserer Gewässer weiterhin inmitten genutzter Flächen liegt.

Bei einer weiter fortschreitenden Industrialisierung in der Landwirtschaft sowie einer damit einhergehenden Ökotopnivellierung ist es wahrscheinlich, daß die Vielfalt und auch die Natürlichkeit der Gewässerstrukturen in diesen Landschaftsteilen sich nicht verbessert bzw. sich sogar weiter verschlechtert.

Eine Institution, die für diese "genutzten" Gewässer keine Optimalvorstellungen oder Verbesserungsperspektiven entwickelt - weil sie ihre Leitbilder für ungenutzte Gewässer aufbaut - dokumentiert ihr Desinteresse an ihnen. Solange die gleiche Institution aber diese fortschreitende Industrialisierung für die Durchsetzung ihrer eigenen Optimalvorstellungen "braucht" - in Form der durch Flächenstillegung nun für "Natur- und Gewässerschutzbelange" disponiblen Flächen, "braucht" sie auch die Ökotopnivellierungen in den verbleibenden "Nutzgebieten". Denn die dortigen Intensivierungen ermöglichen ja erst die Flächenstillegungen an anderen Orten.

Es erscheint also die These berechtigt, daß der institutionelle Anteil an der Nivellierung der Umweltbedingungen bzw. an der Schaffung von Umweltbeeinträchtigungen bei einer solchen, an Unberührtheit orientierten Optimalvorstellung höher ist als die in Aussicht gestellten positiven Veränderungen auf den institutionell überplanten Flächen, zumal mit diesen überplanten Flächen im öffentlichen und politischen Raum ein Scheinerfolg vorzeigbar ist, ohne daß an den weitflächig verbreiteten Umweltbelastungen eine Besserung eintritt.

BAUER (1995) hat dieses verbreitete opportunistische Verhalten im Naturschutz anhand der in der Fachliteratur durchgeführten "Sozialbrachediskussion" der siebziger Jahre und der "Programmbrachediskussion" der neunziger Jahre ausführlich aufgezeigt. Zu Recht ist hier die Kritik angebracht, daß Sicherung und Ausweitung des professionellen Tätigkeitsfeldes über die Arbeitsinhalte gestellt werden bzw. ein solches Schutzgutverständnis als kontraproduktiv zu vielen Zielen des Bundesnaturschutzgesetzes und des Wasserhaushaltsgesetzes (s.o.) verstanden werden kann.

4.7.2
Perspektiven für einen umweltverträglichen Umgang mit Gewässern

Wie läßt sich nun eine Optimalvorstellung für Gewässer beschreiben, die die o.g. Mängel nicht aufweist, sondern vielmehr auch die Nutzungsfähigkeit als menschliche Lebensgrundlage als fachgesetzliche Ziele mitberücksichtigt?

Streichen wir aus einer solchen Beschreibung zunächst einmal die Begriffe Naturpotential und Funktionen, weil sie zuviel gegensätzlichen Interpretationsspielraum beinhalten können.

Und streichen wir auch die Begriffe Leitbild und Gewässerökosystem, weil sie die Gefahr beinhalten, nur vordergründig positive Inhalte zu vermitteln.

Für eine an Gebrauchsansprüchen orientierte Optimalvorstellung, die Naturschutz durch Naturnutzung betreibt, seien vielmehr noch einmal die wichtigsten wertprägenden Voraussetzungen und Arbeitsprinzipien zusammenfassend aufgeführt, soweit sie hier zur Sprache gekommen sind:

1. Die Formulierung von Zielen und Absichten muß aus einer begründeten Meinung erfolgen und nicht aus einem "zeitgemäßen Opportunismus".
2. Ziele, Absichten und deren Begründungen müssen sich anhand realer Gewässerbeispiele und nicht (nur) anhand von modellhaften Beschreibungen belegen lassen ("Vorbilder" anstelle von "Leitbildern", vgl. BÖSE, 1986).
3. Landschaften müssen unter einem Nutzbarkeitsanspruch gesehen werden, der Gewässerstruktur und -dynamik als Effekt der Nutzung berücksichtigt.
4. Landschaften unterlagen und unterliegen auch weiterhin einem Wandel. *"Die Landschaft sah also nie so aus, wie wir sie jetzt sehen, und so wie wir sie jetzt sehen, wird sie nie wieder aussehen. Verstehbar sind ausschließlich die Wandlungen, die Genese, das Werden und Vergehen einer Landschaft, wie R. TÜXEN es einmal formuliert hat, nicht ihre statischen Fixierungen. Nur so ist es meines Erachtens möglich, sich dem Phänomen einer Landschaft adäquat zu nähern, indem wir sie als Abbild sedimentierter, gesellschaftlicher Arbeit in ihrer mehr oder minder geschickten individuellen Vermittlung an einem konkreten Ort begreifen. Alle Naturanschauung ist in diesem Sinne Anschauung gesellschaftlicher Arbeit. Diese Arbeit bleibt abstrakt, der Tendenz nach deterministisch deduktiv, so lange die Verhältnisse nicht als individuelle, von konkret handelnden Personen geleistete, eben von Menschen und nicht dem Menschen gemachte Geschichte verstanden werden"* (AUTORENKOLLEKTIV 1991, S. 97/98).
KÜSTER (1995) hat dieses Phänomen für die mitteleuropäische Landschaft anschaulich zusammengefaßt. Optimalvorstellungen mit einem Allgemeingültigkeitsanspruch dürfen deshalb nicht auf fest umschriebene, ursprünglich oder real vorhandene Objekte beschränkt bleiben, sondern müssen Perspektiven sowohl für neue Nutzungen als auch für individuelle Entscheidungsspielräume beinhalten. Optimalvorstellungen mit einem solchen Allgemeingültigkeitsanspruch haben sich deshalb auf *Prinzipien* für den Umgang mit Natur zu beschränken.
5. Die Prinzipien müssen so formuliert sein, daß sie sich auf alle Gewässer anwenden lassen.

Auch wenn an dieser Stelle nicht die gesamte Bandbreite der Gewässer "in ihrer mehr oder minder geschickten Vermittlung über den Umgang mit Natur" dargestellt werden kann (eine systematisch aufbereitete Arbeit über Entwicklung und Zustand der Fließgewässer existiert nicht), dürften folgende Thesen als Arbeitsansatz für die Formulierung einer Optimalvorstellung brauchbar sein:

1. Der an vielen Gewässern kritisierte Zustand ist auf eine zunehmende Industrialisierung vor allem in der Landwirtschaft zurückzuführen. In deren Folge sind natürliche Standortvielfalt und individuelle Nutzungsentscheidungen zugunsten normierter Produktionsabläufe – mit einhergehender Standort- und Nutzungsnivellierung – drastisch reduziert worden.
2. Eine an Ökotopvielfalt (und auch an Betriebsökonomie) orientierte Optimalvorstellung muß sich daran orientieren, zunächst einmal die "Gratisnaturausstattung" mit möglichst geringem Veränderungsaufwand zu nutzen.
3. Die Art der Naturveränderungen kann nicht durch Normierungen festgelegt werden, sondern muß insbesondere individuelle Entscheidungsspielräume zulassen.

Als ein Beispiel für eine an Gebrauchsvorstellungen orientierte Optimalvorstellung könnte ein Tieflandgewässer dienen, dessen Aue mit Schilf bestanden ist, das als nachwachsende Rohstoffquelle genutzt wird. Der Grund, warum ein solches Gewässer als optimal anzusehen ist, liegt nicht darin, daß möglicherweise in einem Zeitraum vor dem menschlichen Zugriff auf die Aue hier auch ein Schilfbestand war, sondern daß die vorhandenen Standortqualitäten mit einem geringen Veränderungsaufwand genutzt werden. Für die Ermittlung solcher Standortqualitäten könnte man im übrigen auf den hpnG im Sinne TÜXENS als synthetischem Ausdruck des Gewässerpotentiales zurückgreifen (s. o.). ROWECK nennt das Handlungsprinzip zur obigen Begründung "das Konzept des minimalen Eingreifens":

"(...) Für eine "flexible Leitbild - Umsetzung" (im Sinne von Planungszielen, Anm. d. Verf.) in Zusammenhang mit der Etablierung umweltgerechter Landnutzungen und eine Abkehr von bis ins Detail festgelegten Ökonormlandschaften (s. o.) spricht noch ein weiterer Grund. Je mehr wir durch Auflagen und quasi verordnete Förderprogramme regulierend in die betriebswirtschaftlichen Verhältnisse der Landnutzer eingreifen, desto mehr entheben wir die Betroffenen ihrer Eigenverantwortung. Das Suchen nach Umwegen, wie getroffene Regelungen umgangen werden können, ist auch ein Ausdruck für ein nachlassendes Interesse an einer Landschaft und ihren Problemen (BOCKEMÜHL 1993). Hören wir damit auf, Natur-Kontakte auf "Naturerlebnisräume" zu beschränken, und stellen das "Tümpeln" froschlaichsuchender Kinder nicht unter Strafe, dann können wir viel eher das fördern, was in der modernen Kulturlandschaft so selten geworden ist: persönliche Beziehungen der dort lebenden Menschen, die sich verantwortlich fühlen für den Erhalt ihrer natürlichen Lebensgrundlagen vor Ort.
Ein von einem Konzept des minimalen Eingreifens ausgehendes Nutzungssystem mit für den einzelnen erkennbaren Spielräumen dürfte auch in diesem Sinn förderlich sein, denn unser Versuch, Natur und Landschaft vor allem funktional

als komplizierten Regelkreislauf zu verstehen, birgt die Gefahr, daß wir uns selbst zu funktionalen Gliedern in diesem System reduzieren ..." (ROWECK, 1996).

Literatur

Adam, K., Nohl, W., Valentin, W. (1986): Bewertungsgrundlagen für Kompensationsmaßnahmen bei Eingriffen in die Landschaft. Düsseldorf.
Autorenkollektiv (AG Freiraum und Vegetation, Hg.) (1991): Ein Stück Landschaft - sehen, verstehen, abbilden - zum Beispiel Miltenberg / Main. Notizbuch der Kasseler Schule 20, Kassel
Bauer, I. (1995): Ackerbrache und Flächenstillegung. in: Notizbuch der Kasseler Schule 36, S. 78-191, Kassel
Bierhals, E., Kiemstedt, H., Panteleit, S. (1986): Gutachten zur Erarbeitung der Grundlagen des Landschaftsplans in Nordrhein-Westfalen - entwickelt am Beispiel Dorstener Ebene, Düsseldorf
Böse, H. (1986): Vorbilder statt Leitbilder, in: Garten und Landschaft 11/86, S. 28-33
Bunzel-Drüke, M., Drüke, J., Vierhaus, H. (1995): Wald, Mensch und Megafauna: in: LÖBF-Mitteilungen 4/95, S. 43-51, Recklinghausen.
Dierschke, H. (1994): Pflanzensoziologie, Stuttgart.
DVWK (Deutscher Verband für Wasserwirtschaft und Kulturbau e. V) (1995): Uferstreifen an Fließgewässern - Funktion, Gestaltung, Pflege -, Entwurf November 1995, Bonn
Forschungsgruppe Fließgewässer (1993): Fließgewässertypologie, Landsberg
Friedrich, G., Lacombe, J (Hg.) (1992): Ökologische Bewertung von Fließgewässern, in: Limnologie aktuell 3, S. 1-7, Stuttgart, Jena, New York
Haafke, J. (Arbeitsgemeinschaft bäuerliche Landwirtschaft, Hg.) (1987): Möglichkeiten der Verbindung von landwirtschaftlicher Produktion und Naturschutz, in: Naturschutz - durch staaatliche Pflege oder bäuerliche Landwirtschaft, S. 23-61, Rheda-Wiedenbrück
Hard, G. (AG Freiraum und Vegetation, Hg.) (1990): Spontane und angebaute Vegetation an der Peripherie der Stadt, in: Notizbuch der Kasseler Schule 18, S. 295-330, Kassel
Ders. (1992): Konfusionen und Paradoxien, in: Garten und Landschaft 1/92,S. 13-18
Hassler, D., Hassler, M., Glaser, K.-H. (1995): Wässerwiesen - Geschichte, Technik und Ökologie der bewässerten Wiesen, Bäche und Gräben in Kraichgau, Hardt und Bruhrain, Karlsruhe
Hülbusch, K. H. (Andritzky / Spitzer, Hg.) (1986): Zur Ideologie der öffentlichen Grünplanung, in: Grün in der Stadt, S. 320-330, Reinbek bei Hamburg
Ders. (Arbeitsgemeinschaft bäuerliche Landwirtschaft, Hg.) (1987): Nachhaltige Grünlandnutzung statt Umbruch und Neuansaat, in: Naturschutz - durch staaatliche Pflege oder bäuerliche Landwirtschaft, S. 93-125, Rheda-Wiedenbrück
Kienast, D. (1986): Ohne Leitbild, in: Garten und Landschaft 11/86, S. 34-38
Klapp, E. (1965): Grünlandvegetation und Standort, Berlin und Hamburg.
Kohmann, F., Binder, W., Braun, P. (1994): Leitbilder für die Erstellung ökologisch begründeter Sanierungskonzepte kleiner Fließgewässer, in: Wasser Berlin 93 (2), S. 319-335, Berlin.
Kowarik, I.: Kritische Anmerkungen zum theoretischen Konzept der potentiellen natürlichen Vegetation mit Anregungen zu einer zeitgemäßen Modifikation, in: Tuexenia 7, S. 53-67
Küster, H. (1995): Geschichte der Landschaft in Mitteleuropa, München
LAWA (Länderarbeitsgemeinschaft Wasser). Gewässerstrukturgütekartierung in der Bundesrepublik Deuschland - Verfahren für kleine und mittelgroße Fließgewässer, 1998.
LAWA AG O: Auszug aus dem Sitzungsprotokoll der Tagung vom 29.1-31.1.96 in Magdeburg (unveröff.)
Leser, H., Klink, H.-J. (Hg.) (1988): Handbuch und Kartieranleitung geoökologische Karte 1:25.000, Trier
Ludwig, D. (1991): Methode zur ökologischen Bewertung der Biotopfunktion von Biotoptypen, Bochum.
Lührs, H. (AG Freiraum und Vegetation, Hg.) (1994): Die Vegetation als Indiz der Wirtschaftsgeschichte, Notizbuch der Kasseler Schule 32, Kassel
Marks, R. (1979): Ökologische Landschaftsanalyse und Landschaftsbewertung als Aufgaben der Angewandten Physischen Geographie, Diss. Ruhr-Universität Bochum.
Marks, R., Müller, M., Leser, H., Klink, H.-J. (Hg) (1992): Anleitung zur Bewertung des Leistungsvermögens des Landschaftshaushaltes, Trier
Müller, A., Glacer, D., Sommerhäuser, M., Timm, T. (1996): Leitbilder für die Gewässerstrukturgütekartierung in NRW, in: Kasseler Wasserbau-Mitteilungen 6/96, S. 95-105, Kassel.

MURL (Ministerium für Umwelt, Raumordnung und Landwirtschaft des Landes Nordrhein-Westfalen) (1995): Leitbilder für Tieflandbäche in Nordrhein-Westfalen, Gewässerlandschaften und Fließgewässertypen im Flachland, Düsseldorf.
Roweck, H. (1995): Landschaftsentwicklung über Leitbilder?, in: LÖBF-Mitteilungen 4/95, S. 25-34, Recklinghausen.
Sauerwein, B. (AG Freiraum und Vegetation, Hg.) (1989): Die Vegetation der Stadt, ein freiraumplanerisch wertender Literaturführer, Notizbuch der Kasseler Schule 11, Kassel
Schemel, H.-J. (1985): Die Umweltverträglichkeitsprüfung von Großprojekten, Grundlagen und Methoden sowie deren Anwendung am Beispiel der Fernstraßenplanung, Beiträge zur Umweltgestaltung A 97, Berlin
Scherner, E. R. (1995): Realität oder Realsatire der "Bewertung" von Organismen und Flächen, in: Schr.-R. f. Landschaftspfl. u. Natursch. 43, S. 377-410
Tüxen, R. (1956): Die heutige potentielle natürliche Vegetation als Gegenstand der Vegetationskartierung, in: Angew. Pflanzensoziologie 13, S. 5-42, Stolzenau/Weser
Wallner, J. (1954): Die Gesundung unserer Flüsse durch Pflanzung und Lebendverbauung, in: Angew. Pflanzensoziologie 8, S. 173-182, Stolzenau/Weser

5 Limnologische Leitbilder zur regionalen Gewässertypologie

Mario Sommerhäuser und Tobias Timm☦
Universität GH Essen, Institut für Ökologie, Abt. Hydrobiologie, 45117 Essen

5.1
Einleitung

Die grundlegende Bedeutung von Leitbildern für die Bewertung des Ist-Zustandes von Ökosystemen und eine mögliche Definition von Entwicklungszielen zu ihrer Verbesserung wurde von HESSE und GLACER in diesem Band bereits herausgestellt. Dies gilt auch für das Verfahren der Gewässerstrukturgütebewertung. Hier ist die Zuordnung des Bewertungsobjektes zu einem regionalen Fließgewässertyp Voraussetzung für die Einschätzung der vorgefundenen Ausprägungen der Einzelparameter. So kann eine mögliche Auslenkung struktureller Einzelparameter, wie z.B. der Laufkrümmung, nur anhand einer Definition des gewässertypischen, natürlichen Zustandes erkannt werden.

KOHMANN (1997) stellt die Begriffsbestimmung von "Natürlichkeit" in den Zusammenhang der Diskussion um die "Nachhaltigkeit" (Stichwort: UNCED-Konferenz in Rio de Janeiro 1992). Die Vereinbarung einer nachhaltigen Landschaftsnutzung bedeutet für Bewertungsverfahren, daß die höchste Wertstufe - sie entspricht dem natürlichen Zustand bzw. Leitbild - "eine Nutzung [ist], die die Funktionen einer Landschaft dauerhaft erhält" (ebda., S. 828).

Leitbilder sind somit nicht beliebig definierbar. Um die Funktionsfähigkeit eines Systems beurteilen zu können, müssen Leitbilder auf "wissenschaftlichen Kenntnissen über ökologische Zusammenhänge" beruhen und sollten keineswegs das "Ergebnis tradierter Bilder" sein - erst recht in einer monetär orientierten Gesellschaft, in der die Bewertung von Natur, z. B. im Kontext der Festlegung von Kompensationsmaßnahmen, volkswirtschaftliche Bedeutung hat und somit vor interessenspolitischen Beurteilungen geschützt werden muß (vgl. GLACER in diesem Band).

5.2
Leitbild und Gewässertypus

5.2.1
Begriffsbestimmung

Als Leitbild wird der heutige, potentiell natürliche Gewässerzustand verstanden, der nur irreversible anthropogene Einflüsse einschließt wie z. B. den atmosphärischen Stickstoffeintrag in die Gewässer oder die Folgen der intensiven Rodungen in Mitteleuropa für Hydrologie und alluviale Bildungsprozesse (vgl. DVWK/LAWA 1996). Grundlage für die Entwicklung einer Vorstellung zur potentiellen Natürlichkeit von Fließgewässern ist ihre Typisierung (KOHMANN 1997).
Dabei werden zwei Ansätze verfolgt:
- ein holistischer Ansatz, der mit dem Wasserregime, der Wasserqualität, den morphologischen Strukturen und den Biozönosen alle wesentlichen beschreibbaren Ökosystem-Komponenten behandelt und
- ein regionaler Ansatz, der die landschafts- bzw. naturraumspezifischen Ausbildungen der Fließgewässer zugrunde legt und beschreibt.

Eine holistische Vorgehensweise ist aufgrund der Wechselwirkungen von Wasserregime, Wasserbeschaffenheit, morphologischen Strukturen und Lebensgemeinschaften, die zusammen die Funktionalität des Ökosystem bestimmen (Abb. 5.1), erforderlich.

So begünstigen z. B. in nährstoffarmen Sandgebieten eine schwache Strömung und kalkarmes Wasser in bewaldetem Umfeld die Ausbildung des Gewässertyps "Organischer Bach" (TIMM & SOMMERHÄUSER 1993, TIMM et al. 1995; vgl. Kap. 5.4.2). Das saure aquatische Milieu, das häufig Torfbildung induziert, läßt nur eine artenarme Tiergemeinschaft zu. Der Ausfall säuremeidender Zerkleinerergruppen wie der Bachflohkrebse trägt zu ganzjährig hohen Anteilen groben organischen Materials wie Totholz und Fallaub bei - dieses nur zögerlich abgebaute Substrat bestimmt zusammen mit den Torfmoosen Wasserqualität, Abflußverhalten und Gerinnemorphologie entscheidend.

Die vorgefundenen Strukturen sind also das Abbild vorangegangener und aktueller Prozesse, an denen alle Kompartimente des Gesamtsystems beteiligt sind - die gesicherte Beschreibung eines gewässermorphologischen Leitbildes setzt die Kenntnis über das Gesamtsystem voraus.

5 Limnologische Leitbilder zur regionalen Gewässertypologie 75

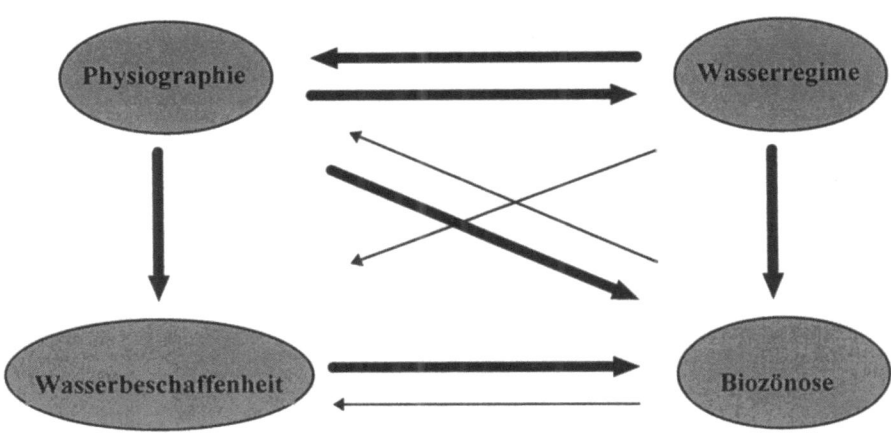

Abb. 5.1. Wechselbeziehungen von morphologischen Strukturen, Wasserregime, Wasserqualität und Lebensgemeinschaften in einem Fließgewässer (Dicke Pfeile verdeutlichen starke Einflußnahmen, dünne schwache Einflußnahmen.).

Die Gewässertypologie nimmt eine praxisbezogene Mittelstellung ein zwischen der wissenschaftlich-abstrakten Betrachtung des "Fließgewässers als Ökosystem" und der Tatsache, daß "jedes Fließgewässer ein Individuum" ist (TIMM 1994). Ein Typus ist nach THIENEMANN (1954) "der in anschauliche Form gebrachte Idealfall, das Urbild, das in der Natur nie in seiner Simplifikation, sondern stets individuell ausgestaltet vertreten ist."

Eine regionale Fließgewässertypologie versucht danach, die Vielzahl individueller Gewässerläufe einer definierten Region, z. B. des nordrhein-westfälischen Tieflandes, nach verbindenden Eigenschaften zu Typen mit vergleichbaren Merkmalskonstellationen zusammenzufassen. Gewässertypen sind also synthetische Produkte, wenn auch der Analyse ihrer systemimmanenten Einflußfaktoren und Funktionen konkrete Modellbäche, d. h. besonders naturnahe, dem Typus entsprechende Vorbildgewässer zugrunde liegen. Die Gültigkeit einer regionalen Typologie ist im Regelfall auf den zugrundeliegenden Untersuchungsraum begrenzt.

Während der Fließgewässer-Typus als naturwissenschaftliche Definition verstanden werden kann, ist das Leitbild seine anwendungsorientierte Beschreibung.

5.2.2
Gewässertypologie als naturwissenschaftliche Disziplin

Ansätze zur Klassifizierung von Fließgewässern finden sich in der limnologischen Fachliteratur bereits in der ersten Hälfte dieses Jahrhunderts.

Bei dem Versuch, die Eigenheiten in Physiographie, Wasserregime und -beschaffenheit sowie Lebensgemeinschaften der einzelnen Fließgewässer nach übergeordneten Gemeinsamkeiten zu typisieren, dominieren bis heute Arbeiten, die Fließgewässer in ihrer Längserstreckung in unterscheidbare Abschnitte unterteilen. Eine solche Längszonierung wurde zunächst aus den Fischgemeinschaften abgeleitet (z. B. HUET 1946), später auch an einer Abfolge in den Wirbellosengemeinschaften nachgewiesen (z. B. ILLIES 1961).

Eine kontinuierliche Veränderung der Gewässerbedingungen und Lebensgemeinschaften im Längsverlauf, erkenntlich an den sich wandelnden ernährungsökologischen Verhältnissen (von einer von Fallaubzerkleinerern wie Flohkrebsen dominierten Gemeinschaft im bewaldeten Quellbach bis zu einer Sedimentfressergemeinschaft im Flußbereich), beschreiben VANNOTE et al. (1980) im River-Continuum-Konzept. Eine Längszonierung anhand der Wasserpflanzen schlägt WEBER-OLDECOP (1977) vor.

Aus diesen, ökosystemare bzw. biozönotische Grundbedingungen im Längskontinuum eines idealtypischen Fließgewässers beschreibenden Theorien lassen sich allgemeine systemimmanente Grundbedingungen eines längszonalen Abschnittes (z.B. für Quellbäche) ableiten.

Die Typisierung der geographischen Unterschiede zwischen Fließgewässern wird als regionale Typologie bezeichnet. Eine grobe regionale Typisierung der Fließgewässer nach ihrer Höhenlage - von den Gletscherbächen bis zu den Fließgewässern der Ebene - findet sich bereits bei THIENEMANN (z. B. 1954), nähere naturräumliche Differenzierungen sind jedoch bis heute selten.

Auf höhenzonalen Haupttypen basiert auch die grundlegende Arbeit von OTTO und BRAUKMANN (1983), in der ein bundesweites regionales Bachtypenkonzept entwickelt wird: Hoch-, Mittelgebirgs- und Flachlandbäche mit zwei höhenzonalen Subtypen ("high", "low") werden anhand ihrer geochemischen Grundbedingungen (Silicat- bzw. Carbonat-Gesteine im Einzugsgebiet) in zwei geochemische Grundtypen, Silicat- und Carbonatbach, weiter differenziert.

Anhand dieser zwölf Fließgewässertypen läßt sich zwar ein ausgezeichneter Überblick über die großräumigen Fließgewässerausbildungen gewinnen, jedoch bleibt die Typisierung zwangsläufig grob: Die landschafts- bzw. naturraumspezifischen Eigenheiten der Fließgewässer werden damit nicht hinreichend erfaßt. So gibt es z. B. erhebliche Unterschiede in der Ausbildung des Carbonat-Flachlandbaches, je nachdem, ob es sich z. B. um ein Gewässer im Münsterland oder in Mecklenburg handelt. Im altglazialen Raum des Münsterlandes ist nicht nur der Kalkgehalt, sondern auch die Reliefenergie deutlich geringer als im weitgehend jungglazial geprägten nordostdeutschen Raum; Talformen, Laufentwicklung, Sohlenstruktur u. v. m. unterscheiden sich daher erheblich.

Die Ausprägung dieser Strukturparameter ist jedoch nicht nur bei der Leitbilddefinition im Rahmen der Gewässerstrukturkartierung von entscheidender Bedeutung, auch die faunistische Besiedlung hängt von Bedingungen wie der Sohlen- und Uferstruktur ab.

Eine differenzierte Betrachtung der Strukturparameter kann nur im Rahmen landschafts- bzw. naturraumbezogener Typologien erarbeitet werden, wie sie bislang nur aus wenigen Bundesländern vorliegen, z. B. für Teile Baden-Württembergs (FORSCHUNGSGRUPPE FLIEßGEWÄSSER 1993) und Nordrhein-Westfalens (TIMM et al. 1995). Diese regionalen Fließgewässertypologien stellen als Orientierungshilfe den Geltungsbereich der ermittelten und beschriebenen Typen auch kartographisch dar. Sie sind für weite Bereiche der Bundesrepublik Deutschland jedoch noch nicht vorhanden.

5.3
Methodik der Gewässertypologie

Die Erstellung einer regionalen Fließgewässertypologie ist arbeits- und zeitintensiv. Daher ist es verständlich, daß es die für den Anwendungsbereich wertvollen Leitbildbeschreibungen bisher nur für geringe Flächenanteile Deutschlands gibt. Die Ursachen liegen im Anspruch, der an die naturwissenschaftliche Korrektheit der Typologien und Leitbilder zu stellen ist.

Nur wenn hinter einer Leitbildbeschreibung die gesicherte Kenntnis funktionierender Ökosystem-Strukturen steht, kann sie als Grundlage für eine "nachhaltige Planung" gelten. Regionale Gewässertypologien müssen also einerseits in der Fläche, für die sie Gültigkeit haben sollen, erarbeitet werden, andererseits müssen sie in die Tiefe gehen, also nicht nur die Strukturen der untersuchten Modellbäche erfassen und beschreiben, sondern auch die prägenden Teile ihrer Funktionen verstehen.

Die grundsätzliche Vorgehensweise bei der Entwicklung von Leitbildern im Rahmen einer regionalen Bachtypologie ist in Abb. 5.2 dargestellt. Der linke Bereich der Graphik zeigt eine räumliche Betrachtungsebene ("Maßstabsebene"), der rechte eine inhaltliche ("Untersuchungs- und Arbeitsschritte"). Vom gesamten Untersuchungsraum ausgehend, dessen Gewässerpotential zunächst in einem Überblick strukturiert wird, nimmt die Bearbeitungsintensität mit zunehmend feiner werdendem Maßstab bis hin zur Betrachtung des einzelnen Lebensraumes (Habitat) eines Gewässerorganismus weiter zu, in dem Bemühen, die Habitatfunktionen zu verstehen.

Maßgebende Kriterien für die Auswahl der zu untersuchenden Gewässer sind:
- eine möglichst geringe Beeinträchtigung der Wasserqualität, die die geogenen Bedingungen des Einzugsgebietes erkennen lassen sollte;
- ein Verlauf möglichst in Waldgebieten oder zumindest in einem geschlossenen Gehölzsaum;
- ein möglichst geringer Ausbauzustand insbesondere in Bezug auf Linienführung, Sohlenlage, Substrate.

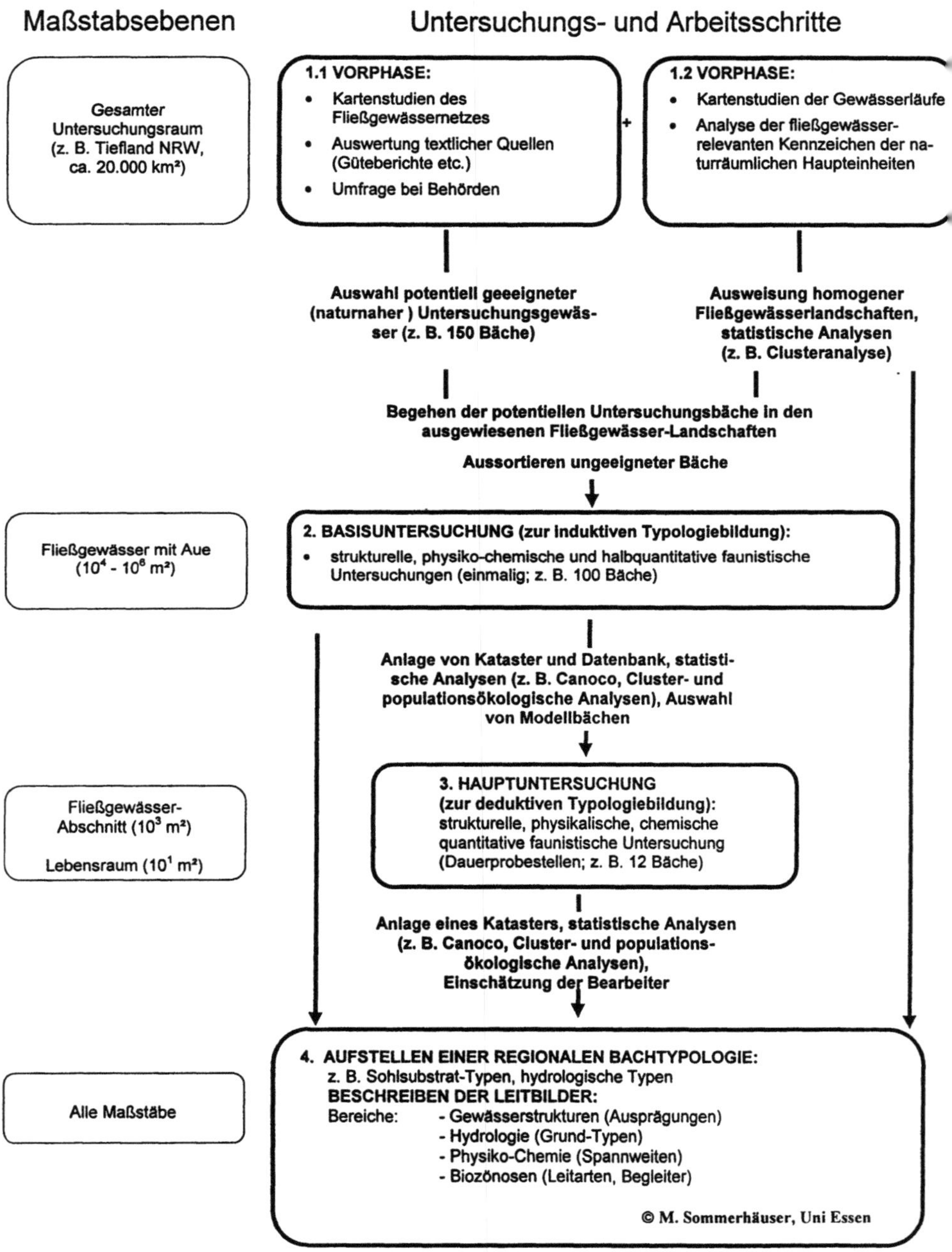

Abb. 5.2. Untersuchungs- und Arbeitsschritte bei der Entwicklung von Leitbildern im Rahmen einer regionalen Bachtypologie.

Einen logistischen Einstieg stellt die Vorphase dar. Mit dem Ziel, geeignete Untersuchungsgewässer zu ermitteln, wird das Fließgewässerpotential des Untersuchungsraumes (im Beispiel das Tiefland Nordrhein-Westfalens) anhand von Kartenstudien (topographische Karten, Gewässerstationierungskarten, Gewässergütekarten), textlichen Quellen (Güteberichte, Gutachten, wissenschaftliche Arbeiten zu einzelnen Gewässern/Gewässersystemen) und Anfragen bei gewässerverwaltenden Behörden "am grünen Tisch" erhoben.

Es ist sinnvoll, schon in dieser Phase den Untersuchungsraum im Hinblick auf die fließgewässerprägenden naturräumlichen Eigenschaften zu analysieren und zu strukturieren. Als einheitliche Arbeitsgröße hat sich die Naturräumliche Haupteinheit (sensu MEYNEN et al. 1962) erwiesen. Geeignete fließgewässerrelevante Parameter sind Talform, Relief, Geologie, Böden, Niederschlag, Gewässernetzdichte, potentiell natürliche Vegetation u.a.

Informationen hierzu finden sich z. B. im "Handbuch der naturräumlichen Gliederung Deutschlands" (MEYNEN et al. 1962), aber auch in den Themenkarten detaillierter Atlanten.

Naturräumliche Haupteinheiten mit (bezogen auf die Fließgewässerbeschaffenheit) ähnlichem Charakter können zusammengefaßt werden. Sie werden als "Fließgewässerlandschaften" bezeichnet. Hilfsmittel bei der Zusammenführung einer großen Zahl von Einzelräumen sind statistische Verfahren der Ähnlichkeitsberechnung, z. B. die Clusteranalyse. So konnten beispielsweise die 150 naturräumlichen Haupteinheiten des Elbe-Einzugsgebietes zu elf Gruppen mit prinzipiell ähnlichen Voraussetzungen für die Ausbildung kleinerer Fließgewässer zusammengefaßt werden, womit die Grundlage für eine effiziente Planung des weiteren Untersuchungsaufwandes möglich war (TIMM et al. 1995a).

In den einzelnen Fließgewässerlandschaften werden aufgrund der Vorinformationen potentiell geeignete Untersuchungsobjekte ausgewählt, im Regelfall handelt es sich dabei um eine große Anzahl.

In einer Basisuntersuchung werden diese Gewässer an ausgewählten, möglichst naturnahen Abschnitten nach einfachen limnologischen Verfahren strukturell erfaßt (z. B. Erhebungsbögen nach LÖLF & LWA 1985; Strukturgütekartierung nach LAWA 1998) und einmalig chemisch-physikalisch sowie biologisch beprobt (Leitfähigkeit, pH-Wert, Sauerstoffsättigung, Gesamt- und Carbonathärte, Wirbellosenfauna, Wasserpflanzen).

Die Ergebnisse werden als Kataster bzw. Datenbank angelegt, eventuell ebenfalls statistisch ausgewertet und dienen der begründeten Auswahl der genauer zu untersuchenden Modellbäche.

Bei den Modellbächen der Hauptuntersuchung handelt es sich um die am geringsten beeinträchtigten Gewässer der Voruntersuchung, die zudem das Spektrum der ausgewiesenen Fließgewässerlandschaften abdecken müssen - soweit hier überhaupt noch naturnahe Gewässer vorhanden sind.

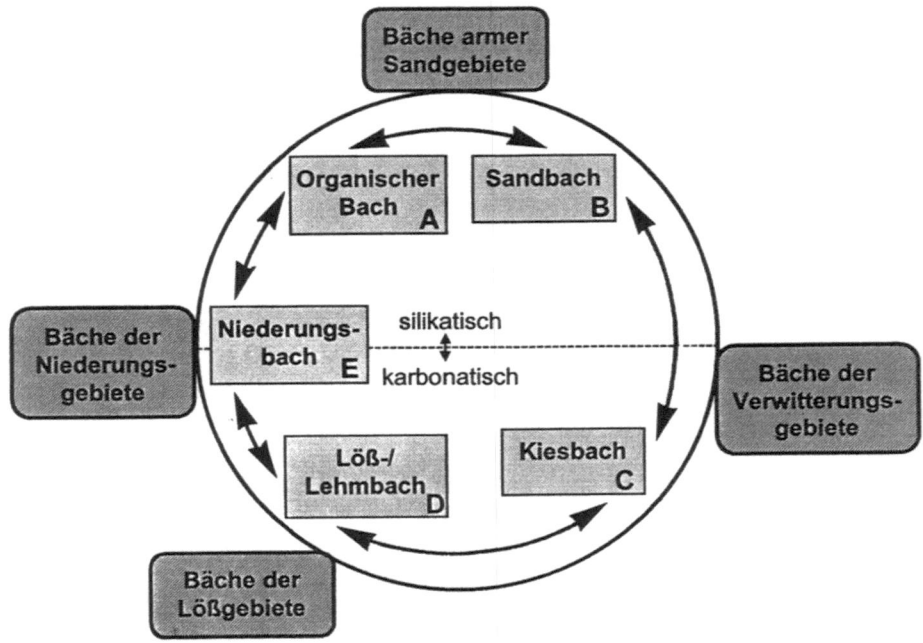

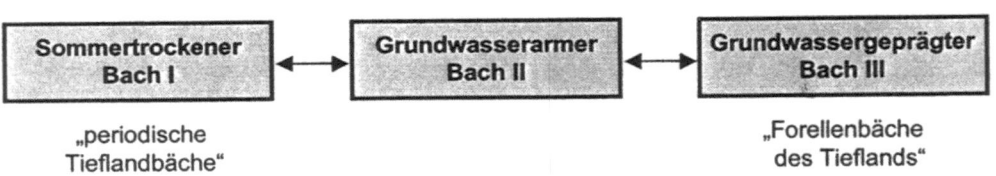

Abb. 5.3. Typensystem für die Tieflandbäche NRWs. Gliederungsebenen: Geologie/Pedologie (Typen A-E; oben) und Hydrologie (Typen I-III; unten). Außerhalb des Kreises sind die vier Gewässerlandschaften und innerhalb die zugehörigen fünf Sohlsubstrat-Typen dargestellt. Pfeile deuten fließende Übergänge zwischen den Typen an.

Tatsächlich können diese in dicht besiedelten oder intensiv agrarisch genutzten Räumen vollständig fehlen. Die Hauptuntersuchungsgewässer werden mehrfach (Dauerprobestellen) und intensiver bearbeitet. Neben einem umfangreichen Analyseprogramm zur Wasserqualität wird die flächenhafte Besiedlung durch Wirbellose und Fische zu verschiedenen Jahreszeiten erhoben. Substratverhältnisse und Umfeldstrukturen werden genau erfaßt, beschrieben und dargestellt (Abb. 5.3), um z.B. Aufenthaltsorte und Nahrungsgrundlagen für die Gewässerorganismen ermitteln zu können. In die Aufstellung der regionalen Fließgewässertypologie fließen ein

- die Untersuchungsgewässer der Voruntersuchung,
- die Modellbäche der Hauptuntersuchung und
- die Charakteristika der Fließgewässerlandschaften.

Die Typologiebildung erfolgt somit unter Berücksichtigung aller Arbeitsschritte und Maßstabsebenen.

Die differenzierten Gewässertypen sind zugleich die Leitbilder; ihrer näheren Beschreibung liegen vor allem die genau untersuchten Modellbäche zugrunde, wobei die in der Voruntersuchung an den gröber erfaßten (in der Regel weniger naturnahen) Gewässern des gleichen Typus gewonnenen Erkenntnisse mit einfließen.

In jeder definierten Fließgewässerlandschaft wird im allgemeinen zumindest ein Fließgewässertyp ausgewiesen. Es sei darauf hingewiesen, daß große Fließgewässer (Flüsse) nicht typisierbar sind, da sie aufgrund ihres großen und vielgestaltigen Einzugsgebietes einen individuellen Charakter haben. Leitbilder können hingegen für Flußabschnitte entwickelt werden, wobei die weitgehende Überformung aller Flüsse Deutschlands den Rückgriff auf historische Beschreibungen und Bestandaufnahmen erforderlich macht.

5.4
Leitbilder für die Strukturgütebewertung: Beispiele aus der Fließgewässertypologie für Nordrhein-Westfalen

Am Beispiel Nordrhein-Westfalens sollen im folgenden konkrete Typologiesysteme und ihre Relevanz für die Anwendung im Rahmen der Strukturgütekartierung vorgestellt werden.

5.4.1
Das Typensystem für Tieflandbäche

TIMM et al. (1994, 1995) stellten nach dreijährigen Forschungsarbeiten im Tiefland Nordrhein-Wesfalens eine Typologiekonzeption für die Tieflandbäche dieses Bundeslandes vor. Dazu wurden in allen großen Naturräumen des Tieflandes in Nordrhein-Westfalen (Westfälische Tieflandbucht, Niederrheinische Bucht und

Niederrheinisches Tiefland) mit einer Gesamtfläche von ca. 18.000 km² und einer Höhenlage von ca. 20-150 m.ü.NN limnologische Untersuchungen durchgeführt. Die nordrhein-westfälische Tieflandsregion läßt sich dazu in vier Gewässerlandschaften einteilen, die sich deutlich voneinander unterscheiden. Entscheidend für ihre Prägung sind in erster Linie die Eiszeitalter des Quartärs gewesen. Grund- und Endmoränen, Urstromtäler mit ihren Terrassen, Schmelzwassersande, Flugsande und Lößbedeckungen bestimmen das Landschaftsrelief und die natürlichen Substratbedingungen in den Fließgewässern und nehmen Einfluß auf ihr hydrologisches Regime und ihre geochemische Wasserbeschaffenheit (pH-Wert, elektrolytische Leitfähigkeit und Härte des Wassers). In Tabelle 5.1 sind die Charakteristika der Gewässerlandschaften zusammengestellt.

Tabelle 5.1. Die Fließgewässerlandschaften des nordrhein-westfälischen Tieflandes und ihre wesentlichen Charakteristika (aus TIMM et al. 1995).

Gewässerlandschaft	Prägung	Bodentypen	Bodenwertzahlen
"Arme Sandgebiete"	Quartäre Sandablagerungen (Flugsande, Schmelzwassersande)	Podsole, Podsolgleye	0 - <30
"Verwitterungsgebiete"	Kreidezeitliche Sedimente als Festgestein, Schichtstufenbildung (Plateaus und treppenförmige Absätze)	Braunerde, Rendzina, Pseudogley	40 - >50
"Lößgebiete"	tonig-schluffige Feinsedimentablagerungen durch Windanwehungen	Braunerde	60 - >80
"Niederungen"	holozäne Flußablagerungen (Auelehm, Niedermoor)	Gley, Anmoorgley, Niedermoor	5 - >80

Gewässerlandschaft	Kalkgehalt	Landschaftsräume
"Arme Sandgebiete"	sehr gering bis gering	Ostmünsterland (Emssandebene, Senne), Westmünsterland, Hauptterrassen des Niederrheins
"Verwitterungsgebiete"	mäßig bis hoch	Baumberge, Beckumer Berge, Lipper Höhen
"Lößgebiete"	mittel bis hoch	Niederrheinische Bucht, Westenhellweg, Hellwegbörden
"Niederungen"	unterschiedlich	Teile des Niederrheinischen Tieflands, Ebenen der Ems, Lippe, Emscher und anderer kleiner Flüsse

Insgesamt wurden weit über 100 Gewässer und ca. 200 Probestellen in der Vorphase (Kap. 5.3) durch Kartenstudien selektiert und aufgesucht. Nach Anschauung im Gelände wurden davon 94 Gewässer und 129 Probestellen beprobt (Basisuntersuchung), von diesen wurden wiederum 12 Modellbäche in der Hauptuntersuchung weiter bearbeitet.

Auf der Grundlage dieser Untersuchungen wurde ein Typensystem erstellt, das auf zwei miteinander kombinierbaren Ebenen die Vielfalt nordrhein-westfälischer Tieflandbäche strukturiert (Abb. 5.3).

Mit den vier Gewässerlandschaften korrespondieren auf der Ebene der Geologie/Pedologie fünf unterschiedliche Bachsubstrattypen: "organischer Bach" und "Sandbach" treten in den armen Sandgebieten auf, in Verwitterungsgebieten findet sich verbreitet der "Kiesbach", in Lößgebieten der "Löß-/Lehmbach" und in den Niederungsgebieten der "Niederungsbach".

Zweite wichtige Gliederungsebene bildet die Hydrologie der Bäche: Je nach Lage, Mächtigkeit und jahreszeitlicher Variabilität der wasserleitenden geologischen Schichten und der Größe des Einzugsgebietes lassen sich als eigenständige hydrologische Typen der "sommertrockene Bach" (vgl. SOMMERHÄUSER 1995, TIMM & SOMMERHÄUSER 1993), der "grundwasserarme Bach" und der "grundwassergeprägte Bach" unterscheiden. Im folgenden Abschnitt sollen die Definitionen der Sohlsubstrattypen und ihre Charakteristika näher vorgestellt werden, soweit sie für die Gewässerstrukturgütekartierung Leitbildfunktion haben.

5.4.2
Morphologische Charakteristika ausgewählter Fließgewässertypen in Nordrhein-Westfalen

Der im Tiefland Nordrhein-Westfalens über armen Böden mit hohem Grundwasserstand ursprünglich nicht seltene Gewässertyp des **organischen Baches** ist heute auf gering besiedelte, bewaldete Regionen der rechts- und linksrheinischen Hauptterrassenlandschaft reduziert. Vor allem größere Gewässer dieses Typus (über 3 Meter Wasserspiegel) sind kaum noch anzutreffen.

Die Bezeichnung des Gewässertyps verweist auf die in der Regel vollständige und ganzjährige Bedeckung des mineralischen Untergrundes des Bachbettes durch organisches Material wie Torf, Fallaub, Holz oder Makrophyten (SOMMERHÄUSER & TIMM 1993, TIMM & SOMMERHÄUSER 1993). Das kaum eingeschnitten in einem flachen Sohlen-Auental, oft in mehreren verzweigten Rinnen verlaufende Gewässer ist eng mit der häufig überschwemmten Aue verzahnt. Das Bachbett selbst variiert sehr in Breite und Tiefe. Längere tiefe und strömungsarme Abschnitte wechseln mit kurzen, flachen und oft sehr turbulenten Bereichen über Totholzbarrieren und Erlenwurzeln.

Der in den Sandgebieten verbreitete **Sandbach** entspricht mit seinem von mineralischem Feinmaterial dominierten Bachbett und den ausgeprägten Mäandern mit steilen Prall- und flachen Gleithängen in einem breiten, flachen Sohlen-Auental dem Bild vom "typischen" Tieflandbach. Die Wassertiefe ist auf weiten Strecken einförmig flach, Kolke und Kies- oder Sandbänke kommen jedoch vor. Charakteristisch ist die Dynamik der Laufverlagerung (Seitenerosion) mit Uferabbrüchen, Anlandung von Sandbänken und Ausbildung von Altarmen. Nur größere Hochwasser führen zu einer Überschwemmung der Aue.

Abb. 5.4. Der *Organische Bach* (Arme Sandgebiete) verläuft häufig in einem breiten Sohlental, in dem ein bachbegleitender Erlenbruchwald stockt.

Der **Kiesbach** ist nur selten fast ausschließlich von grobem mineralischem Material (Grobkies) geprägt, meist sind sandige Beimengungen vorhanden. Mit seinem eher geschlängelten bis gestreckten Verlauf und dem Wechsel von flach überrieselten Schnellen und langsam durchströmten Stillen erinnert er oft an einen Mittelgebirgsbach. Während das Längsprofil also einen regelmäßigen Wechsel aufweist, setzt die lagestabile Sohle der Breitenvariabilität Grenzen und führt so zu einem gleichmäßigen Querprofil. Die Talform ist oft enger, Muldentäler können neben Sohlen-Auentälern vorkommen.

Abb. 5.5. Der *Sandbach* (Arme Sandgebiete) mit charakteristischer Mäanderbildung. Totholz ist hier ein wesentliches Strukturelement.

Abb. 5.6. Der *Kiesbach* mit einer von Grobkies geprägten Bachsohle und Mäanderbildung (Verwitterungsgebiete).

Der in den Lößgebieten charakteristische **Löß-/Lehmbach** ist nur selten noch in naturnaher Ausprägung zu finden, da die fruchtbaren Lößböden schon frühzeitig in intensive landwirtschaftliche Nutzung genommen wurden. Das sehr feine tonigschluffige Material dieser Böden ist im Bachbett zum Teil zu Klumpen und Platten verbacken, gelöste Lößpartikel führen vielfach zu einer milchigen Trübung des Bachwassers. In Sohlen-Mulden- und Muldentälern tief eingeschnitten, mäandriert der Löß-/Lehmbach in unregelmäßigen Bögen. Die Uferkanten sind beidseitig steil, teils unterschnitten. Auffällig ist die Tiefenlage des Bachbettes gegenüber dem umgebenden Gelände. Natürliche Ursache ist die permanente Abtragung von feinstem Sohlsubstrat auch bei geringem Abfluß, die eine "Erosion in die Tiefe" verursacht. Überschwemmungen des Umfeldes sind selten.

Abb. 5.7. Der *Löß-/Lehmbach* ist durch eine natürlicherweise tief eingeschnittene Sohle charakterisiert (Lößgebiete). Prall- und Gleithänge sind kaum ausgebildet, die ständige leichte Erosion der Bachsohle führt zu einer milchigen Trübung des Bachwassers.

Ist der Löß-/Lehmbach in naturnaher Form im nordrhein-westfälischen Tiefland schon selten, so ist der **Niederungsbach** faktisch nicht mehr anzutreffen. Durch die Entwässerung der vormals ausgedehnten Niederungsgebiete infolge von Begradigung, Vertiefung und teils Eindeichung ist kein Beispiel der gefällearmen, nur schwach eingetieften Niederungsgewässer mehr erhalten geblieben. Die heute durchweg grabenartig ausgebauten Bäche waren ursprünglich besonders intensiv mit ihrem Umfeld verzahnt. Bei jedem Hochwasser konnte das Gewässer weit in die umgebende flache Niederung ausufern, die im Anschluß viele Wochen wasserbedeckt blieb. In der Morphologie dem organischen Bach ähnlich, bildete auch dieser Gewässertyp verzweigte Rinnensysteme und Altarme aus; wegen des geringen Längsgefälles haben Niederungs-Fließgewässer auf langen Teilstrecken häufig Stillgewässercharakter.

Sind die anderen genannten Tieflandbachtypen in naturnaher Ausbildung weitgehend beschattete Waldbäche, so war der häufig größere Niederungsbach nur teilbeschattet und besaß ausgedehnte Röhrichte oder Großseggenbestände.

Abb. 5.8. *Niederungsbäche* sind in Nordrhein-Westfalen zur Entwässerung der feuchten Niederungslandschaften in der Regel bereits vor langer Zeit ausgebaut, d. h. begradigt und vertieft worden. Naturnahe Referenzgewässer finden sich z. B. noch in Mecklenburg-Vorpommern.

Die morphologische Vielfalt der Fließgewässertypen des nordrheinwestfälischen Tieflandes zeigt zugleich die Notwendigkeit wie die Problematik von Leitbildtypologien. Die Einschätzung, ob die vorgefundene Ausprägung eines Einzelparameters vollständig oder nur zu 50 - 80 % "naturgemäß" ist, erfordert sehr präzise Vorstellungen vom heutigen potentiellen natürlichen Gewässerzustand (Leitbild); die Bereitstellung von Detailbeschreibungen zu allen Strukturparametern ist durch eine in gleicher Weise strukturelle, physiko-chemische, hydrologische und biozönotische Charakteristika erstellende Gewässertypologie kaum zu leisten. Tabelle 5.2 zeigt beispielhaft für drei Fließgewässertypen die durch regionale Fließgewässertypologien bereitgestellten Grundlagen für die Strukturgütebewertung.

Tabelle 5.2. Grundlagen für die Strukturgütebewertung, abgeleitet aus der Leitbilddefiniton beispielhafter Fließgewässertypen Nordrhein-Westfalens.
A: Organischer Bach der Armen Sand-gebiete (Timm et al. 1995)
B: Löß-/Lehmbach der Lößgebiete (Timm et al. 1995)
C: MäandrierenderSohlentalbach des Rheinischen Schiefergebirges[1] (Timm et al. 1997)

Einzelparameter	Strukturelle Kenndaten ausgewählter Bachtypen		
	A	B	C
Gewässergröße	1 - 4 m	1 - 10 m	2 - 10 m
Talform	Sohlen-Auental, Sohlen-Muldental	Muldental, Sohlen-Auental	Sohlental
Laufkrümmung	anastomosierend	Unregelmäßig mäandrierend bis geschlängelt	mäandrierend bis geschlängelt
Krümmungserosion	keine	keine	häufig stark
Längsbänke	keine	Ansätze	viele ausgeprägte
Besondere Laufstrukturen	viele ausgeprägte	Ansätze	viele ausgeprägte
Querbänke	ausgeprägte	keine	keine
Strömungsdiversität	vereinzelt groß	sehr gering	sehr groß
Tiefenvarianz	groß	mäßig	sehr groß
Strömungsbild	träge	gemächlich fließend	schnell fließend
Sohlensubstrattyp	Torf, Detritus (=sonstige)	Lehm/Ton	Kies/Schotter
Substratdiversität	gering	mäßig	groß
Besondere Sohlenstrukturen	keine Angaben	"ausgeprägte Tiefenrinnen"	keine Angaben
Makrophyten	Wassermoose und Makrophyten, häufig	Wassermoose und Makrophyten, wegen natürlicher Trübung spärlich	Wassermoose, häufig
Profiltiefe	flach	mäßig tief	tief, wechselnd
Breitenerosion	keine	keine bis schwach	schwach bis stark
Breitenvarianz	vereinzelt groß	gering	vereinzelt groß
Uferbewuchs	Erlenbruchwald, bodenst. Wald/Forst[2], Kleinseggen, Farne[2]	Erlen, Umfeld bodenst. Wald/Forst[2], Krautschicht mit Hochstauden[2]	Erlen, bodenst. Wald/Forst[2], Krautschicht mit Hochstauden[2]
Besondere Uferstrukturen	keine Angaben	keine Angaben	keine Angaben
Gewässerrandstreifen	Erlenbruchwald (=flächenhaft Wald)	Traubenkirschen-Erlen-Eschenwald, Eichen-Ulmenwald (=flächenhaft Wald)	Laubwald, Kiefernforst[2] (=flächenhaft Wald)

[1] in Bearbeitung; [2] nähere Angaben in der Leitbildbeschreibung

5.5
Anwendungsbeispiel "Gewässerrenaturierung"

Möglicher Folgeschritt einer Fließgewässerbewertung wie der Strukturgütekartierung kann die Planung von Maßnahmen zur ökologischen Verbesserung eines Gewässers sein. Hierzu sind - wie beim Bewertungsverfahren - ebenfalls am naturnahen Vorbild (Leitbild) orientierte Planungsziele erforderlich. Das Planungs- bzw. Entwicklungsziel muß und wird dabei in aller Regel nicht mit dem Leitbild übereinstimmen, da planerische Rahmenbedingungen und "Zwangspunkte" berücksichtigt werden müssen.

Das Leitbild gibt jedoch den ökologischen Maßstab und die Zielrichtung für die Planung vor. Der Begriff "Renaturierung" ist für Maßnahmen der ökologischen Verbesserung im Rahmen von Gewässerausbau und -unterhaltung nur dann gerechtfertigt, wenn am Ende der Baumaßnahme bzw. des Entwicklungsprozesses das reale Gewässer und sein typologisches Leitbild übereinstimmen.

Abbildung 5.9 zeigt den Weg von der Analyse des Planungsobjektes bis zu den Maßnahmen. Zu jedem Planungsobjekt sind zunächst Freilanderhebungen zu Struktur, Wasserbeschaffenheit und Lebensgemeinschaften durchzuführen. Aus diesen ist der Ist-Zustand abzuleiten. Quellenstudien zur naturräumlichen Zugehörigkeit und Ausstattung sowie zum möglichen früheren Zustand des Gewässers (Verlauf, Umfeldnutzung etc.) geben Hinweise, welches Leitbild zugrundezulegen ist. Aus dem Ist-Zustand und den Leitbildinformationen ergeben sich die Defizite des Gewässers. Die erforderlichen Maßnahmen zur ökologischen Verbesserung sind dann unter Berücksichtigung der Rahmenbedingungen, aber stets orientiert am Leitbild, zu erstellen.

Die Anwendung der "Leitbilder für Tieflandbäche in Nordrhein-Westfalen" (Timm et al. 1995) soll an einem konkreten Beispiel aus der Planungspraxis erläutert werden. Im Rahmen der Internationalen Bauausstellung EmscherPark (IBA) wurde auch die naturnahe Umgestaltung eines kleines Baches in Dortmund-Lanstrop, des Flachsbaches, erwogen. Es handelt sich um ein vollständig begradigtes, tief eingeschnittenes und im Quellbereich wie auch im weiteren Verlauf mehrfach verrohrtes Gewässer. Der nur zeitweise wasserführende Bach stellt sich als weitgehend gehölzfreier, stellenweise vermüllter Graben im Problemfeld akkerbaulicher Nutzung, angrenzender Hausgärten und Kleingartenanlagen dar.

Der negative Ausbauzustand in Verbindung mit der unsicheren Wasserführung ließen eine Mittelverwendung für eine naturnähere Gestaltung zunächst fragwürdig erscheinen, zudem fehlte ein Leitbild.

Das Studium geologischer und pedologischer Karten, eine kurze limnologische Begutachtung sowie die Heranziehung der "Leitbilder für Tieflandbäche in Nordrhein-Westfalen" erbrachten für das Fallbeispiel Flachsbach folgendes Ergebnis.

Mit seiner Lage in den Hellwegbörden gehört der Flachsbach zur Fließgewässerlandschaft der "Löß-/Lehmgebiete" (siehe Tabelle 5.1), das lehmartige Material steht im Bachbett sichtbar an. Historische Karten zeigen, daß der Bach schon vor langer Zeit ausgebaut wurde.

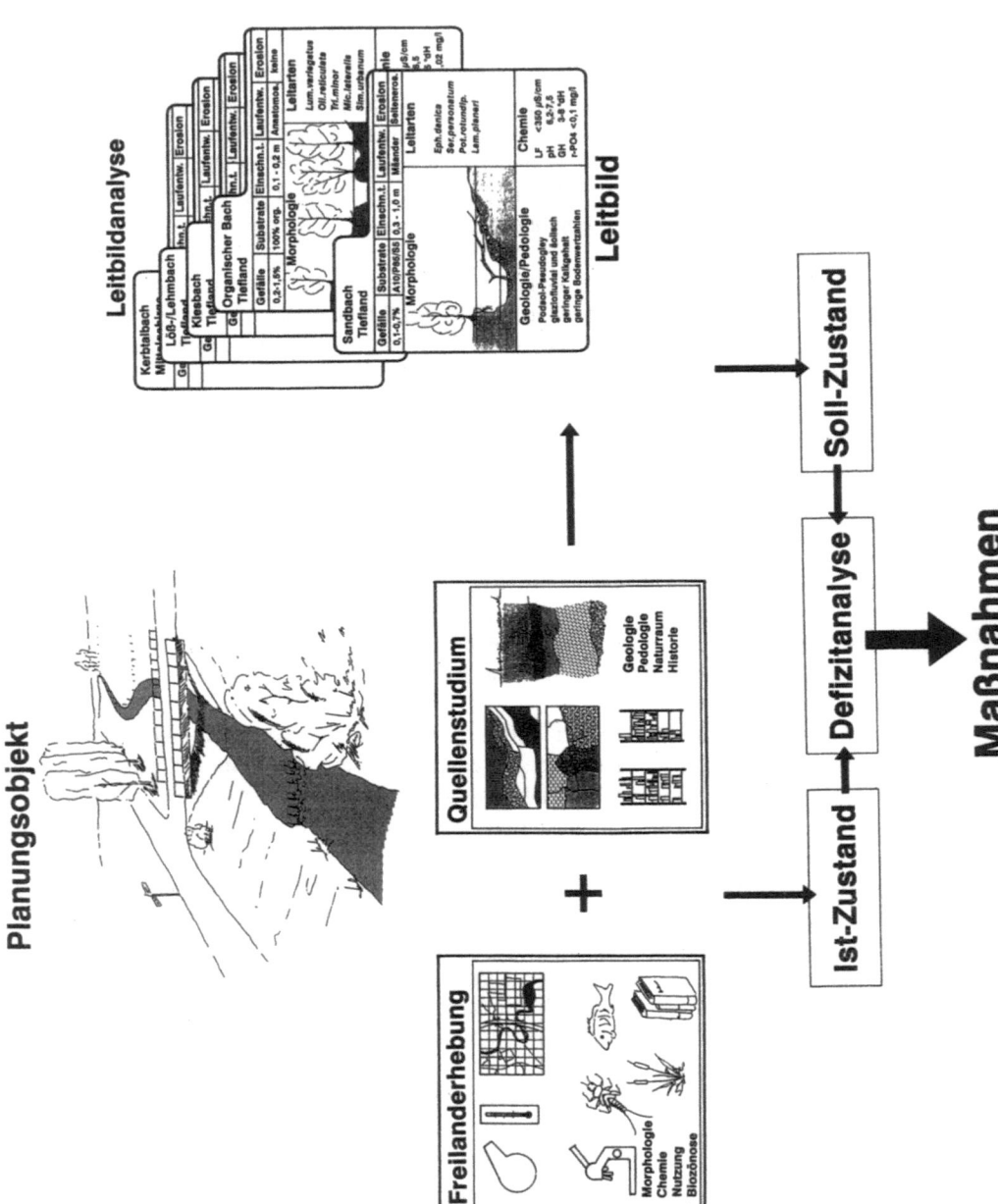

Abb. 5.9. Leitbilder in der Fließgewässerplanung: Freilanderhebungen und Quellenstudien geben Hinweise darauf, welches der vorliegenden Leitbilder anzuwenden ist.

Die periodische Wasserführung ist für viele (kleine) Gewässer dieses Raumes charakteristisch, bei Untersuchungen zur Lebensgemeinschaft (Makrozoobenthos) konnte eine Reihe von hieran angepaßten Arten der Würmer, Schnecken und Köcherfliegen nachgewiesen werden.

Das ermittelte Leitbild des "sommertrockenen Löß-Lehmbachs" stellte die Grundlage für die Gewässerplanung dar: die tiefe Grabenlage konnte, da sie für diesen Gewässertyp auch unter naturnahen Bedingungen beobachtet werden kann (s. o.), beibehalten werden. Auf optische Retuschen der Linienführung (künstliche Mäander) wurde weitgehend verzichtet.

Planerische Schwerpunkte waren
- die Freilegung verrohrter Quellbereiche,
- umfangreiche Ufergehölzpflanzungen (sommerliche Aufenthalts- und Eiablageplätze für Wasserinsekten, kühl-humides Klima für im sommertrockenen Bachbett überdauernde Organismen) und
- die dezentrale Zufuhr von einzugsgebietseigenem Niederschlagswasser (Dachflächen- und Grundstücksentwässerung über Mulden-Rigolensysteme in den Bach).

Ziel war die am Leitbild orientierte ökologische Verbesserung des Bachlaufes, wobei auch der Charakter der temporären Wasserführung erhalten bleiben sollte. Hier stand die Verbesserung der Strukturen im Vordergrund. Die konsequente Belassung von Totholz und Fallaub im Bachbett und ein ausreichend dichter Ufergehölzsaum sind für die Schaffung notwendiger Habitatstrukturen für dauerhafte Besiedler temporärer Gewässer unerläßlich. Die an mehreren Stellen geplante Einleitung von Niederschlagswasser aus der Oberflächenentwässerung sollte die Wasserführung stabilisieren, aber kein permanentes Gewässer erzeugen (vgl. PLANERGRUPPE OBERHAUSEN 1995).

Tabelle 5.3 Allgemeine und typusspezifische Handlungsanweisungen zu Schutz und ökologischer Verbesserung von Tieflandbächen

Handlungsanweisungen nach TIMM et al. (1994)	Maßnahmen zum Flachsbach nach Planergruppe Oberhausen GmbH (1995)
Allgemeine Handlungsanweisungen	
"Anlage ausreichend breiter Ufergehölzsäume"	Aufbau einer gewässerbegleitenden Vegetation durch
	• Nachpflanzung bachbegleitender Erlensäume entlang des westlichen Ufers
	• Anlage einer Pufferzone, natürliche Sukzession
"Zulassen der morphologischen Eigendynamik des Gewässers"	neugestaltetes Kastenprofil wird natürlicher Erosion überlassen Aufhebung von Verrohrungen
"Belassen von Totholz im Gewässer"	keine Angaben
Typus-spezifische Handlungsanweisungen:	
	Löß-Lehmbach:
"steile Uferkanten als natürliche Strukturelemente erhalten"	Verbesserung der Morphologie durch Überführung des V-Profils in ein (enges) Kastenprofil
	Temporäre, besonders sommertrockene Bäche:
"keine künstliche Niedrigwasseraufhöhung im hydrologischen Sommerhalbjahr"	Verbesserung der natürlichen Wasserzufuhr durch Wiederanschluß des Quellbereiches an den Bach Regenwasserbewirtschaftung (Aufhebung von Verrohrungen und Drainagen; verzögerte Einleitung der Dachflächenentwässerung)
"Erhalt/Schaffen hoher Anteile von Grob- und Feindetritus (keine Bachräumungen)"	keine Angaben
"Schaffen intakter Auenstrukturen mit feucht-humidem Klima"	siehe "Allgemeine Handlungsanweisungen"

5.6 Resümee

Die Bedeutung von Leitbildtypologien für die Bewertung eines Gewässers und die Aufstellung von Planungszielen kann ähnlich hoch angesetzt werden wie das Vorhandensein eines naturnahen Referenzgewässers. Beide bieten den Vorteil einer ganzheitlichen Anschauung aller Fließgewässerkompartimente (Struktur, Wasserregime und -beschaffenheit, Biozönosen). In vielen dicht besiedelten oder traditionell intensiv agrarisch genutzten Naturräumen sind naturnahe Referenzgewässer allerdings häufig nicht mehr oder nur in sehr degradierter Form vorhanden. Zudem ist auch bei einem Vorhandensein potentieller Referenzgewässer die Entscheidung, ob es sich um ein geeignetes Vergleichsobjekt für das zu bewertende Gewässer handelt, nicht immer leicht zu treffen.

An limnologische Fließgewässertypologien ist die Anforderung zu stellen, daß sie nicht vorwiegend biozönotisch orientiert sind, d. h. der Lebensgemeinschaft der Wassertiere und Pflanzen bei der Typenbildung den meisten Raum einräumen. Die Unterschiede in den Gewässerstrukturen sollten möglichst so detailliert beschrieben werden, daß sie eine Maßstabs-/Leitbildfunktion für die Einzelparameter der Strukturgütebewertung übernehmen könnten.

In Nordrhein-Westfalen werden nach Abschluß der zweiten fließgewässertypologischen Studie "Leitbilder für Mittelgebirgsbäche" für alle kleinen Fließgewässer des Landes Leitbildbeschreibungen zur Verfügung stehen. Für die größeren Fließgewässer (Lippe, Ems, Niers, Erft, Rur u.a.) ist die limnologische Entwicklung von Leitbildern ebenfalls beabsichtigt.

Literatur

DVWK/LAWA (1996): Gewässerstrukturgütekartierung in der Bundesrepublik Deutschland. - Verfahrensempfehlung des DVWK, im Auftrag der LAWA. DVWK-Fachausschuß 4.13 "Bewertung von Fließgewässern", Mai 1996: 179 S.
Forschungsgruppe Fließgewässer (1993): Typologische Untersuchung naturnaher Fließgewässer und Auen in Baden-Württemberg.- Gemeinsamer Bericht der Fachgruppen: Inst. f. Geographie und Geoökologie Karlsruhe, Inst. f. Wasserbau u. Kulturtechnik Karlsruhe, Landesanstalt f. Umweltschutz Bad.-Württ., Arbeitsgem. Landschaftsökologie, Institut f. Umweltstudien. Stuttgart (ecomed): 176 S. + Anhang.
Huet, M. (1946): Note préliminaire sur les relations entre la pente et les populations piscicoles des eaux courantes.- Trav. Stn. Rech. Groenedal D4 13: 232-243.
Illies, J. (1961): Versuch einer allgemeinen biozönotischen Gliederung der Fließgewässer- Internat. Rev. ges. Hydrobiol. 46: 205-213.
Kohmann, F. (1997): Das Leitbild - eine Begriffsbestimmung. Zbl. Geol. Paläont. Teil I: 827-831.
Länderarbeitsgemeinschaft Wasser: Gewässerstrukturgütekarte für die Bundesrepublik Deutschland. 1998
LÖLF & LWA (1985): Bewertung des ökologischen Zustandes von Fließgewässern, Teil I: Bewertungsverfahren. Teil II: Grundlagen für das Bewertungsverfahren. - Landesanstalt für Ökologie, Landschaftsentwicklung und Forstplanung NW und Landesamt für Wasser und Abfall NW, 2. Aufl., 65 S.
Meynen, E., Schmithüsen, J., Gellert, J., Neef, E., Müller-Miny, H., & Schultze, J. H. (1962): Handbuch der naturräumlichen Gliederung Deutschlands.- Bundesanstalt für Landeskunde und Raumforschung, Bad Godesberg (Selbstverlag).
Otto, A. & Braukmann, U. (1983): Gewässertypologie im ländlichen Raum.- Schriftenr. d. Bundesministers f. Ernährung, Landwirtsch., Forsten, Reihe A 288. Münster (Landwirtschaftsverlag): 1-61.
Planergruppe Oberhausen (1995): Rahmenplanung Seseke Landschaftspark IV. Bearbeitungsstufe. Konzept zur naturnahen Umgestaltung städtischer Bachläufe am Beispiel des Flachsbaches. Oberhausen (unveröff. Gutachten): 52 S.
Sommerhäuser, M. (1995b): Zur Köcherfliegenfauna der Fließgewässer des Niederrheinischen Tieflands - faunistische und typologische Aspekte. Lauterbornia 22: 85-97.
Sommerhäuser, M.& Timm, T. (1993): Die ökologische Bedeutung der Fließgewässer im Naturraum Niederrheinische Sandplatten, dargestellt am Beispiel ausgewählter Wasserinsekten (Odonata, Plecoptera, Trichoptera).- Verh. Westd. Entom. Tag, Düsseldorf 1992: 127-135.

Thienemann, A. (1954): Chironomus. Leben, Verbreitung und wirtschaftliche Bedeutung der Chironomiden.- Die Binnengewässer 20: 1-834.

Timm, T. (1994): Neuer Ansatz zu einer Typisierung der Fließgewässer des Norddeutschen Tieflandes.- Mitt. Nieders. Natursch. Akad. 5: 12-22.

Timm, T., Ohlenforst, H., Sommerhäuser, M., Beverungen, K., Hahn, R., Lätsch, K., Pottgiesser, T., Rückriem, B. & Steimer, R. (1994): Zielvorgaben und Handlungsanweisungen für die Renaturierung von Tieflandbächen in Nordrhein-Westfalen.- Studie aus dem Institut für Ökologie, Abteilung Hydrobiologie der Universität Essen. Im Auftrag des Ministeriums für Umwelt, Raumordnung und Landwirtschaft (MURL) Nordrhein-Westfalen. Essen (unveröff.): 74 S., Katasterbände und Karten.

Timm, T., Ohlenforst, H., Sommerhäuser, M., Beverungen, K., Hahn, R., Lätsch, K., Pottgiesser, T., Rückriem, B. & Steimer, R. (1995): Leitbilder für Tieflandbäche in Nordrhein-Westfalen. Gewässerlandschaften und Fließgewässertypen im Flachland. Hrsg. v. Ministerium für Umwelt, Raumordnung und Landwirtschaft (MURL) Nordrhein-Westfalen. Duisburg (WAZ-Druck): 60 S.

Timm, T. & Sommerhäuser, M. (1993): Bachtypen im Naturraum Niederrheinische Sandplatten - ein Beitrag zur Typologie der Fließgewässer des Tieflandes.- Limnologica 23: 381-394.

Vannote, R. L., Minshall, G. W., Cummins, K. W., Sedell, J. R. & Cushing, C. E. (1980): The river continuum concept.- Can. J. Fish. Aquat. Sci 37: 130-137.

Weber-Oldecop, D. W. (1977): Eine Fließgewässer-Typologie. Limnologica 13: 419-426.

Teil B
Anwendung

6 Das Verfahren der Gewässerstrukturkartierung

Andreas Müller und Thomas Zumbroich
Büro für Umweltanalytik, Bonn / Essen

6.1
Vorbemerkung

Ein Kartierverfahren zu beschreiben, erfordert zunächst die Klärung der Frage, was denn überhaupt zu kartieren ist. Beispielsweise bedarf jede umfangreichere Ausführung über Methoden der Biotoptypenkartierung einer grundsätzlichen Verständigung über die Bedeutung des Begriffs "Biotoptyp".

Bevor also dargestellt und erläutert werden soll, mit welchen Kenngrößen und auf welche Weise die Gewässerstruktur beschrieben wird, soll zunächst der Begriff *Gewässerstruktur* diskutiert werden.

6.2
Gewässerstruktur – Versuch einer Definition

"Struktur [zu lat. structura "ordentl. Zusammenfügung, Ordnung"], wissenschafts- und bildungssprachlich. Begriff, allg. gebraucht für Aufbau, Gefüge, v.a. im Rahmen eines als geordnet aufgefaßten Ganzen.
- *in der* Kybernetik *die Gesamtheit der Kopplungen bzw. Beziehungen zw. den Elementen eines Systems. Die innerhalb dieser Menge zulässigen S.muster werden durch S.regeln, z.B. der Algebra, Logik oder Linguistik festgelegt. (...)*
- *in Naturwiss. und Technik der auf Grund bestimmter Gesetzmäßigkeiten gegebene räuml. Aufbau eines Materials z.B. die S. der Materie, der Atomkerne usw. ..."*

(aus: Meyers Grosses Taschenlexikon in 24 Bänden, 4. Aufl., Mannheim 1992)

Wendet man diese allgemeine Definition auf Gewässer an, so beschreibt die *Gewässerstruktur* eines Fließgewässers seinen Aufbau bzw. sein Gefüge. Dies bezieht sich dabei sowohl auf räumliche Anordnungen der verschiedenen, das Fließgewässer bildenden, stofflichen Kompartimente (im folgenden als "materielle Gewässerstruktur" bezeichnet), als auch auf die zwischen diesen Teilen bestehenden Beziehungen und Wechselwirkungen ("kybernetische Gewässerstruktur"). Da ein wesentliches Charakteristikum des Systems "Fließgewässer" seine Dynamik ist, kommt insbesondere der kybernetischen Gewässerstruktur eine hohe Bedeutung zu.

Anschließend gilt es, diese abstrakte Definition "mit Leben zu erfüllen". Dabei wird schnell deutlich, daß die "Struktur" eines Fließgewässers nur näherungsweise beschrieben werden kann, zu vielfältig sind die Komponenten, zu komplex die Wechselbeziehungen.

Abb. 6.1. Fließgewässer sind höchst dynamische Systeme.

Aus diesem Grunde ist leider festzustellen, daß es eine klare und einfache Definition des Begriffs "Gewässerstruktur" aus sich heraus nicht gibt und auch nicht geben kann.

Statt dessen müssen wir uns mit einer praxisorientierten Beschreibung behelfen, die von den Kenngrößen ausgeht, mit deren Hilfe die Gewässerstruktur näherungsweise erfaßt werden kann. Gewässerstruktur ist keine naturwissenschaftlich ableitbare Größe. Es wurde vielmehr (durch die LAWA) festgelegt, daß zur Erhebung der Struktur eines Gewässers bestimmte definierte Kenndaten zu ermitteln sind. Ein Analogon hierzu bilden Kenngrößen in der chemischen Analytik wie die Summenparameter AOX oder KW (also: adsorbierbare organische Halogenverbindungen bzw. Kohlenwasserstoffe). Statt eine Probe auf eine Vielzahl chemisch verwandter Einzelsubstanzen hin zu prüfen, wurden Verfahren entwickelt, mit denen diese Substanzen "auf einen Schlag" erfaßt werden können. Die meisten dieser Verfahren sind als DIN-Normen festgelegt worden, so daß eine Reproduzierbarkeit und Vergleichbarkeit der Ergebnisse - bei sachkundiger Durchführung - gewährleistet ist.

Es ist jedoch auf einen wichtigen Unterschied hinzuweisen. Während AOX oder KW alternativ auch aus meßbaren Einzelgrößen berechnet werden können, gilt dies für die Gewässerstruktur nicht.

Die Gewässerstruktur ist keine numerische Größe. Sie kann nicht gemessen, wohl aber bewertet werden. Das Bewertungsergebnis bildet die Gewässerstrukturgüte. Ebenso ist natürlich auch der AOX-Wert einer Probe zunächst wertfrei (und "zweck"-los). Auch er erhält eine Bedeutung erst dadurch, daß er in einen Wertekontext gesetzt, also bewertet wird (100 ppm AOX haben im Trinkwasser einen anderen "Wert" als in unbehandeltem Industrieabwasser!).

Dies soll noch an einem weiteren Beispiel deutlich gemacht werden. Das Volumen eines Schrankes von 1 m Breite, 2 m Höhe und 60 cm Tiefe läßt sich berechnen, nicht aber seine Größe. "Größe" ist ein Begriff, dem ebenso wie die Gewässerstruktur erst durch eine Konkretisierung Bedeutung gegeben wird. Diese Konkretisierung erfolgt mit Hilfe von Leitbildern, Hauptparametern, funktionalen Einheiten, Einzelparametern und deren Ausprägungen.

6.3
Die Gewässerstrukturgüte - Wann ist eine Struktur gut?

Bleiben wir bei dem Beispiel unseres Schrankes. Wenn nun das Pendant der Gewässerstruktur die Größe des Schrankes ist, so wäre das Pendant der Gewässerstrukturgüte die Antwort auf die Frage, ob der Schrank "zu groß", "zu klein" oder "gerade groß genug" ist. Gewässerstrukturgüte ist also stets das Ergebnis eines Bewertungsvorgangs.

Diese Bewertung der Gewässerstruktur ist ein weitgehend formalisierter Vorgang, bei dem der Kartierer die Struktur des aktuell betrachteten Gewässers mit der eines "idealen" Gewässers, des Leitbildes, oder seinem Repräsentanten (einem Referenzgewässer) vergleicht und in Abhängigkeit von der Ähnlichkeit zwischen den beiden die Strukturgüteklasse festlegt. Dabei gilt: je größer die Ähnlichkeit mit dem Leitbild, desto kleiner die Zahl der Güteklasse. Das Leitbild selbst entspricht also der Güteklasse 1.

Für die Ermittlung der übrigen Güteklassen, die also Auslenkungen vom Leitbild darstellen, sind ebenfalls Referenzen heranzuziehen. Somit beschränkt sich auch hier die "Bewertung" auf den schlichten Vergleich der vorliegenden Gewässerstrecke mit den (evtl. lediglich im Kopf des Kartierenden "abgespeicherten") Referenzstrecken der Klasse 2, 3 etc.[1]

Damit trifft der Kartierer also eigentlich keine Bewertungsentscheidung, sondern er entscheidet aufgrund seiner Kenntnisse und Erfahrungen, welcher Referenz der von ihm betrachtete Abschnitt am ehesten entspricht – er vergleicht.

---

[1] An dieser Stelle erscheint der Hinweis angebracht, daß die Bewertungsskala 1 ... 7 nicht notwendigerweise linear sein muß.

6.4
Die Gewässerstruktur - Black box oder "russische Puppe"?

Um Gewässerstruktur begreifbarer zu machen, beginnen wir bei der materiellen Gewässerstruktur. Zuerst ist die Frage zu klären, aus welchen materiellen Bestandteilen ein Fließgewässer aufgebaut ist. Seine hohe Komplexität macht es dabei erforderlich, eine systemadäquate Abstraktions- bzw. Aggregationsebene zu finden. So ist die Feststellung, daß der "Musterbach" aus 3,7 Mio. Tonnen Silikatgestein der Korngrößen x, y und z, 450 Tonnen Totholz, 20 Tonnen Detritus, 4 Mio. cbm Wasser, 6.263 Fischen sowie 9.231 Uferbäumen besteht, sicherlich keine Antwort auf die Frage, welche Struktur der "Musterbach" hat, ganz abgesehen davon, ob eine derartige Ermittlung überhaupt möglich ist.

Dieses Beispiel macht deutlich, daß die wesentlichen Eigenschaften eines Fließgewässers durch pures Wiegen und Messen nicht erfaßt werden können. Somit ist uns auf diesem Wege seine "Struktur" (i. S. der obigen Definition) überhaupt nicht zugänglich, genausowenig wie uns eine chemische Analyse der Gesamtausgabe von Shakespeares Werken Informationen über den "Hamlet" liefert.

Eine getrennte Betrachtung der materiellen Struktur ohne Berücksichtigung dynamischer Phänomene (oder ihrer Auswirkungen) ist offensichtlich für unsere Zwecke (letztlich: Gewässerschutz) sinnlos. Charakteristisch für Fließgewässer (als Lebensraum und als Gestalter von Lebensräumen) ist ihr zeitabhängiges Verhalten.

Materielle und kybernetische Struktur müssen also gemeinsam betrachtet werden. Es sind somit andere Kenngrößen auszuwählen, die dem Charakter des betrachteten Systems eher gerecht werden. Außerdem muß die Ermittlung dieser Kenngrößen praktisch durchführbar und die erhobenen Daten aussagekräftig sein. Hierzu ein Beispiel.

Eine wichtige dynamische Eigenschaft eines Gewässers und damit Teil der Gewässerstruktur ist sicherlich die Geschiebeführung. Zur Ermittlung der Geschiebeverhältnisse eines 30 km langen Gewässers könnten nun alle Steine in der Gewässersohle kartiert werden. Dieses Bild wäre jedoch statisch. Ein (endloser) Film des Gewässers in Aufsicht würde die Wechselwirkungen des Geschiebes mit der fließenden Welle zeigen. Dies wäre sicherlich dynamisch genug. Allerdings müßten aus diesen immensen Datenfluten noch die ökologisch wichtigen Aussagen herausgefiltert werden.

Sicher wäre es dagegen sinnvoller, gleich hochverdichtete Kenngrößen dergestalt zu definieren, daß aus ihrer Ausprägung Antworten auf die für die Bewertung relevanten Fragen gewonnen werden können. In unserem Beispiel bietet es sich an, neben der Art des Sohlsubstrates (Sand, Kies, Fels etc.) noch charakteristische Ansammlungen wie z.B. Längs- oder Querbänke sowie Inseln zu erfassen. Statt also zu versuchen, die Struktur des Systems (= Fließgewässer) allein auf meßbare Größen zurückzuführen, werden sinnvolle und überschaubare Teilsysteme ausgewählt und in ihren Ausprägungen vereinfacht beschrieben.

Dieses Vorgehen hat zwei Vorteile. Zum einen wird der Kartieraufwand deutlich reduziert und so die Kartierung überhaupt erst durchführbar. Zum anderen fließt bei dieser Zusammenfassung zu "Teilstrukturen" das bisherige gewässerökologische Wissen ein. Das Ziel der Strukturkartierung ist ja nicht allein die Erhebung der Gewässerstruktur, sondern vor allem ihre Bewertung.

Es werden also nur die wesentlichen bewertungsrelevanten Teilaspekte des Gewässers zusammengefaßt kartiert, um letztlich als Informationsgrundlage für die Bewertung genutzt zu werden. Es liegen damit Daten vor, die auf geeignete Weise mit Referenzdaten (z.B. aus Leitbildbeschreibungen) verglichen werden können und die dann zu einer Einstufung in eine Güteklasse führen.

Wer einwendet, daß nunmehr immer noch keine klare Definition des Begriffes "Gewässerstruktur" vorliegt, hat recht. Gewässerstruktur ist nicht aus grundlegenden Phänomenen oder gar Axiomen ableitbar. Sie bildet vielmehr eine Hilfsgröße, anhand derer bestimmte Ausprägungen von Fließgewässern in einen für uns Menschen bedeutsamen Kontext gestellt werden können.
Die einzige mögliche Definition des Begriffes "Gewässerstruktur" ergibt sich daher aus dem Aufzählen der die Gewässerstruktur beschreibenden Kenngrößen, den Einzelparametern.
Für das Kartierverfahren mußten also sinnvolle Teilstrukturen als "Summenparameter" hergeleitet werden, die einerseits im Gelände rasch und eindeutig erkennbar sind, andererseits eine hohe Aussagekraft bezüglich der Systemdynamik und der das System steuernden Prozesse aufweisen. Diesen Zweck sollen die meisten der sogenannten Einzelparameter der Strukturgütekartierung mit ihren zugehörigen Zustandsmerkmalen erfüllen. Beispiele für derartige Teilstrukturen sind die "Laufkrümmung", die "Tiefenvarianz" oder die "Substratdiversität".
Mit einer zweiten Gruppe von Einzelparametern wird die Beschaffenheit gewisser Gewässerteile erfaßt, die, wie z.B. die Ufervegetation, die Umfeldnutzung oder die Profilform unmittelbar anthropogen geprägt sein können, aber nicht müssen.

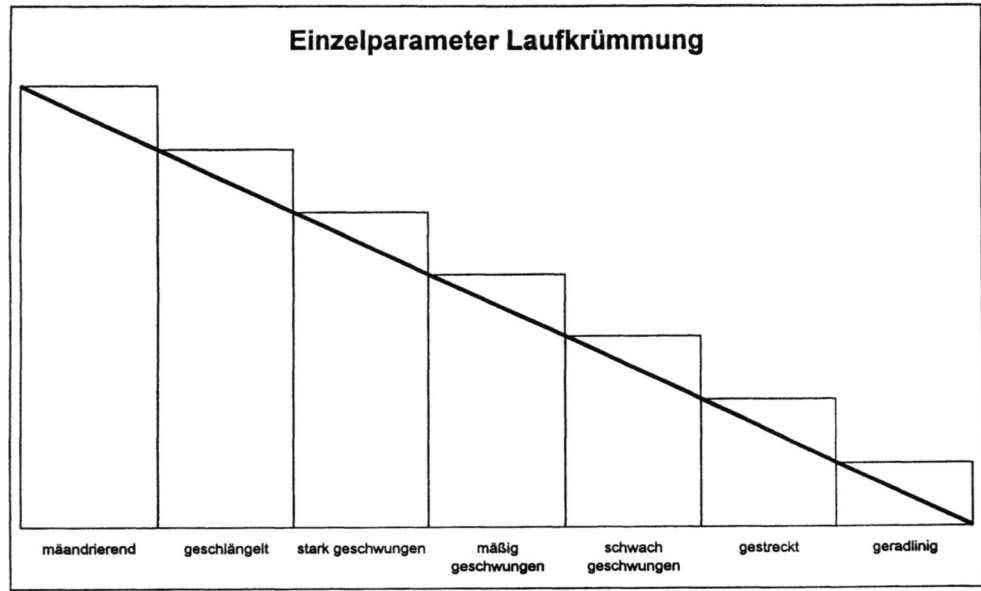

Abb. 6.2. Die Gewässerstruktur besteht aus Teilstrukturen (= Einzelparameter), die in Klassen zerlegt werden. Fließende Übergänge zwischen kontinuierlichen Zuständen werden diskretisiert – Zustandsmerkmale.

Weitere Einzelparameter dienen der Erfassung anthropogener Einflüsse, die generell als gewässerschädigend einzustufen sind. Hierbei handelt es sich zumeist um Bauwerke wie Verrohrungen, Wanderungshindernisse oder Sohlenbefestigungen, aber auch z.B. um den durch ein Querbauwerk verursachten Rückstau. Einflüsse dieser "Schadelemente" spiegeln sich zwar in der Regel bereits in veränderten Ausprägungen der auf die natürliche Ausstattung bezogenen Einzelparameter wider. Aufgrund ihrer besonderen Relevanz für den Gewässerschutz werden sie aber dennoch gesondert als eigene Einzelparameter ("Schadparameter") aufgenommen. Die Ursachen einer "Negativbewertung" werden somit explizit dargestellt und damit (zumindest theoretisch) leichter behebbar.

6.5
Die Beschreibung des Gewässertyps

Die Bewertung der Gewässerstruktur erfolgt anhand der Abweichung der Ist-Situation vom spezifischen Leitbild.
Die Frage, die sich stellt, ist: "Was ist das spezifische Leitbild meines Untersuchungsobjektes?". Ein spezifisches Leitbild beschreibt exemplarisch den Idealzustand eines Gewässertyps, der sich durch charakteristische Merkmale wie Linien-

führung, Substratverhältnisse, Wasserchemismus o.a. von den anderen Typen abgrenzt (vgl. SOMMERHÄUSER und TIMM in diesem Band). Eine eindeutige Zuordnung des zu untersuchenden Gewässers zu "seinem" spezifischen Leitbild erfordert also die Kenntnis des naturraumabhängigen Gewässertyps.

Seit einigen Jahren wird intensiv an der Entwicklung von Fließgewässertypisierungen gearbeitet. In Regionen, für die bereits eine Fließgewässertypologie und damit die spezifischen Gewässerleitbilder erstellt wurden, kann der Gewässertypus abgefragt werden. Für Regionen, für die zum Zeitpunkt der Kartierung eine Typisierung noch nicht vorliegt, kann eine erste Kategorisierung anhand zweier Kenngrößen vorgenommen werden, nämlich der "Talform" und der "Gewässerbreite", da diese in den meisten Fällen den größten Einfluß auf die natürliche Ausgestaltung eines Fließgewässers haben.

6.5.1
Die Ermittlung der Talform

Während eine Betrachtung in erdgeschichtlichen Dimensionen das Ergebnis liefern würde, daß in mittleren Breiten die Geländemorphologie in erheblichem Maße von der Erosionsarbeit der Fließgewässer geprägt wird, liefert eine Momentaufnahme, wie sie die Strukturgütekartierung darstellt, scheinbar das umgekehrte Bild: die Gestalt des Tales bzw. des Talgrundes prägt maßgeblich die Laufentwicklung eines Gewässers. Dies schlägt sich in der Abhängigkeit der Laufkrümmung von Breite, Quer- und Längsgefälle des Tales nieder. Je steiler und enger das Tal im Verhältnis zur Gewässergröße ist, desto geringer ist die Möglichkeit des Gewässers, seinen Lauf zu krümmen.

Insbesondere in Gebirge und Mittelgebirge stellt somit die Form des Tales in erster Näherung einen wichtigen Faktor zur Klassifizierung von Fließgewässern dar.

Der Begriff "Talform" wird im Rahmen der Gewässerstrukturgütekartierung nicht im streng geomorphologischen Sinne gebraucht. Von Relevanz ist hier primär die Form des Talgrundes im unmittelbaren Einflußbereich des Gewässers. Zur Ermittlung der Talform im Sinne der Gewässerstrukturgütekartierung ist also (nur) derjenige Teil des Talgrundes zu betrachten, der das Gewässer bzw. den das Gewässer in nicht-geologischen Zeiträumen beeinflussen kann. Einige der im Rahmen der Gewässerstrukturgütekartierung generell zu unterscheidenden Talformen zur Gewässerklassifizierung sind in Abb. 6.4 dargestellt.

Abb. 6.3. Im Rahmen der Gewässerstrukturgütekartierung wird die Talform als prägende Größe für die Gewässergestalt angesehen. Tatsächlich ist es jedoch insbesondere die Arbeit des Gewässers, die das Tal formt. Besonders prägnante Beispiele bilden Schluchtgewässer im Hochgebirge.

6.5.2
Die Ermittlung der Gewässerbreite

Die Häufigkeit und Ausprägung bestimmter Strukturen auf einer bestimmten Gewässerstrecke hängt von der Größe des Gewässers ab. Beispiele hierfür sind die Mäanderlänge oder auch der durchschnittliche Abstand von Stille- und Rauscheflächen ("pools" und "riffles"). Als Hilfsmittel zur Klassifizierung der Gewässergröße dient die Gewässerbreite. Dazu wird die durchschnittliche Wasserspiegelbreite bei Mittelwasser, bezogen auf den gesamten betrachteten Abschnitt abgeschätzt. Es werden insgesamt vier Größenklassen unterschieden, Gewässer mit weniger als 1 m Spiegelbreite, mit 1 bis 5 m Spiegelbreite, mit 5 bis 10 m Spiegelbreite und mit einer Spiegelbreite von mehr als 10 m.

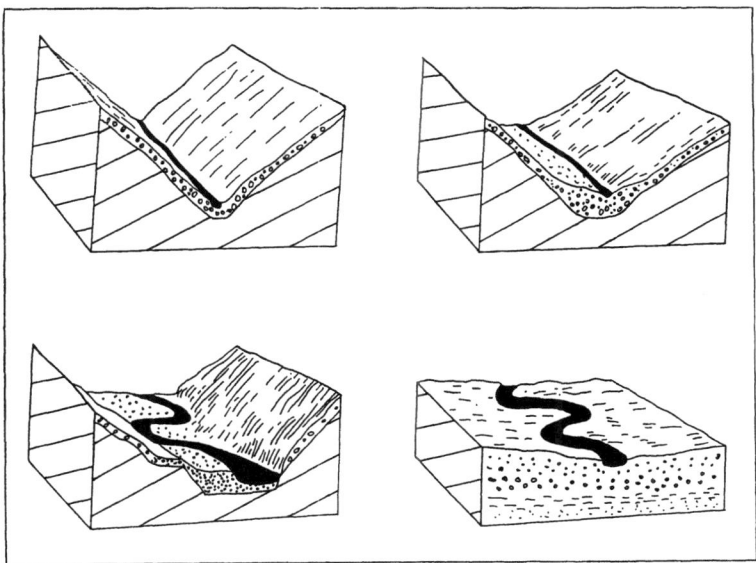

Abb. 6.4. Von links oben im Uhrzeigersinn: Kerbtal, Muldental, Sohlental und Flachland (nach PATT 1998)

6.6
Der bundesweit verbindliche Mindestdatensatz

Die Länderarbeitsgemeinschaft Wasser hat nach einer mehrjährigen Erprobungsphase einen verbindlichen Erfassungsrahmen von insgesamt 25 Einzelparametern und dazugehörigen Ausprägungen für die Erhebung der Gewässerstruktur festgelegt (LAWA 1998). Es blieb den einzelnen Bundesländern jedoch freigestellt, weitere Kenngrößen erheben zu lassen.
Die Einzelparameter sind zu sogenannten "Hauptparametern" zusammengefaßt. Jeder Einzelparameter wurde dabei demjenigen Hauptparameter zugeordnet, auf dessen Ausprägung er den größten Einfluß hat. Auch wenn die natürlichen Verhältnisse an einem Fließgewässer mit seiner hohen Dynamik und den vielfältigen Wechselwirkungen zwischen Wasser-, Ufer und Landbereichen wesentlich komplizierter sind, wurde dieser Ansatz aus Gründen der Praktikabilität gewählt.

Tabelle 6.1. Zuordnung der Einzelparameter zu den Hauptparametern

Hauptparameter	Einzelparameter
1. Laufentwicklung	1.1 Laufkrümmung
	1.2 Krümmungserosion
	1.3 Längsbänke
	1.4 Besondere Laufstrukturen
2. Längsprofil	2.1 Querbauwerke
	2.2 Verrohrung
	2.3 Rückstau
	2.4 Querbänke
	2.5 Strömungsdiversität
	2.6 Tiefenvarianz
3. Querprofil	3.1 Profiltyp
	3.2 Profiltiefe
	3.3 Breitenerosion
	3.4 Breitenvarianz
	3.5 Durchlässe
4. Sohlstruktur	4.1 Sohlensubstrattyp
	4.2 Sohlenverbau
	4.3 Substratdiversität
	4.4 Besondere Sohlenstrukturen
5. Uferstruktur	5.1 Uferbewuchs
	5.2 Uferverbau
	5.3 Besondere Uferstrukturen
6. Gewässerumfeld	6.1 Flächennutzung
	6.2 Gewässerrandstreifen
	6.3 Schädliche Umfeldstrukturen

Die vollständige Liste der Einzelparameter und ihrer Zustandsmerkmale findet sich im Anahang.

6.7
Der Hauptparameter "Laufentwicklung"

Die Laufentwicklung wird innerhalb des Verfahrens der Gewässerstrukturgütekartierung über das Krümmungsverhalten und die Beweglichkeit eines Gewässers definiert. Dementsprechend sind diesem Hauptparameter diejenigen Einzelparameter zugeordnet, die Aussagen über Abfluß- und Erosionsdynamik des Gewässers zulassen. Die relevanten Einzelparameter sind *Laufkrümmung*, *Krümmungserosion*, *Längsbänke* und *Besondere Laufstrukturen*.

6.7.1
Laufkrümmung

Die Krümmung eines Gewässerabschnittes ist zumeist ein besonders augenscheinliches Indiz für seine Naturnähe. Die Skala der Zustandsmerkmale reicht von "mäandrierend" bis "geradlinig". Völlig geradlinige Gewässer kommen in der Natur nicht vor. Ein derartiger Verlauf ist stets die Folge menschlicher Eingriffe. Das Zustandsmerkmal "geradlinig" ist daher nur für künstlich überformte Gewässerstrecken (z.B. Trapezgräben, Betonhalbschalen) auszuwählen.

Abb. 6.5. Naturnaher Gewässerabschnitt im Tiefland mit anthropogen unbeeinflußter Laufkrümmung.

Die Ausprägung der Laufkrümmung bei unverbauten Gewässern wird insbesondere durch die Talmorphologie bestimmt. Weitere wichtige Einflüsse können das Auensubstrat aber auch die Ufervegetation ausüben.

6.7.2
Krümmungserosion

Aus der Tendenz eines Gewässers, seinen Lauf zu verlängern und sich entsprechend dem natürlichen Gleichgewichtszustand, der durch Talmorphologie, Substrat und Abflußdynamik definiert wird, zu krümmen, resultiert die Krümmungserosion. Bei gegebenen Substratverhältnissen hängt ihre Intensität von der kinetischen Energie der fließenden Welle und den in Querrichtung wirkenden Kräften ab.

Befindet sich ein Gewässer nahe an seinem Gleichgewichtszustand, ist die Krümmungserosion eher schwach ausgeprägt. Allerdings gilt dies ebenso für befestigte Gewässer, die erst seit kurzer Zeit nicht mehr dem menschlichen Einfluß unterliegen. Im Laufe der Jahre wird in derartigen Fällen die Krümmungserosion zunehmen, um sich dann nach einer Klimax wieder abzuschwächen, je näher das Gewässer dem Gleichgewichtszustand kommt. Allerdings hört sie nie ganz auf.

Krümmungserosion ist bei gekrümmten Gewässerabschnitten an der wechselseitigen Abfolge mehr oder weniger stark ausgeprägter Prall- und Gleithänge zu erkennen. Bei ungekrümmtem Verlauf äußert sie sich als wechselseitige Punkterosion. Sowohl das Fehlen jeglicher Krümmungserosion als auch eine übermäßig starke Krümmungserosion deuten auf naturferne Zustände hin. Ursache können Verbau, Begradigung oder extreme Abflußspitzen durch Fremdeinleitungen sein.

6.7.3
Längsbänke

Der Wasserkörper eines Fließgewässers weist Bereiche unterschiedlicher Fließgeschwindigkeit auf. In Ufernähe und Sohlnähe ist sie infolge von Reibungskräften am geringsten. Abwasserfahnen unterhalb von Einleitungen zeichnen den "Stromstrich", also die Linie größter Strömungsgeschwindigkeit nach. Dieser Bereich befindet sich in etwa in maximaler Entfernung vom bewegungslosen Gewässerbett.

Abb. 6.6. Längsbänke in einem naturnahen Bachabschnitt

In reich strukturierten, naturnahen Gewässern bilden sich aufgrund der lokal verminderten Fließgeschwindigkeiten immer wieder längliche lokale Geschiebeansammlungen aus. Sie werden als Längsbänke bezeichnet. Diese können sich weit über die Mittelwasserlinie erheben oder als amphibischer Bereich episodisch überflutet werden. Längsbänke sind daher Indikatoren naturnaher, strukturreicher Verhältnisse. Die Fähigkeit, vielfältige Längsbankstrukturen auszubilden, ist stark von der natürlichen Gewässerdynamik sowie von der Art des natürlichen Sohlsubstrates abhängig.

6.7.4
Besondere Laufstrukturen

Neben der Ausbildung von Bänken sind weitere Elemente prägend für ein naturnahes Gewässer. Insbesondere Treibholzansammlungen, Laufgabelungen, Laufweitungen oder Kaskaden sind hier zu nennen. Werden derartige Strukturelemente innerhalb eines 100 m langen Kartierabschnittes nicht angetroffen, so kann dies allerdings im Einzelfall durchaus natürlich sein. Dies ist bei der Vor-Ort-Bewertung zu berücksichtigen.

6.8
Der Hauptparameter "Längsprofil"

Die Durchgängigkeit des Gewässers für Organismen und Feststoffe (Geschiebe und Feinsediment) sowie seine Tiefenentwicklung in Längsrichtung werden als Hauptparameter "Längsprofil" bewertet. Die Durchgängigkeit wird durch *Querbauwerke* und *Verrohrungen* sowie den Sekundäreffekt *Rückstau* operationalisiert. Die Tiefenentwicklung wird durch die Einzelparameter *Querbänke*, *Strömungsdiversität* und *Tiefenvarianz* erfaßt.

6.8.1
Querbauwerke

Durch Querbauwerke wird die Durchgängigkeit eines Gewässers beeinträchtigt oder sogar völlig unterbunden. So kann ein sehr hoher Absturz ein Fließgewässerökosystem vollständig in zwei Teilsysteme trennen. Darüber hinaus verändern Querbauwerke den Geschiebe- und Sedimenthaushalt. Sie greifen in das lokale Strömungsverhalten ein und können deutlichen Rückstau auslösen.
Um die Trennwirkung von Wehren oder Abstürzen zu mildern, werden derartige Bauwerke seit einigen Jahren mit Umläufen oder sogenannten "Fischtreppen" versehen oder in Sohlrampen umgestaltet.

Abb. 6.7. Die Errichtung eines Querbauwerkes in einem Gewässer teilt den Fließgewässerlebensraum. Ein Stoff- und Populationsaustausch ist im Extremfall nicht mehr möglich.

6.8.2
Verrohrungen

Im Rahmen der Gewässerstrukturgütekartierung werden *Verrohrungen* von *Durchlässen* unterschieden (siehe 6.9.5).

Das wesentliche Unterscheidungskriterium verschiedener Verrohrungen ist neben ihrer Länge die Frage, ob sich im Rohr Sedimentablagerungen befinden oder ob die Sohle völlig glatt ist. Letzteres stellt einen naturferneren Zustand dar als ein Rohr, dessen Sohle mit Geschiebe bedeckt ist. Näherungsweise wird angenommen, daß Rohre, die an beiden Öffnungen Sedimentbedeckung zeigen, eine durchgängige Sedimentdeckschicht aufweisen.

6.8.3
Rückstau

Je nach Gewässertyp kann durch Querbauwerke, aber auch durch Verrohrungen, ein mehr oder weniger starker Rückstau verursacht werden. Diese Störung der natürlichen Abfluß- und Strömungsverhältnisse wirkt sich stark auf Temperatur- und Stoffhaushalt des Gewässers aus.

Eine Unterscheidung erfolgt anhand der Ausdehnung des Rückstauphänomens. Die durch ein Bauwerk verursachte Minderung der Fließgeschwindigkeit wird nicht quantitativ erfaßt, es wird lediglich unterschieden, wie lang die Gewässerstrecke ist, auf die sich der Rückstau auswirkt, d.h. wo eine Minderung der Fließgeschwindigkeit optisch zu erkennen ist.

Dieser Einzelparameter berücksichtigt ausschließlich Rückstauphänomene, die durch anthropogene Einflüsse verursacht werden. Ein z.B. durch einen Sturzbaum ausgelöster Rückstau wird hier nicht erfaßt.

6.8.4
Querbänke

Bei hinreichendem Längsgefälle sind naturnahe Gewässer gekennzeichnet durch eine auffallend regelmäßige Abfolge tiefer relativ still durchflossener Abschnitte (sogenannte *pools)* und flacher und schnell durchströmter Teilstrecken (*riffles).* In riffle-Zonen sind dementsprechend Querbänke ausgeprägt. Querbänke können jedoch auch in Zonen geringerer Fließgeschwindigkeit auftreten, wenn die Verringerung der Wassertiefe mit einer Laufaufweitung einhergeht ("Furt").

6.8.5
Strömungsdiversität

In engem Zusammenhang mit der Vielfalt der morphologischen Strukturen sowie der mittleren Fließgeschwindigkeit des Gewässers steht die Strömungsdiversität. Die Ermittlung der Strömungsdiversität erfolgt anhand der Zahl der abgrenzbaren *Strömungsbilder.* Es werden fünf Strömungsbilder unterschieden und zwar "*stürzend, laut rauschend*", "*schießend, stehende Wellen*", "*schnell fließend, örtlich plätschernd*", "*gemächlich fließend*" und "*träge*".

Die größte Vielfalt unterschiedlicher Strömungsbilder zeigt sich bei naturnahen Gebirgs- und Berglandbächen. Ihr starkes Längsgefälle läßt einerseits schießende Abflüsse und kaskadenartige Gewässerzonen zu. Andererseits können sich aufgrund ihrer großen Strukturvielfalt (hohe Tiefen- und Breitenvarianz, besondere Strukturen, Bänke etc.) auch echte Stillwasserzonen ausbilden. Eine hohe Strömungsdiversität bietet somit Gelegenheit zur Ausbildung vielfältiger Teillebensräume für Biozönosen mit unterschiedlichen Habitatansprüchen und trägt somit zur ökologischen Stabilisierung des Gesamtsystems bei. Im Tiefland können naturgemäß keine so hohen Strömungsdiversitäten ausgebildet werden können wie im Mittel- oder Hochgebirge.

Für eine optimale Beurteilung eines Gebirgsbaches ist daher eine größere Strömungsdiversität erforderlich als für ein Flachlandgewässer.

Abb. 6.8. Jedes "intakte" Mittelgebirgsgewässer weist "seine" typische Abfolge von Schnellen und Stillen auf.

Tabelle 6.2. Im Rahmen der Gewässerstrukturkartierung zu unterscheidende Strömungsbilder

Strömungsbild	Erläuterung
stürzend, laut rauschend	äußerst turbulente Wasserbewegung, sehr unruhiger Wasserspiegel, vielfältige Schwälle, Walzen und Rückschlagwellen mit Schaumkronen
schießend, stehende Wellen	sehr turbulente, schießende Fließbewegung, gleichmäßige, intensiv verformte Wasserfläche, kräftiges diffuses Rauschen des Gewässers auf ganzer Strecke.
schnell fließend, örtlich plätschernd	strömende Fließbewegung mit mäßiger Turbulenz, gesamte Wasserfläche ist gleichmäßig von sanften Wellen überzogen.
gemächlich fließend	Wasserspiegel ohne Windeinwirkung fast glatt, nur vereinzelt feine Wellenriefen und feine Oberflächenrauhungen, die sich mit der Strömung fortbewegen, Gewässer weitgehend geräuschlos.
träge	Wasserspiegel ohne Windeinwirkung völlig glatt und geräuschlos, Strömung kaum erkennbar.

6.8.6
Tiefenvarianz

Innerhalb eines naturnahen Mittelgebirgsbachs sind bereits auf kurzen Gewässerstrecken, sowie auch quer zur Fließrichtung, deutliche Tiefenunterschiede festzustellen. Im Flachland ist diese Tiefenvarianz infolge der geringeren Fließgeschwindigkeiten und somit schwächer wirkenden bettbildenden Kräften auch bei naturnahen Gewässern weniger stark ausgeprägt. Allerdings besitzt jedes Gewässer ein gewisses Maß an Tiefenvarianz. Lediglich für Gewässerstrecken mit glatt verbauter Sohle gilt das Zustandsmerkmal *"keine Tiefenvarianz"*. Jedoch kann schon eine geringe Tiefenvarianz, z.B. bei sandigen Substraten im Flachland, durchaus natürliche Verhältnisse widerspiegeln.

Die Tiefenvarianz steht in engem Zusammenhang mit der Strömungsdiversität und der Bankbildung.

6.9
Der Hauptparameter "Querprofil"

Die Querschnittsform eines Gewässers wird insbesondere durch das Abflußgeschehen und die Art des Sohlsubstrates bestimmt. Hinzu kommt der Einfluß der Ufervegetation. Daher lassen sich aus der Querschnittsform Aussagen über die Natürlichkeit des Gewässers ableiten.

Zur Bewertung des Querprofils eines Gewässerabschnittes werden als wesentliche Kenngrößen die funktionalen Einheiten Profiltiefe, Breitenentwicklung und Profilform verwendet. Zur Datenerhebung sind diesem Hauptparameter die folgenden Einzelparameter zugeordnet: *Profiltyp, Profiltiefe, Breitenerosion, Breitenvarianz* und *Durchlässe*.

6.9.1
Profiltyp

Der Profiltyp eines Gewässerabschnittes gibt eine generalisierte Beschreibung der Form des Querprofils. Es wird erfaßt, inwieweit das Querprofil entweder durch Verbau oder durch übermäßige Erosion geprägt ist. Die Erhebung dieses Einzelparameters beinhaltet damit auch zwangsläufig ein gewisses bewertendes Element. Insbesondere die Abgrenzung natürlicher von künstlich verstärkten Erosionsspuren kann zu Schwierigkeiten führen. Es ist daher besonders darauf zu achten, inwieweit vorgefundene Erosionserscheinungen natürlichen Ursprungs sind oder zu einer Einstufung als "Erosionsprofil" führen.

6.9.2
Profiltiefe

Die Profiltiefe beschreibt das Verhältnis zwischen Breite und Tiefe eines Gewässers. Von Natur aus sind die allermeisten Gewässer eher als "flach" zu beschreiben. Sie verfügen während weiter Teile des Jahres über einen fast bordvollen Abfluß, so daß sie mehrmals jährlich in die Aue ausufern. Bestimmte Gewässertypen, wie z.B. der Löß-/Lehmbach im Flachland, sind dagegen relativ stark eingetieft. Dennoch kann näherungsweise als Faustformel "*flaches Profil = naturnah, tiefes Profil = naturfern*" gelten.

Typische Degradationen der Profiltiefe sind entweder die Folge einer übermäßigen Tiefenerosion oder einer künstlichen Tieferlegung (unter Draintiefe) zur Trockenlegung der Aue. Zur Ermittlung der Profiltiefe wird das Verhältnis aus dem Abstand der Uferböschungskanten und der Einschnittstiefe des Gewässers gebildet (vgl. Abb. 6.9.).

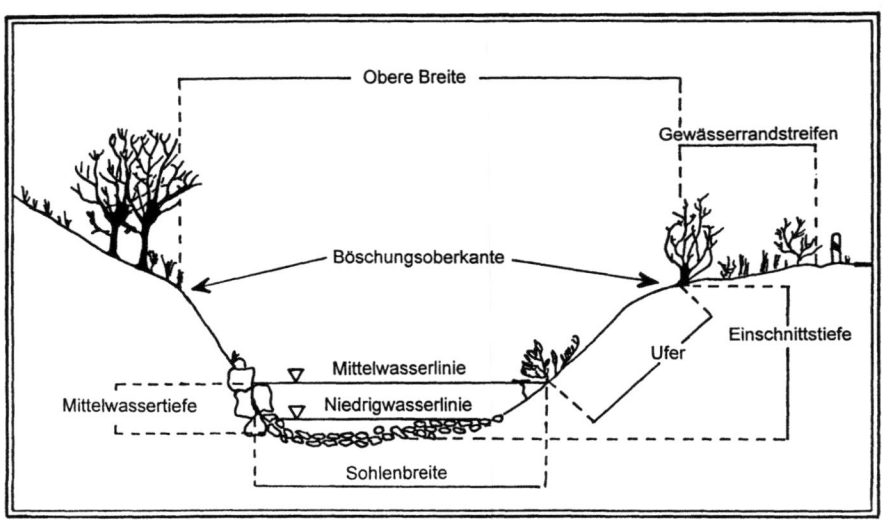

Abb. 6.9. Wichtige Kenngrößen zur Durchführung der Kartierung

6.9.3
Breitenerosion

Aus der Tendenz eines Gewässers, die Wassertiefe zu verringern, resultiert die Breitenerosion, da bei gleichbleibendem Abfluß zwingend eine Verbreiterung eintreten muß. Im Unterschied zur Krümmungserosion tritt sie auf längeren Strecken beiderseits des Gewässers gleichzeitig auf, statt wechselseitig punktuell.

Ein in der Nähe seines natürlichen Gleichgewichtes befindliches Gewässer wird nur ein geringes Maß an Breitenerosion aufweisen.

6.9.4
Breitenvarianz

Infolge der vielfältigen dynamischen Phänomene an bzw. in einem Gewässer, die sich teils gegenseitig bedingen, teils überlagern und verstärken oder aber gegenseitig abschwächen, ist an jedem natürlichen Gewässer neben einer Tiefenvarianz immer auch eine gewisse Breitenvarianz festzustellen. Entsprechend der unterschiedlichen Ausprägung der bettbildenden Kräfte ist die Breitenvarianz im Gebirge und im Bergland potentiell stärker ausgeprägt als im Flachland.

6.9.5
Durchlässe

Als Durchlaß werden Brücken und rohrdurchlässe erfaßt, die der Überquerung des Gewässers dienen.

Als Hauptunterscheidungskriterien dienen die folgenden Fragen:
- Wird der Gewässerlauf durch den Durchlaß verengt?
- Wird das Ufer in seinem Längsverlauf unterbrochen?
- Ist im Durchlaß Sediment abgelagert?

Weit gespannte Brücken, die das Gewässer nicht einengen, sind dementsprechend weniger strukturschädlich als z.B. enge Rohrdurchlässe.

6.10
Der Hauptparameter "Sohlenstruktur"

Die Gewässersohle bildet einen wichtigen Teillebensraum des Ökosystems Fließgewässer. Entsprechend wird sie durch einen eigenen Hauptparameter hinsichtlich ihrer Naturnähe bewertet. Die Sohlenstruktur eines Gewässerabschnittes wird in erster Linie durch die Art und die Verteilung der naturraumtypischen Substrate sowie durch einen eventuell vorhandenen Sohlenverbau charakterisiert. Entsprechend sind die diesem Hauptparameter zugeordneten Einzelparameter *Sohlensubstrattyp*, *Sohlenverbau*, *Substratdiversität* sowie *Besondere Sohlstrukturen*.

Abb. 6.10. Durchlässe sind in ihrer strukturschädlichen Wirkung von "Verrohrungen" zu unterscheiden.

6.10.1
Sohlensubstrattyp

Die Bestimmung des Sohlensubstrattypes erfolgt durch Zuordnung der vorgefundenen Substrate zu einer der vorgegebenen Substrattypklassen. Die Klassenbildung erfolgt anhand der jeweils mengenmäßig vorherrschenden Korngrößenfraktion. Neben den natürlichen mineralischen Substrattypenklassen werden anthropogen veränderte Sohlendeckwerke, sowie ein nicht mineralischer Sohlsubstrattyp (Torf) unterschieden.

Mit diesem Einzelparameter ist zunächst keine Bewertung verbunden. Lediglich das Vorhandensein anthropogener bzw. naturraumfremder Materialien wird negativ beurteilt. Mit dieser Ausnahme ist keines der Zustandsmerkmale per se Anzeiger für besondere Naturnähe oder -ferne. Dieser Einzelparameter ist vielmehr relevant für eine weitergehende Typisierung und gibt insofern Aufschluß über geologisch/pedologische Randbedingungen.

6.9.2
Sohlenverbau

Die Befestigung von Gewässersohlen zur Erosionsminderung, Abflußerhöhung und letztlich auch Gewässerfesselung stellt ein in der Vergangenheit häufig angewendetes Instrument des konstruktiven Wasserbaus dar. Typische Verbauformen sind Pflasterungen sowie Betonhalbschalen. KERN (1995) weist darauf hin, daß eine Sohlpflasterung oder Betonierung *"aus morphologischer Sicht - ähnlich wie die Verrohrung - mit der Beseitigung des Gewässers gleichzusetzen"* ist. Massive Verbauformen werden jedoch seit einigen Jahren zunehmend völlig entfernt oder durch lockere Steinschüttungen ersetzt.

Abb. 6.11. Art, Verteilung und Lagerungsdichte der Gewässersohle geben Aufschluß über hydraulische Eigenschaften des Gewässers sowie die Geologie seines Einzugsgebietes.

6.10.3
Substratdiversität

Eine hohe Substratdiversität am Gewässergrund ist grundsätzlich positiv zu beurteilen, da sie eine größere Vielfalt von Kleinlebensräumen widerspiegelt. Bei der Bewertung sind jedoch immer die naturräumlichen Gegebenheiten zu berücksichtigen, da durchaus Gewässertypen existieren, bei denen nur ein bzw. sehr wenige Substrattypen vorherrschen bzw. überhaupt vorkommen (z.B. Sandbach). Eine Erhöhung der Substratdiversität durch künstliches Einbringen untypischer Substrate, z.B. Wasserbausteine o.ä., ist jedoch als Eingriff in das natürliche Ökosystem zu betrachten und dementsprechend negativ zu bewerten.

6.10.4
Besondere Sohlenstrukturen

Die Abflußdynamik von Gewässern hat erhebliche formende Wirkung auf die Gewässersohle. Entsprechend den Strömungsverhältnissen können sich lokal Auskolkungen und Tiefrinnen, sowie deutliche Still- und sogar Kehrwasserzonen ausbilden.

Das Vorhandensein derartiger Strukturelemente ist in der Regel positiv zu bewerten. Dennoch können einige dieser Strukturelemente auch die Folge unnatürlicher Ablußverhältnisse oder anderer anthropogener Eingriffe sein, wie z.B. eine Auskolkung hinter einem künstlichen Sohlabsturz.

Abb. 6.12. Auch für derartige Ausbaumaßnahmen gab es in der Vergangenheit plausible Erklärungen.

6.11
Der Hauptparameter "Uferstruktur"

Als Uferbereich des Gewässers legt das Kartierverfahren die Zone zwischen Mittelwasserlinie und Böschungsoberkante fest. Zur Bewertung der Uferstruktur werden drei Hilfsgrößen herangezogen, die naturraumtypische Ausprägung, der naturraumtypische Bewuchs und der Uferverbau. Zur Erfassung der Ufervegetation dient der Einzelparameter *Uferbewuchs*. Weiterhin werden *Uferverbau* und *Besondere Uferstrukturen* als Einzelparameter erfaßt.

6.11.1
Uferbewuchs

Als Uferbewuchs werden sowohl holzige als auch krautige Pflanzen zwischen dem Böschungsfuß und der Böschungsoberkante erfaßt. Es sind keine Artenlisten zu erstellen, sondern es wird lediglich unterschieden, inwieweit der vorhandene Baumbestand bodenständig, also gewässertypisch ist oder nicht. Darüberhinaus ist anzugeben, ob Gehölze vereinzelt, in einer Reihe ("Galerie") oder als Teil eines Waldes stocken. Auch die nicht-holzige Ufervegetation wird primär in ihrer strukturellen Funktion erfaßt, so daß auch hier lediglich vergleichsweise grobe Klassen gebildet werden (Röhricht, Krautflur und Hochstauden). Bei der Kartierung sind die folgenden Fälle besonders sorgfältig zu unterscheiden:

- Fehlt die krautige Vegetation aufgrund von Verbau, übermäßiger Erosion oder aufgrund der Schattwirkung gewässertypischer Ufergehölze?
- Handelt es sich bei der Krautschicht um eine Sukzessionsfläche oder um eine intensiv gepflegte Rasenfläche?

6.11.2
Uferverbau

Uferböschungen können auf verschiedenste Weise befestigt worden sein. Die häufigsten Verbauformen werden unter diesem Einzelparameter erfaßt. Besonders wichtig ist die sichere Unterscheidung von Steinschüttungen und unverfugten Pflastern bzw. Platten, sowie zwischen nicht austriebfähigem Holzverbau und Lebendverbau (z.B. Faschinen, Weidematten etc.).

6.11.3
Besondere Uferstrukturen

Ähnlich wie im Bereich des Gewässerbettes ("Besondere Sohlstrukturen") bildet ein Fließgewässer auch im Uferbereich besonders bemerkenswerte Strukturelemente aus, die Rückschlüsse auf seine Entwicklungstendenzen zulassen. Diese Strukturelemente stehen häufig in engem Zusammenhang mit der Ufervegetation (z.B. Sturzbäume, Unterstände, Umläufe etc.). Darüberhinaus werden bei diesem Einzelparameter jedoch auch anthropogene Elemente erfaßt, die zur Abflußregelung eingebracht wurden.

6.12
Der Hauptparameter "Gewässerumfeld"

Die Struktur eines Gewässers wird wesentlich durch die naturräumliche Ausstattung und die Nutzung seines Einzugsgebietes geprägt. Insbesondere Art und Intensität der *Flächennutzung* haben großen Einfluß auf das Abflußverhalten eines Gewässers. Reicht die Nutzung bis unmittelbar an das Gewässer, so ist damit nicht nur seine Entwicklung eingeschränkt; ein fehlender oder zu schmaler *Gewässerrandstreifen* bietet auch keinen Schutz mehr vor Stoffeinträgen. Typisch ist in diesen Fällen auch ein geschädigter Uferbereich, z.B. durch Viehtritt, Uferabbrüche u.ä. Treten zusätzlich noch *Schädliche Umfeldstrukturen* auf, so ist eine naturnahe Entwicklung des Gewässers kaum mehr möglich.

6.12.1
Flächennutzung

Die Nutzung des Gewässerumfeldes wird insbesondere in Hinblick auf ihre Abfluß- und Erosionsrelevanz klassifiziert. Auch läßt sich aus der jeweiligen Nutzungsart auf die potentielle Intensität des diffusen Stoffeintrages schließen. Dies ist jedoch stets in Zusammenhang mit der Breite des ungenutzten Gewässerrandstreifens zu sehen. Als Gewässerumfeld ist größenordnungsmäßig ein Streifen von ca. 100 m um das Gewässer zu betrachten.

6.12.2
Gewässerrandstreifen

Die Bedeutung des Gewässerrandstreifens als Entwicklungsraum aber auch als Schutz vor Stoffeinträgen ist in den letzten Jahren immer stärker deutlich geworden. Im Rahmen der Strukturgütekartierung ist als Gewässerrandstreifen ein zusammenhängender ungenutzter oder forstwirtschaftlich genutzter Uferstreifen entlang der Uferböschung zu sehen. In Ausnahmefällen können auch extensiv landwirtschaftlich genutzte Flächen (Extensivgrünland ohne Viehbesatz) die Funktion eines Gewässerrandstreifens erfüllen. Seine Schutzwirkung hängt zu einem großen Teil von seiner Breite ab. Als Mindestbreite werden allgemein 5 bis 10 Meter angesehen. Um als Entwicklungsraum für ein Fließgewässer fungieren zu können, sind jedoch in der Regel erheblich breitere Streifen notwendig.

6.12.3
Schädliche Umfeldstrukturen

Häufig finden sich auch in der freien Landschaft lokal anthropogene Anlagen, die als gewässerschädlich einzustufen sind. Wichtige Strukturen sind hier z.B. Abgrabungen, Fischteiche, befestigte Verkehrswege, Müllablagerungen oder Hochwasserschutzbauwerke. Auch Freizeiteinrichtungen wie z.B. Golf- oder Campingplätze sind i.d.R. als gewässerschädlich einzustufen. Je näher sich diese Strukturen am Gewässer befinden, desto größer ist in der Regel ihre Schadwirkung bzw. die durch sie bedingte Einschränkung der natürlichen Gewässerentwicklung. Daher wird ihr Abstand zum Gewässer in drei Stufen (bis 5 m, 5 bis 20 m, über 20 m) erfaßt.

Abb. 6.13. Vielerorts würde ein einfacher Weidezaun die Entwicklung eines Gewässerrandstreifens ermöglichen und die Struktur des Gewässers nachhaltig verbessern.

Literatur

Länderarbeitsgemeinschaft Wasser: Gewässerstrukturgütekarte für die Bundesrepublik Deutschland. Berlin 1998
Landesumweltamt Nordrhein-Westfalen: Gewässerstrukturgüte in Nordrhein-Westfalen, Kartieranleitung. Merkblätter. Essen 1998.
Patt, H., Jürging, P., Kraus, W.: Naturnaher Wasserbau. Berlin, Heidelberg 1998

7 Durchführung der Gewässerstrukturkartierung

Jutta Aderhold
Umweltamt, Kreis Siegen-Wittgenstein, Koblenzer Str. 40, 57069 Siegen

7.1
Vorbemerkung

Die folgenden Ausführungen sollen Hilfestellungen bei der praktischen Durchführung einer Gewässerstrukturgüte-Kartierung geben. Sie beschreiben die notwendigen Vorarbeiten und die Geländearbeit.

Für die Kartierung müssen die Kartieranleitung sowie Kartierbögen (diese können u.U. länderspezifisch variieren) herangezogen werden. Für das Erlernen des Verfahrens ist eine Schulung unter fachkundiger Leitung im Gelände zu empfehlen.

7.2
Vorbereitung der Kartierung

Vor Beginn der Kartierung muß das spezifische Leitbild des Gewässers bekannt sein, da dieses die "Meßlatte" für die Bewertung des vorgefundenen Strukturzustandes des Gewässers darstellt. Für verschiedene Naturräume und Gewässertypen wurden bereits Leitbilder definiert und/oder Referenzgewässer ausgewiesen. Fehlen solche, muß das Leitbild vom Kartierenden selbst vorgegeben werden.

7.2.1
Auswertung vorhandener Unterlagen

Vor Beginn der Geländearbeiten sollten möglichst alle verfügbaren naturraumspezifischen Unterlagen eingesehen werden, die für die Kartierung des Gewässers und seines Umfeldes brauchbare Informationen enthalten können. Insbesondere historisches Karten- und Textmaterial kann schon im Vorfeld der Geländearbeiten Informationen liefern, welche die Interpretation aktueller Gegebenheiten im Gelände erst ermöglichen bzw. erleichtern.

Dies betrifft sowohl Veränderungen des Gewässerlaufes selbst als auch Veränderungen des Gewässerumfeldes. Wasserhaushalt und Wassergüte werden durch den Landnutzungswandel beeinflußt. Veränderungen der Bodennutzung, Versiegelung, Verrohrung von Zuläufen u.a.m. haben entscheidenden Einfluß auf die Gewässerstruktur.

Informationen zum Gewässer und seinem Umfeld liefern zum Beispiel folgende Unterlagen:

Topographische Karten unterschiedlicher Jahrgänge
dienen der Erfassung der Flächennutzung, der Höhenlage, der Gefällsverhältnisse, der Lage des Gewässers, Ausbauphasen, Begradigungen, Siedlungsgeschichte, etc. Informationen aus diesem Kartenwerk sind unerläßliche Grundlage bei der Erstellung eines Leitbildes. (vgl. Abb. 7.1)

Historische Karten
geben Informationen über Topographie, Lage der Gewässer und Flächennutzung in früheren Zeiten und ermöglichen eine genauere Identifizierung anthropogener Eingriffe.

Biotopkataster
stellen schützenswerte Biotope und bereits bestehende Naturschutzgebiete sowohl kartographisch als auch textlich dar. Sie enthalten Informationen über das Arteninventar, Gefährdungspotentiale, Maßnahmenvorschläge etc. Aufgrund ihrer besonderen Bedeutung aus Sicht des Landschaftsschutzes sind oftmals gerade Talräume und Gewässerläufe in diesen Katastern erfaßt.

Karten und Kartierungen zur Flurbereinigung
stellen Agrarstruktur des Gewässerumfeldes im Zuge einer Flurbereinigung dar und erfassen mögliche Eingriffe in das Gewässer bzw. dessen Verlauf.

Wasserwirtschaftliche Karten
enthalten u.a. Informationen über Wassergüte, Abflußmengen, Größe des Einzugsgebietes, Hochwasserlinien.

Luftbilder (idealerweise aus verschiedenen Jahren)
geben Hinweise auf Nutzungsänderungen im Gewässerumfeld (vor allem Veränderungen in Gehölzbeständen).

Regionale Fachliteratur
Hierzu zählen neben naturraumspezifischen, wissenschaftlichen Arbeiten auch anwendungsbezogene Gutachten (z.B. Umweltverträglichkeitsstudien zu gewässertangierenden Vorhaben), Stellungnahmen von Behörden oder Naturschutzverbänden als Träger öffentlicher Belange sowie Berichte über z.B. wasserbauliche Maßnahmen, die bereits am zu kartierenden Gewässer durchgeführt wurden.

Planungsgrundlagen
Hier sind vor allem die Gebietsentwicklungspläne und Landschaftspläne bzw. deren Grundlagen(-kartierungen) zu nennen, die Informationen zum Kartiergebiet oftmals in komprimierter Form enthalten.

Geologische und bodenkundliche Karten
liefern Informationen über den geologischen Untergrund sowie Art und Verteilung der Substrate, durch die das Gewässer führt. Diese bestimmen maßgeblich die Entwicklungs- bzw. Bewegungsmöglichkeiten des Gewässers.

Sofern es sich bei den o.g. Informationsquellen um veröffentlichte (Karten-) Werke handelt, können diese über den Fachhandel, über die jeweils zuständigen Landesämter, nachgeordnete Behörden oder gute Bibliotheken bezogen werden. Adressen der in diesem Zusammenhang wichtigsten Landesbehörden sind in Tabelle 7.1 dargestellt.

Regionalplanerische Grundlagen können bei den Bezirksregierungen, Kreisen oder Gemeinden bezogen oder eingesehen werden; historische Materialien und Fotos finden sich in Archiven, Bibliotheken oder Heimatmuseen, oft auch bei ortsansässigen Heimatforschern.

Derzeit ist abzusehen, daß auch das Internet eine wichtige Informationsquelle für derartige Daten werden wird. Die in verschiedenen Behörden (Stadtverwaltungen, Regionalverbände, Landesbehörden) installierten GIS-basierten Umweltinformationssysteme werden zunehmend der Öffentlichkeit zugänglich gemacht. In einigen US-amerikanischen Städten sind derartige GIS bereits online abfragbar.

7.2.2
Auswertung historischer Karten am Beispiel

Abbildung 7.1 zeigt auf Kartenausschnitten unterschiedlicher Jahrgänge den Zusammenfluß zweier Mittelgebirgsbäche (heutiger Kreis Siegen-Wittgenstein). Der Kartenausschnitt von 1819 zeigt zwei unterschiedlich stark mäandrierende Gewässer, was wahrscheinlich der natürlichen Situation entspricht. 1894 war das von Westen zufließende Gewässer bereits im Mündungsbereich weitgehend begradigt, das übergeordnete Gewässer wurde im südlichen Bereich des Kartenausschnittes an die östliche Talseite verlegt.

Tabelle 7.1. Bezugsquellen für Karten und Literatur

	Landesvermessungsamt	Geologisches Landesamt	Wasserwirtschaft -Landesanstalten-
Baden-Württemberg	Landesvermessungsamt Baden-Württemberg Büchsenstr. 54 70174 Stuttgart Tel.: 0711/1230	Geologisches Landesamt Baden-Württemberg Albertstr. 5 79104 Freiburg i. Br. Tel.: 0761/2040	Landesanstalt für Umweltschutz Baden-Württemberg - Institut für Wasser- u. Abfallwirtschaft Griesbachstr. 1 76185 Karlsruhe Tel.: 0721/9830
Bayern	Bayerisches Landesvermessungsamt Alexandrastraße 4 80538 München Tel.: 089/212901	Bayerisches Geologisches Landesamt Heßstr. 128 80797 München Tel.: 089/121302	Bayerisches Landesamt für Umweltschutz Rosenkavalierplatz 3 81925 München Tel.: 089/92140
Berlin	Senatsverwaltung für Bauen, Wohnen und Verkehr Württembergische Str. 6 10707 Berlin Tel.: 030/867-1	Senatsverwaltung für Stadtentwicklung, Umweltschutz und Technologie Lindenstr. 20-25 10179 Berlin Tel.: 030/2471-0	Senatsverwaltung für Stadtentwicklung, Umweltschutz und Technologie Lindenstr. 20-25 10179 Berlin Tel.: 030/2471-0
Brandenburg	Landesvermessungsamt Brandenburg Heinrich-Mann-Allee 103 14473 Potsdam Tel.: 0331/87491	Landesamt für Geowissenschaften und Rohstoffe Brandenburg Stahnsdorfer Damm 77 14532 Kleinmachnow Tel.: 033203/36600	Landesumweltamt Brandenburg Berliner Str. 21-25 14467 Potsdam Tel.: 0331/3230
Bremen	Der Senator für Bau, Verkehr und Stadtentwicklung Ref. 34: Kataster- und Vermessungswesen Ansgaritorstr. 2 28195 Bremen Tel.: 0421/3610	Der Senator für Frauen, Gesundheit, Jugend, Soziales und Umweltschutz Hanseatenhof 5 28195 Bremen Tel.: 0421/3610	Der Senator für Frauen, Gesundheit, Jugend, Soziales und Umweltschutz Hanseatenhof 5 28195 Bremen Tel.: 0421/3610
Hamburg	Vermessungsamt Hamburg Wexstr. 7 20355 Hamburg Tel.: 040/349130	Amt für Umweltschutz Steindamm 22 20099 Hamburg Tel.: 040/2486-0	Freie und Hansestadt Hamburg Baubehörde Stadthausbrücke 8 20355 Hamburg Tel.: 040/349131
Hessen	Hessisches Landesvermessungsamt Schaperstr. 16 65195 Wiesbaden Tel.: 0611/5370	Hessisches Landesamt für Bodenforschung Leberberg 9-11 65193 Wiesbaden Tel.: 0611/5370	Hessisches Landesanstalt für Umwelt Rheingaustr. 186 65203 Wiesbaden Tel.: 0611/69390
Mecklenburg-Vorpommern	Landesvermessungsamt Mecklenburg-Vorpommern Lübecker Str. 289 19059 Schwerin Tel.: 0385/74440	Geologisches Landesamt Mecklenburg-Vorpommern Pampower Str. 66-68 19061 Schwerin Tel.: 0385/64330	Landesamt für Umwelt und Natur Mecklenburg-Vorpommern Boldebucker Weg 3 18276 Gülzow Tel.: 03843/7770

Tabelle 7.1. Bezugsquellen für Karten und Literatur (Forts.)

	Landesvermessungsamt	Geologisches Landesamt	Wasserwirtschaft - Landesanstalten -
Niedersachsen	Landesvermessung und Geobasisinformation Niedersachsen (LGN) Podbielskistr. 331 30659 Hannover Tel.: 0511/64609-165	Niedersächsisches Landesamt für Bodenforschung Stilleweg 2 30655 Hannover Tel.: 0511/6430	Niedersächsisches Landesamt für Ökologie An der Scharlake 39 31135 Hildesheim Tel.: 05121/5090
Nordrhein-Westfalen	Landesvermessungsamt Nordrhein-Westfalen Muffendorfer Str. 19-21 53177 Bonn Tel.: 0228/8460	Geologisches Landesamt Nordrhein-Westfalen De-Greiff-Str. 195 47803 Krefeld Tel.: 02151/897-1	Landesumweltamt Nordrhein-Westfalen Wallneyer Str. 6 45133 Essen Tel.: 0201/79950
Rheinland-Pfalz	Landesvermessungsamt Rheinland-Pfalz Ferdinand-Sauerbruch-Str. 15 56073 Koblenz Tel.: 0261/4921	Geologisches Landesamt Rheinland-Pfalz Emmeranstr. 36 55116 Mainz Tel.: 06131/232261	Landesamt für Wasserwirtschaft Rheinland-Pfalz Am Zollhafen 9 55118 Mainz Tel.: 06131/63010
Saarland	Landesvermessungsamt des Saarlandes Von der Heydt-Str. 22 66115 Saarbrücken Tel.: 0681/9712-03	Landesamt für Umweltschutz Abt. Geologie Don-Bosco-Str. 1 66119 Saarbrücken Tel.: 0681/85000	Landesamt für Umweltschutz Abt. Gewässer Don-Bosco-Str. 1 66119 Saarbrücken Tel.: 0681/85000
Sachsen	Sächsisches Landesvermessungsamt Olbrichtplatz 3 01099 Dresden Tel.: 0351/59830	Sächsisches Landesamt für Umwelt und Geologie - Bereich Boden und Geologie - Halsbrücker Str. 31 a 09599 Freiberg/Sachsen Tel.: 03731/4195	Sächsisches Landesamt für Umwelt und Geologie - Bereich Wasserwirtschaft - Wasastr. 50 01445 Radebeul Tel.: 0351/710
Sachsen-Anhalt	Landesamt für Landesvermessung und Datenverarbeitung Sachsen-Anhalt Barbarastr. 2 06110 Halle/Saale Tel.: 0345/130450	Geologisches Landesamt Sachsen-Anhalt Köthener Str. 34 06118 Halle/Saale Tel.: 0345/52120	Landesamt für Umweltschutz Sachsen-Anhalt Raldeburger Str. 47 06116 Halle/Saale Tel.: 0345/57040
Schleswig-Holstein	Landesvermessungsamt Schleswig-Holstein Mercatorstr. 1 24106 Kiel Tel.: 0431/3830	Geologisches Landesamt Schleswig-Holstein Mercatorstr. 7 24106 Kiel 0431/3830	Landesamt für Wasserhaushalt und Küsten Saarbrückenstr. 38 24114 Kiel Tel.: 0431/66490
Thüringen	Landesvermessungsamt Thüringen Schmiddstedter Ufer 7 99084 Erfurt Tel.: 0361/67600	Thüringische Landesanstalt für Geologie Carl-August-Allee 8-10 Postfach 452 99423 Weimar Tel.: 03643/5560	Thüringer Landesanstalt für Umwelt Prüssingstr. 25 07745 Jena-Göschwitz Tel.: 03641/6840

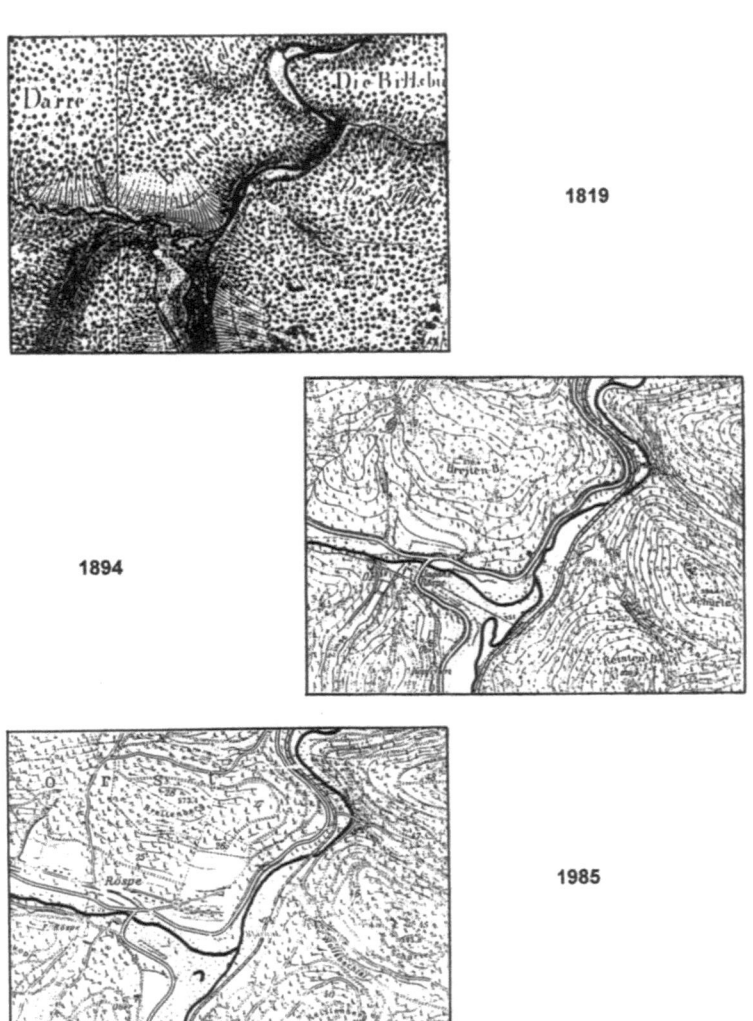

Abb. 7.1. Vergleich von Kartenausschnitten verschiedener Kartenwerke (verkleinert)
a) Tranchot / v.Müffling (1819) b) Preußische Uraufnahme (1894) c) aktuelle topographische Karte (1985)

Auf dem Kartenausschnitt der Topographischen Karte von 1985 zeigt sich, daß auch dieses Gewässer weiter anthropogen in seinem Verlauf verändert wurde, denn von dem südlich der Mündung liegenden Mäanderbogen zeugt heute nur noch ein kleiner Altarmrest.

7.2.3
Gewässerstationierung

Die Benennung der einzelnen Kartierabschnitte, wie sie später im Gelände in die Erhebungsbögen aufgenommen werden, erfolgt analog zur Gewässerstationierungskarte, die auf der Topographischen Karte im Maßstab 1:25000 (TK 25) basiert.

Diesem Kartenwerk kann neben der genauen Kilometrierung auch die Gebietskennziffer des Gewässers und sein Einzugsgebiet entnommen werden.

Die Gewässerstationierungskarte ist jedoch nicht für alle Kartenblätter der TK 25 erhältlich, so daß ggf. im Vorfeld der Geländearbeit durch den Kartierenden eine provisorische Stationierung erfolgen muß.

Da sich Gewässersysteme oftmals über verschiedene Bundesländer erstrecken, war es wichtig, ein bundeseinheitliches System für die systematische Bezeichnung von oberirdischen Einzugsgebieten und Fließgewässern zu entwickeln, um Überschneidungen oder Mehrfachnennungen für die Zuordnung von Daten zu vermeiden.

Hierzu hat die Länderarbeitsgemeinschaft Wasser (LAWA) im ad-hoc-Arbeitskreis "Verschlüsselung von Fließgewässern" eine Richtlinie für die Gebietsbezeichnung und die Verschlüsselung von Fließgewässern erarbeitet (LAWA 1993), anhand derer eine bundesweit einheitliche Stationierung von Fließgewässern erfolgen kann.

Eine provisorische Stationierung des zu kartierenden Gewässers kann auf der entsprechenden TK 25 erfolgen. Das Gewässer wird von der Mündung in das übergeordnete Gewässer bis zu seiner Quelle in Abschnitte von je 100 m Länge eingeteilt und, bei der Mündung mit 0,0 beginnend, durchkilometriert.

Abbildung 7.2 zeigt zwei unterschiedliche Möglichkeiten der Gewässerstationierung. Die Stationierung von Fließgewässern ist eine Einteilung in gleichlange Gewässerstrecken, welche grundsätzlich entgegen der Fließrichtung vorgenommen wird. Die Längenunterteilung kann dabei durchgehend von der Mündung (linke Seite der Abbildung) oder abschnittsweise, z.B. pro Teileinzugsgebiet erfolgen (rechte Seite der Abbildung).

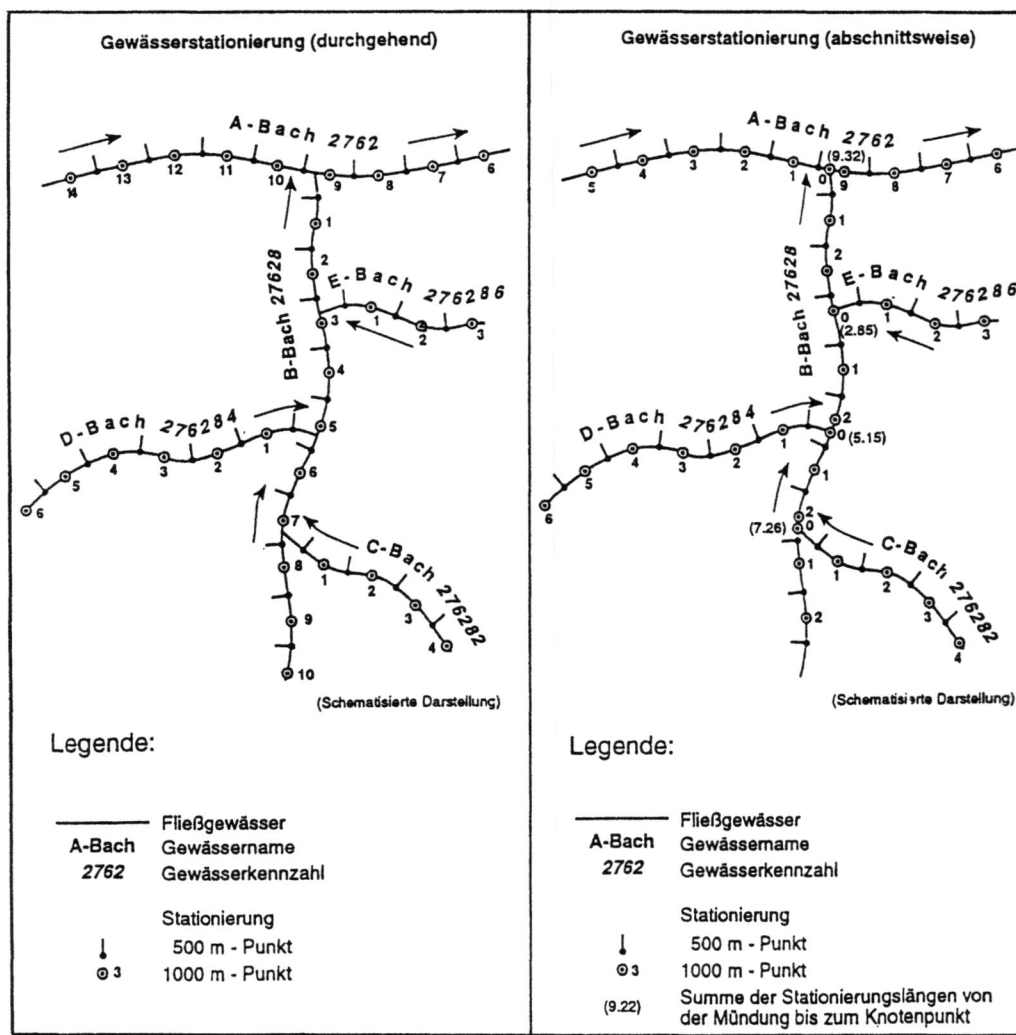

Abb. 7.2. Längenunterteilung von Fließgewässern (Stationierung)
(aus: LAWA 1993: Richtlinie für die Gebietsbezeichnung und die Verschlüsselung von Fließgewässern)

7.2.4
Kontaktaufnahme mit fachlich nahestehenden Dienststellen

Bei größeren Kartiervorhaben empfiehlt es sich, vor Beginn der Geländearbeiten die von der Kartierung berührten Dienststellen, vor allem die zuständigen Kommunalverwaltungen (Gemeinde-, Stadt- und Kreisverwaltungen) sowie land- und forstwirtschaftliche Dienststellen über das Vorhaben zu unterrichten. Hierbei sollte man Zweck und Art der Kartierung erläutern und die voraussichtliche Dauer der Geländarbeiten angeben.

Da die Zuwegung zu den Gewässern oftmals über nicht öffentliche landwirtschaftliche, Forst- oder Privatwege erfolgt, sollte man zunächst prüfen, welche Genehmigungen zur Betretung u.U. bei welcher Behörde oder Institution einzuholen sind und dann bei den entsprechenden Dienststellen eine generelle Fahrbzw. Betretungserlaubnis beantragen. Dies sind in der Regel die Unteren Wasserbehörden. Bei Kartierung innerhalb von Naturschutzgebieten liegt die Zuständigkeit bei der Unteren Landschaftsbehörde.

Wichtiger Ansprechpartner im Vorfeld der Kartierung ist in jedem Falle der Gewässerunterhaltungspflichtige (Gemeinde oder Wasserverband), da dieser oder dessen Beauftragte gemäß § 30, Abs. 1 Wasserhaushaltsgesetz (WHG) zur ordnungsgemäßen Unterhaltung eines Gewässers die Anlieger- und Hinterliegergrundstücke betreten dürfen.

Soweit möglich sollte der Kartierende persönlichen Kontakt mit an der Kartierung interessierten Dienststellen oder Privatpersonen aufnehmen. Hier können ggf. weitere für die Kartierung wichtige Informationen über das Gewässer und sein Umfeld gewonnen werden. Zu nennen sind beispielsweise land- und forstwirtschaftliche Dienststellen, Wasserwirtschaftsämter, Kommunalverwaltungen sowie Land- und Forstwirte.

7.2.5
Ausrüstung für die Geländearbeit (Unterlagen und Geräte)

Für die Geländearbeiten werden im wesentlichen folgende Unterlagen, Geräte und Utensilien benötigt:
- Topographische Karte des zu kartierenden Gewässers und seines Umlandes im Maßstab 1:25000 (TK 25)
- Gewässerstationierungskarte des zu kartierenden Gewässers
- ggf. sonstiges Kartenmaterial (siehe 7.1.1)
- vollständige Erhebungs- und Bewertungsbögen in genügender Anzahl oder tragbarer Computer (Pen-Computer, Notepad, PDA o.ä.)
- Kartieranleitung
- Kartierbrett/Schreibunterlage
- Bleistifte, Spitzer und Radiergummi
- Zollstock oder Maßband
- Fotoapparat und Filme (auf ausreichende Empfindlichkeit achten)
- dem Wetter angepaßte Kleidung (Gummistiefel)

- Bestimmungsliteratur
- Betretungserlaubnis oder Informationsschreiben des Auftraggebers

7.3 Erhebung im Gelände

7.3.1 Grundsätzliches

Gesamtbegehung. Im Vorfeld der eigentlichen Kartierung sollte der Kartierende das Gewässer einmal komplett begehen, um im Hinblick auf die spätere Bewertung einzelner Abschnitte einen allgemeinen Überblick über das Gewässer und sein Umfeld zu bekommen. Dies ist insbesondere dann von großer Wichtigkeit, wenn das Gewässer unterschiedliche Naturräume bzw. Talformen durchfließt, also verschiedene Leitbilder als "Bewertungs-Background" herangezogen werden müssen.
Kartierzeitraum. Die Kartierung ist jederzeit möglich, da in erster Linie der Wasserstand für die Durchführbarkeit der Kartierung relevant ist; besonders geeignet ist jedoch der Zeitraum von Oktober bis April. Die Vegetation läßt dann die beste Einsicht auf das Gewässer zu und der Zugang zu den Gewässerabschnitten über abgeerntete landwirtschaftliche Nutzflächen ist unbeschwerlicher und unproblematischer.
Die Bestimmung der Ufervegetation (außer Gehölze) ist aufgrund der zu dieser Zeit meist abgestorbenen oberirdischen Pflanzenteile jedoch erschwert.
Tagespensum und Routenplanung. Je nach Strukturvielfalt und Geländesituation variiert das mögliche Tagespensum sehr stark. Bachläufe im dicht bewaldeten Gelände mit hoher Strukturvielfalt erfordern nicht zuletzt wegen der mühseligen Begehbarkeit einen sehr hohen Zeitaufwand. Hier ist oft schon nach 2 km das Tagewerk vollbracht. Monotone, grabenartige "Vorfluter" in Agrarlandschaften mit begleitendem Wirtschaftsweg erlauben im Einzelfall Kartierleistungen von bis zu 10 km am Tag.
Ist ein Gewässer schwer erreichbar, werden Nebengewässer mitkartiert, sind die Gewässerabschnitte sehr unterschiedlich kann sich das kartierte Tagespensum ebenfalls erheblich verringern.
Um den Zeitaufwand zu minimieren, sollte die jeweilige Tagesroute bezüglich Erreichbarkeit und Zugänglichkeit der Bearbeitungsstrecke mit dem Fahrzeug gut vorbereitet sein. Es kann hilfreich sein, Brücken, Wegekreuzungen oder z.B. Hochspannungstrassen als Anfangs- und Endpunkt der Tagesstrecke zu wählen. Dies erleichtert die Orientierung im Gelände und die richtige Zuordnung der Abschnitte auf der Karte zu den Gewässerabschnitten vor Ort.
Wasserstand. Die Kartierung sollte bei niedrigem bis Mittelwasserstand durchgeführt werden. Kartierungen bei Hochwasserständen sind nicht zulässig, da dann wichtige, bewertungsrelevante Strukturen nicht erfaßbar sind. Gleiches gilt bei zu starker Trübung des Gewässers, im Einzelfall auch bei zu niedrigem Wasserstand.

Besondere Sorgfalt erfordern für sommertrockene Gewässer (episodische Fließgewässer).
Abschnittslänge. Grundsätzlich werden immer Abschnitte von 100 m begangen und dann mit Hilfe der Erhebungsbögen kartiert. Für besonders schmale Gewässer kann eine Abschnittslänge von 50 m, für besonders breite Gewässer eine Abschnittslänge von 400 m gewählt werden (siehe Tabelle 7.2).

Tabelle 7.2. Abschnittslängen bei der Gewässerstrukturgütekartierung

Gewässerbreite	Abschnittslänge
kleiner als 1 Meter	50 Meter (fakultativ)
1 bis 5 Meter	100 Meter
5 bis 10 Meter	100 Meter
über 10 Meter	400 Meter (fakultativ)

Laufrichtung. Es empfiehlt sich, das Gewässer von der Quelle bis zur Mündung zu kartieren, um die Gewässerentwicklung kontinuierlich verfolgen und entsprechend bewerten zu können.
Fotodokumentation. Auch wenn nicht zwingend vorgeschrieben, ist es doch sinnvoll, von jedem Gewässerabschnitt im Zuge der Geländearbeiten ein repräsentatives Foto zu machen, welches dem entsprechenden Erhebungsbogen beigefügt wird. Auch besonders bewertungsrelevante Schad- oder Wertstrukturen sollten fotographisch festgehalten werden, um die Bewertung(sentscheidung) transparenter zu machen. Bei der späteren textlichen und/oder kartographischen Dokumentation der Kartierungergebnisse können Fotos die Darstellungen gut untermalen.

7.3.2
Die Bestandserfassung

Die Bestandserfassung erfolgt direkt im Anschluß an die Begehung des jeweiligen Gewässerabschnitts. Aufgrund länderspezifischer Regelungen bezüglich der Gewässerstrukturgütekartierung existieren z. T. individuelle Feldbögen. Die Kartierenden sollten daher sicherstellen, daß sie mit dem korrekten Bogen arbeiten.

Die Erhebung der Zustandsmerkmale im Gelände erfolgt objektiv gemäß den Merkmalsbeschreibungen der gültigen Kartieranleitung, so daß gewährleistet ist, daß die Kartierung ein- und desselben Gewässerabschnitts durch verschiedene Kartierer zu gleichen Ergebnissen führt.

Für die praktische Durchführung im Gelände heißt das, daß der an einem Gewässerabschitt vorgefundene Zustand mit den Merkmalsbeschreibungen in der Kartieranleitung bzw. dem Erhebungsbogen zu vergleichen ist, um das vorgegebene Strukturmerkmal anzukreuzen, welches mit den Gegebenheiten im Gelände übereinstimmt.

Da die einzelnen Gewässerabschnitte in sich oft differenziert ausgeprägt sind, kreuzt man in der Regel das dominierende Merkmal an.
Ist ein Gewässer beispielsweise in einem Abschitt auf ca. 70 m stark geschwungen und bildet auf ca. 30 m Laufstrecke einen ausgeprägten Mäander aus, so ist dieser Abschnitt insgesamt als stark geschwungen zu kartieren.
Zusatz- oder Spezialkenntnisse sowie Besonderheiten (auch temporäre) können je nach Gestaltung des Erhebungsbogens zusätzlich angemerkt werden.
Die Erfassung der Strukturmerkmale der einzelnen Gewässerabschnitte erfolgt anhand, bzw. mit Hilfe von Erhebungsbögen oder computergestützt[2]. Ob auf dem Papier oder auf dem Bildschirm, in beiden Fällen werden letzlich Formulare ausgefüllt, die im Anschluß an die Kartierung ausgewertet werden müssen.
Wesentlicher Vorteil der DV-gestützten Kartierung Computer ist die direkte Auswertung der eingegebenen Daten sowie die Eindämmung der Papierflut. Die Anschaffung eines solchen Computers einschließlich der dazugehörigen Software erfordert jedoch erhöhten finanziellen Einsatz. Gerade bei kleineren Vorhaben ist die Rentabilität eines solchen Einsatzes individuell zu prüfen.
Im Kopf der Kartierbögen sind allgemeine Informationen zum Gewässer stets vollständig anzugeben, damit immer eine eindeutige Zuordnung zum kartierten Gewässerabschnitt möglich ist.
Aus Gründen der Zeitersparnis empfiehlt es sich, so weit wie möglich die Beschriftung der Bögen im Vorhinein, d.h. vor der Vervielfältigung vorzunehmen.

Folgende Angaben sind auf den Bögen festzuhalten:

Gewässerkennzahl	Die Gebietskennzahl ist in der Regel bzw. falls vorhanden aus der Gewässerstationierungskarte zu entnehmen. Für provisorisch stationierte Bäche wird eine neue Gebietskennzahl gemäß dem LAWA-Verfahren provisorisch vergeben.
Abschnitt	Hier ist die Stationierung gemäß aktueller Gewässerstationierungskarte anzugeben. Für nicht stationierte Gewässer muß eine provisorische Stationierung vorgenommen werden (siehe 7.1.2). In diesem Falle ist ein Kartenausschnitt mit eindeutiger Zuordnung (d.h. unter Angabe der Nummer der TK 25) beizufügen.
Gewässername	Es gilt die Bezeichnung gemäß der aktuellen Gewässerstationierungskarte, ersatzweise die der aktuellen topographischen Karte (TK 25).
TK-Blatt-Nr.	Nummer der Topographischen Karte 1:25000, auf der sich der kartierte Gewässerabschnitt befindet.
Datum	Datum der Erhebung im Gelände
Gewässertyp	Diese wird durch die Talform und die Gewässerbreite sowie ggf. durch weitere Kriterien (Substrattypen o.ä.) bestimmt.
Bearbeitung	Name des Kartierers/der Kartiererin und ggf. des Büros oder der Institution.

---

[2] Zu EDV-technischer Be- und Verarbeitung siehe Kapitel 8.

Der Erhebungsbogen ist in sechs Abschnitte unterteilt, die den einzelnen Hauptparametern zugeordnet sind. Hier werden die Zustandsmerkmale der jeweils zugehörigen Einzelparameter in der Regel durch Ankreuzen festgehalten.

Folgende Signaturen, die häufig in Erhebungsbögen verwendet werden, bedürfen einer näheren Erläuterung. Es bedeuten:

Gewässerkategorie 1	Gewässerbreite 1 bis 5 Meter
Gewässerkategorie 2	Gewässerbreite 5 bis 10 Meter
☝	eine Nennung möglich
✋	mehrere Nennungen möglich
☹	nur das schlechteste Merkmal zählt
↘	Aufwertung durch Schadstrukturen unzulässig.

In Abhängigkeit vom Einzelparameter werden sowohl Einfach- als auch Mehrfachregistrierungen vorgenommen. So ist z.B. beim Einzelparameter "Sohlensubstrattyp" nur eine Nennung, beim Einzelparameter "Querbauwerke" hingegen sind mehrere Nennungen möglich (Abb. 7.3).

Einige Einzelparameter werden mit Hilfe einer Matrix erfaßt, in der zwei Merkmalsausprägungen in Kombination abgefragt werden. So erfolgt z.B. die Erfassung der Breitenerosion in Abhängigkeit von der Profiltiefe (siehe Abb. 7.4 und 7.5) oder die Angabe über besondere Laufstrukturen in Abhängigkeit davon, ob es sich um ausgeprägte Strukturen oder nur um Ansätze handelt.

Auch hier sind z.T. Einfach-, z.T. Mehrfachnennungen möglich, was durch entsprechende Angaben oder Hinweiszeichen kenntlich gemacht ist.

3.1 Sohlensubstrat ☝

	natürl.	unnatürl.
Schlick, Schlamm	X	7
Ton, Lehm, Schluff	X	7
Sand	X	7
Kies und Schotter	X	
Schotter	X	
Schotter und Steine	X	
Blöcke, Schotter und Steine	X	
reines Blockwerk	X	
anstehender Fels	X	
anstehender Torf	X	
Sohlenverbau	X	X
nicht feststellbar	X	

2.1 Querbauwerke ✋

Grundschwelle	
Absturz mit Umlauf	3
rauhe Gleite/Rampe	3
Absturz mit Teilrampe	3
kleiner Absturz	3
Absturz mit Fischpaß	4
glatte Gleite	6
glatte Rampe	6
hoher Absturz	6
sehr hoher Absturz	7
kein Querbauwerk	X

Abb. 7.3. Die Einzelparameter Sohlensubstrattyp und Querbauwerke aus dem Erhebungsbogen

1.4 Besondere Laufstrukturen 👍

	Gewässerbreite	
	<5m	5-10m
viele	1	1
mehrere	2	1
zwei	3	2
eine	4	2
Ansätze	5	4
keine	7	7

4.3 Breitenerosion 👍

	S A F		K
	sehr tief - tief	mäßig tief-sehr flach	
stark	3	3	X
schwach	5	1	
keine	7	1	

Abb. 7.4. Beispiele einer Merkmalsmatrix (hier Breitenerosion und Besondere Laufstrukturen) aus dem Erhebungsbogen

Abb. 7.5. Starke Breitenerosion bei sehr tiefem Profil

Abb. 7.6. Schwache Breitenerosion bei mäßig tiefem Profil

Abbildung 7.5 zeigt einen Gewässerabschnitt mit starker Breitenerosion bei gleichzeitig sehr großer Profiltiefe, während Abbildung 7.6 einen Abschnitt mit schwacher Breitenerosion bei mäßig tiefem Profil zeigt. Entsprechend sind die Merkmale in der Matrix auszuwählen.

Die zu den Hauptparametern "Uferstruktur" und "Gewässerumfeld" zugehörigen Einzelparameter, werden bezüglich ihrer Ausprägung für jedes Ufer bzw. jede Gewässerseite getrennt erhoben; da diese oftmals unterschiedlich ausgeprägt sind. Die Angaben "links" und "rechts" beziehen sich dabei auf den Blick in Fließrichtung. Sowohl die Nutzung des Umlandes als auch die Ufervegetation, der Uferverbau oder andere Einzelparameter sind nicht immer auf beiden Gewässerseiten gleich und sollten deswegen auch getrennt voneinander aufgenommen werden (siehe Abb. 7.7 und 7.8).

Da die Gewässerabschnitte und insbesondere das nähere und weitere Gewässerumfeld meist sehr heterogen ausgeprägt sind, besteht auch hier die Möglichkeit, über Mehrfachnennungen und Prozentzuweisungen eine weitgehend genaue Erfassung der realen Verhältnisse vorzunehmen (Abb 7.9). Die Flächennutzung wird, soweit einsehbar, bis zu einer Entfernung von maximal 100 m vom Gewässer erfaßt. Bei Kartierungen im Winter mit Schneebedeckung können hierzu z.T. nur unvollständige Angaben gemacht werden, so daß eine Nachkartierung notwendig werden kann.

Die Fotos 7.7 und 7.8 zeigen unterschiedlich ausgeprägte Uferbereiche im gleichen Gewässerabschnitt (z.B. einseitiger Uferverbau, unterschiedliche Nutzung oder Vegetation) und unterstreichen damit die Notwendigkeit einer Differenzierung der Erhebung nach den Gewässerseiten.

Treten im Gelände bezüglich der konkreten Ansprachen einzelner Parameter Schwierigkeiten auf, sollte in jedem Falle die Kartieranleitung zu Hilfe genommen werden, wo sich ausführliche Verbalbeschreibungen und Abbildungen zu den Zustandsmerkmalen finden.

Lassen sich einzelne Parameter nicht erheben, ist eine Nachkartierung notwendig. Lediglich die Flächennutzung läßt sich bei Zugang zu entsprechender Ausrüstung und Ausbildung z.B. über großmaßstäbige Color-Infrarot-Luftbilder auch nachträglich erfassen.

Abb. 7.7. Uferverbau ist häufig nur einseitig zur Sicherung des Prallhanges vorhanden.

Abb. 7.8. Auch die Flächennutzung variiert oftmals stark von einer Gewässerseite zur anderen.

5.2 Uferverbau

	L/R >10%
Lebendverbau	5
Steinschüttung, Steinwurf	5
Holzverbau	6
Böschungsrasen	6
aster, Steinsatz, unverfugt	6
wilder Verbau	7
Beton, Mauer, Pflaster	7
kein Uferverbau	X

6.1 Flächennutzung

	L/R >50%	10-50%
Wald, bodenständig	1	1
auentypische Biotope	1	1
Brache	2	2
Grünland	3	3
Wald, nicht bodenständig	5	4
Äcker, Garten, Nadelforst	6	5
Park, Grünanlage	3	3
Bebauung mit Freiflächen	6	5
Bebauung ohne Freiflächen	7	6
Flächenhafte Umfeldstruktur	X	X

Abb. 7.9. Die Einzelparameter Uferverbau und Flächennutzung aus dem Erhebungsbogen.

7.4
Bewertung der kartierten Gewässerabschnitte

Im Anschluß an die Bestandserhebung erfolgt die Bewertung der Hauptparameter des jeweiligen Gewässerabschnitts. Sie orientiert sich am heutigen potentiellen natürlichen Gewässerzustand (hpnG) und erfolgt in einem Klassifikationssystem, welches sieben Stufen der Beeinträchtigungsintensität umfaßt.

Tabelle 7.3. Das Klassifikationssystem für die Gewässerstrukturgüte

Güteklassen	Grad der Beeinträchtigung
1	naturnah
2	bedingt naturnah
3	mäßig beeinträchtigt
4	deutlich beeinträchtigt
5	merklich geschädigt
6	stark geschädigt
7	übermäßig geschädigt

Beim Ausfüllen der Kartierbögen hat der Kartierende einen Eindruck von dem Gewässerabschnitt gewonnen. Die nun folgende Bewertung spiegelt den Grad der Beeinträchtigung bzw. die Naturnähe der Gewässerstruktur wider; sie findet vor dem Hintergrund der im Gelände vorgefundenen Tatsachen, dem Wissen um das Leitbild und dem Hintergrundwissen des Kartierenden über das Gewässer statt.

Pessimistisch betrachtet existieren also mehrere Pfade, über die eine Verzerrung oder Verfälschung der Bewertungsergebnisse möglich ist. Falsches Ausfüllen des Erhebungsbogens, ungenügende Kenntnis des Leitbildes, die Ausbildung des Kartierers bis hin zum persönlichen landschaftsästhetischen Empfinden können zu einer nicht nachvollziehbaren Bewertung führen.

Um diese Fehlerquellen zu minimieren, erfolgt die Bewertung des Gewässerabschnittes durch die Kombination zweier Bewertungsansätze.

Einer ganzheitlichen direkten Bewertung durch den Kartierenden anhand funktionaler Einheiten, wird zum Zwecke der Plausibilitätskontrolle und Absicherung der Bewertungsergebnisse eine rechnerisch gestützte Bewertung auf Basis des im Gelände erhobenen Bestandes gegenübergestellt. Die rechnerische Bewertung basiert auf der Zuweisung von Indizes zu den Zustandsmerkmalen der Einzelparameter.

7.4.1
Ganzheitliche Zustandsbewertung vor Ort

Grundlage für diese Bewertungsmethode bildet ein allgemeingültiges Leitbild, das sich durch minimale Veränderung der Abflußdynamik, naturnahe Gewässerbettdynamik und minimale Einengung der Auendynamik auszeichnet.

Der Bewertungsbogen ist wie der Erhebungsbogen entsprechend der Zahl der Hauptparameter in sechs Blöcke unterteilt; der Kopf des Bogens entspricht dem des Erhebungsbogens. Die Gewässerstrukturgütebestimmung erfolgt im Anschluß an die Bestandserfassung vor Ort durch die direkte Zuordnung des vorgefundenen Gewässerzustandes in die Bewertungsklassen der Hauptparameter. Diese direkte Zuordnung vor Ort fußt einerseits auf der Klassifikation der sechs Hauptparameter anhand sog. funktionaler Einheiten und andererseits auf dem spezifischen Leitbild für das Gewässer. Der Kartierer benennt die Abweichung der funktionalen Einheit vom Leitbild. Jeder Abweichungsstufe ist eine Wertstufe zugeordnet (analog zu dem Klassifikationssystem insgesamt sieben), die i.d.R. durch arithmetische Mittelwertbildung zu einer Bewertung des jeweiligen Hauptparameters aggregiert wird. Falls sich bei dieser Berechnung keine ganze Zahl ergibt, liegt die Entscheidung über eventuelle Auf- oder Abrundungen bei der Mittelwertbildung im Ermessen des Kartierers. Die Bewertung der Uferstruktur und des Gewässerumfeldes erfolgt für das rechte und linke Ufer des Gewässers getrennt. Bei der kartographischen Umsetzung können so entweder beide Seiten des Gewässers dargestellt werden, nur eine Seite oder ein Mittelwert.

Der oben geschilderte Bewertungsvorgang wird im folgenden an einigen Beispielen näher erläutert.

Beispiel 1. Der Hauptparameter Laufentwicklung wird anhand der beiden funktionalen Einheiten "Krümmung" und "Beweglichkeit" bewertet. Diese beiden funktionalen Einheiten wiederum sind durch eine siebenstufige Skala, ähnlich den Schulnoten zu "benoten". Die Bewertungsnote 1 entspricht einem naturgemäßen Zustand, die Bewertungsnote 7 einem vollkommen unnatürlichen Zustand, was im Falle der Krümmung z.B. der völligen Begradigung eines Gewässerabschnittes entsprechen würde. Foto 7.10 zeigt einen Abschnitt im Bereich des Oberlaufes eines Mittelgebirgsbaches. Die Bewertung der Laufentwicklung führt zur Bewertungsklasse 1 (siehe Abb. 7.11). Mit dem Hintergrundwissen über das Leitbild eines Baches im Mittelgebirge, ist sowohl die Krümmung als auch die Beweglichkeit des Gewässers in diesem Abschnitt mit der Wertstufe 1 zu bewerten. Durch Mittelwertbildung $((1+1)/2=1)$ ergibt sich somit für den Hauptparameter Laufentwicklung die Wertstufe 1.

Abb. 7.10. Naturnaher Mittelgebirgsbach mit natürlicher Laufentwicklung

1. Laufentwicklung

Krümmung		Beweglichkeit	
naturgemäß	①	naturgemäß	①
> 80 % naturgemäß	2	± naturgemäß	2
50 - 80 % naturgemäß	3	vermindert	3
30 - 50 % anthropogen geprägt	4	deutlich vermindert	4
10 - 30 % überwiegend begradigt	5	kaum	5
< 10 % weitgehend begradigt	6	keine (z.Zt.)	6
0 % völlig begradigt	7	keine	7

Abb. 7.11. Bewertung der Laufentwicklung für den obigen Gewässerabschnitt

Beispiel 2. Die Bewertung des Hauptparameters "Uferstruktur" erfolgt mit Hilfe der funktionalen Einheiten "naturraumtypische Ausprägung", "Uferverbau" und "naturraumtypischer Bewuchs".

Abbildung 7.12. zeigt einen Gewässerabschnitt im Bereich eines Buchen-Ahorn-Eschenbestandes im Mittelgebirge.

Die Bewertung dieses Gewässerabschnittes, bei dem beide Uferseiten ein ähnliches Erscheinungsbild haben, ist Abbildung 7.13 zu entnehmen.

Auch hier ergibt sich über die Bildung der Mittelwerte die Wertstufe 1 für den Hauptparameter "Uferstruktur" (auf beiden Seiten).

Abb. 7.12. Waldbach mit beidseitig intakter Uferstruktur.

Uferstruktur

naturraumtyp. Ausprägung	L	R	naturraumtyp. Bewuchs	L	R	Uferverbau	L	R
100 % naturraumtyp.	①	①	100 % durchgehend	1	1	kein	①	①
> 80 % weitghd.naturr.typ.	2	2	> 80 % weitgehend	②	②	kein	2	2
50-80% überwgd.nat.-typ.	3	3	50-80 % überwiegend	3	3	selten	3	3
30-50% deutl.nat.-typ.	4	4	30-50 % deutlich	4	4	naturnah	4	4
10-30 % mäßig nat.-typ.	5	5	10-30 % vereinzelt	5	5	techn., lückig	5	5
> 10 % gering nat.-typ.	6	6	> 10 % selten	6	6	weitg. techn.	6	6
0% vollst.nat.-untyp.	7	7	0% kein nat.-typ.Bewuchs	7	7	techn. dicht	7	7

L: 1
R: 1
Ø: 1

Abb. 7.13. Bewertung der Uferstruktur für den Gewässerabschnitt in Abb. 7.12.

Beispiel 3. Foto 7.14 zeigt einen Gewässerabschnitt im Bereich der Talsohle. Es handelt sich um einen begradigten Bachlauf, der mit Steinen (autochthones Material) im Uferbereich geringfügig befestigt ist. Die Nutzung reicht bis an die Ufer heran und es finden sich keine bachbegleitenden Gehölze. Auch bei diesem Beispiel sind beide Ufer gleich zu bewerten.

Abb. 7.15 zeigt das Bewertungsergebnis für diesen Gewässerabschnitt, was zur Wertstufe 5 für beide Uferbereiche für den Hauptparameter "Uferstruktur" führt.

Abb. 7.14. Begradigter und beidseitig befestigter Auentalbach.

5. Uferstruktur

naturraumtyp. Ausprägung	L	R	naturraumtyp. Bewuchs	L	R	Uferverbau	L	R
100 % naturraumtyp.	1	1	100 % durchgehend	1	1	kein	1	1
> 80 % weitghd.naturr.typ.	2	2	> 80 % weitgehend	2	2	kein	2	2
50-80% überwgd.nat.-typ.	3	3	50-80 % überwiegend	3	3	selten	3	3
30-50% deutl.nat.-typ.	4	4	30-50 % deutlich	4	4	naturnah	④	④
10-30 % mäßig nat.-typ.	5	⑤	10-30 % vereinzelt	⑤	⑤	techn., lückig	5	5
> 10 % gering nat.-typ.	⑥	⑥	> 10 % selten	6	6	weitg. techn.	6	6
0% vollst.nat.-untyp.	7	7	0% kein nat.-typ.Bewuchs	7	7	techn. dicht	7	7

L 5
R 5
Ø 5

Abb. 7.15. Bewertung der Uferstruktur für den obigen Gewässerabschnitt

7.4.2
Zustandsbewertung anhand des Indexsystems

Dieses rechnerische Bewertungsverfahren dient der Überprüfung der Plausibilität der Vor-Ort-Bewertung.

Die Bestimmung der Strukturgüte durch Berechnung erfolgt mit Hilfe eines Indexsystems. Grundlage ist die Ebene der Einzelparameter, deren Zustandsmerkmalen je eine ganzzahlige Indexziffer zwischen 1 und 7 zugeordnet ist (Indexdotierung).

Die Indexziffern sind abhängig vom Gewässertyp bzw. dessen Leitbild und drücken die Abweichung des jeweiligen Einzelparameters vom spezifischen Leitbild aus; die Bestimmung der Güteklasse auf der Ebene der Hauptparameter erfolgt wiederum durch Bildung des Mittelwertes über die Indices der Einzelparameter.

1.1 Laufkrümmung

	A	F	S	K
mäandrierend	1	1		
geschlängelt	2	1		gekrümmt
stark geschwungen	3	2	X	
mäßig geschwungen	X	3		
schwach geschwungen	5	4		
gestreckt	6	5	X	ungekrümmt
geradlinig	7	7		

1.3 Längsbänke

	Gewässerbreite	
	< 5 m	5 – 10 m
viele	1	1
mehrere	2	1
zwei	X	2
eine	4	2
Ansätze	5	4
keine	7	7

1.2 Krümmungserosion

	S A F	K
	gekrümmt	ungekrümmt
häufig stark	2	X
vereinzelt stark	2	3
häufig schwach	1	4	X
vereinzelt schwach	1	5
keine	1	7

1.4 Besondere Laufstrukturen

	Gewässerbreite	
	< 5 m	5 – 10 m
viele	1	1
mehrere	2	1
zwei	3	2
eine	X	2
Ansätze	5	4
keine	7	7

```
(4 + 2 + 3 + 4) = 3,25. Entspricht Klasse 3 (vgl. Tabelle 7.4)
```

Abb. 7.16. Beispiel einer Bewertung der Laufentwicklung anhand des Indexsystems

Ob Mehrfachnennungen möglich sind und wenn ja, welche der Nennungen bewertungsrelevant ist, ist auf dem Bogen durch Zeichen oder Hinweise kenntlich gemacht. Da die Mittelwertbildung nicht immer zu ganzzahligen Werten führt, sind den Güteklassen Indexspannen zugeordnet.

Tabelle 7.4. Indexspannen und Güteklassen

Güteklasse	1	2	3	4	5	6	7
Indexspanne	1-1,7	1,8-2,6	2,7-3,5	3,6-4,4	4,5-5,3	5,4-6,2	6,3-7

Die Bestimmung der Indexziffer erfolgt in den meisten Fällen in Abhängigkeit von der gewässertypologischen Zugehörigkeit und der Größenordnung des Gewässers. Bei den anthropogenen Schadstrukturen ist besonders auf eine Sonderregelung hinzuweisen:
Der Index für ein anthropogenes Schadmerkmal fließt nur dann in die Berechnung ein, wenn er nicht zu einer Aufwertung des Gesamtergebnisses führt.
Dies soll an einem Beispiel verdeutlicht werden. Dazu betrachten wir das Längsprofil an einem massiv anthropogen überformten Gewässerabschnitt. Die Merkmalsausprägungen und die zugehörigen Indexziffern sind in Tabelle 7.5 dargestellt.

Tabelle 7.5. Merkmale und Indices für den Hauptparameter "Längsprofil"

Einzelparameter	Merkmal	Index
Querbauwerke	Absturz mit Umlauf	3
Rückstau	Starker Rückstau	7
Verrohrung	> 20 %, mit Sediment	6
Querbänke	Keine	7
Strömungsdiversität	Keine	7
Tiefenvarianz	Keine	7

Diese Merkmalsausprägungen liefern eine Indexsumme von 37 und somit für den Hauptparameter "Langsprofil" die Güteklasse 6 (siehe Tabelle 7.4).
Wäre der Absturz mit Umlauf nicht vorhanden, würde der Einzelparameter "Querbauwerke" nicht in die Indexberechnung einfließen. Es resultiert dann eine Indexsumme von 34 und somit die Klasse 7, da nunmehr die Zahl der Indices nur noch 5 beträgt (34 / 5 = 6,8). Die Entfernung des Absturzes würde also zu einer Abwertung führen. Daher darf der entsprechende Index für vergleichsweise "unschädliche" anthropogene Schadstrukturen bei einer insgesamt "schlechten" Gewässerstruktur bei der Güteberechnung nicht berücksichtigt werden.

7.4.3
Endgültige Bewertungsentscheidung und Aggregation der Bewertungsergebnisse

Die endgültige Bewertungsentscheidung wird stets von dem Kartierer getroffen. Der Vergleich der beiden Bewertungen (direkte Bewertung und Indexberechnung) erfolgt auf der Ebene der Hauptparameter, die im Idealfall jeweils gleich bewertet wurden. Abweichungen von bis zu einer Bewertungsklasse sind zulässig und erfordern keine weitere Erläuterung durch den Kartierer.

Grundsätzlich dient das rechengestützte Verfahren nur der Plausibilisierung der direkten Bewertung. Bei regelmäßig auftretenden größeren Abweichungen ist daher das Leitbild zu überprüfen. Bei größeren Abweichungen in Einzelfällen ist die Bewertungsentscheidung vom Kartierer zu begründen.

Die Bewertungsergebnisse der einzelnen Hauptparameter werden durch Mittelwertbildung zu den Strukturgüteklassen für die Gewässerabschnitte zusammengefaßt (Gewässerstrukturgüteklasse) und die Ergebnisse in einer Strukturgütekarte dargestellt (zur kartographischen Darstellung vgl. Kapitel 8). Eine Aggregation kann außerdem nach den Bereichen Wasser (Gewässersohle), Ufer und Land erfolgen:

Tabelle 7.6. Aggregation der Bewertung zu drei Bereichen

Bereich	aggregierte Hauptparameter
Sohle	Laufentwicklung, Längsprofil, Sohlenstruktur
Ufer	Querprofil, Uferstruktur
Land	Gewässerumfeld

Bei dieser Aggregation ergeben sich analog zur Anzahl der Hauptparameter, die den Teilbereichen (Sohle, Ufer, Land) zugeordnet sind, Gewichtungen. Der Bereich "Sohle" geht somit mit dem Faktor 3, das "Ufer" mit dem Faktor 2 und der "Landbereich" mit dem Faktor 1 in die Gesamtbewertung ein.

Diese Gewichtung kann man sich folgendermaßen veranschaulichen: Der Wasserbereich ist einem steten strukturbildenden Einfluß des fließenden Wassers ausgesetzt. Dieser Einfluß nimmt über den Uferbereich bis zum Landbereich ab.

Die Güteklassen sollten unter Angabe des jeweiligen Gewässerabschnitts in einem Stammblatt tabellarisch aufgelistet werden, um eine handhabbare Zusammenstellung der einzelnen Bewertungsergebnisse als Grundlage für die kartographische Umsetzung der Kartierung zu haben.

Literatur

AG Bodenkunde (Hrsg.) (1982) : Bodenkundliche Kartieranleitung. 331 S., Hannover.
Freie und Hansestadt Hamburg Umweltbehörde (Hrsg.) (1994): Kartieranleitung zur Erfassung der Gewässermorphologie, Fauna und Vegetation von Flachlandgewässern. Hamburger Umweltberichte 44/94, Hamburg.
Länderarbeitsgemeinschaft Wasser -LAWA- (1993): Fließgewässer - Richtlinie für die Gebietsbezeichnung und die Verschlüsselung von Fließgewässern. 17 S.
Landesamt für Wasser und Abfall NRW (Hrsg.) (1993): Gewässerstrukturgütekarte - Kartieranleitung. 43 S., Düsseldorf.
Landesamt für Wasserwirtschaft Rheinland-Pfalz (1994): Gewässerstrukturgütekartierung in der Bundesrepublik Deutschland - Verfahrensvorschlag für kleine und mittelgroße Fließgewässer in der freien Landschaft im Bereich der Mittelgebirge, des Hügellandes und des Flachlandes (Verfahrenserprobung 1994/95). 78 S. Mainz.
Landesumweltamt Nordrhein-Westfalen: Gewässerstrukturgüte in Nordrhein-Westfalen, Kartieranleitung. Merkblätter. Essen 1998.
Leser, H. u. Klink, H-J. (Hrsg.) (1988): Handbuch und Kartieranleitung Geoökologische Karte 1:25000 (KA GÖK 25). Forschungen zur Deutschen Landeskunde, Bd. 228, 349 S., Trier.
Pflug, B. (1996): Vergleichende Untersuchung der Kartier- und Bewertungsmethoden für die "Gewässerstrukturgütekartierung in der Bundesrepublik Deutschland" am Beispiel eines Flachlandbaches im Naturraum Hellwegbörden. Dipl. Arb. unveröffentlicht.
Wohlrab, B., Ernstberger, H., Meuser, A., Sokollek, V. (1992): Landschaftswasserhaushalt. 352 S., Hamburg und Berlin.

8 Anfertigung von Gewässerstrukturgütekarten

Dirk Glacer
Landschaftsarchitekt Ak NW, Horster Str. 25 e, 45276 Essen

8.1 Einführung

Gewässerstrukturgütekarten stellen die Ergebnisse eines formalisierten Bewertungsprozesses dar, die Gewässerstrukturgüteklasse. Diese Darstellung erfolgt auf der Grundlage von topographischen Karten in Form farbiger Bänder, die einzelnen Gewässerabschnitten zugeordnet sind. Die Gewässerstrukturgütekarte kann je nach Anwendungsbereich wahlweise für unterschiedliche Aggregationsstufen der Bewertung erstellt werden:
- für ausgewählte Einzelparameter,
- für die sechs Hauptparameter (sechs Einzelbänder pro Gewässer),
- für die Bereiche Sohle, Ufer, Land (drei- bzw. fünfbändrige Darstellung für ein Gewässer) oder
- für die Gesamtbewertung des Gewässers (einbändrige Darstellung analog zur klassischen Gewässergütekarte).

Es kommen Kartenmaßstäbe zwischen 1:5.000 und 1:1.000.000 in Frage.

Für einzelne Gewässerabschnitte, ganze Gewässer oder komplette Einzugsgebiete bieten sich Maßstäbe zwischen 1 : 5.000 und 1 : 25.000 an. Hierbei empfiehlt sich insbesondere die Einzeldarstellung der Hauptparameter (6 Einzelbänder pro Gewässer) oder der Bereiche Sohle, Ufer, Land (drei- bzw. fünfbändrige Darstellung für ein Gewässer).

Darstellungen von bundes- oder landesweiten Übersichtskarten der Gewässerstrukturgüte sind in Maßstäben zwischen 1 : 100.000 und 1 : 1.000.000 sinnvoll. Die Gewässer sind hierbei zweckmäßig nur in "Ein-Band-Darstellung" abzubilden.

Durch Überlagerung der Bänderdarstellung mit Rasterung oder Schraffur können Gewässerabschnitte kenntlich gemacht werden, die erhebliche bauliche Veränderungen aufweisen (vgl. den Beitrag von ZUMBROICH zu urbanen Gewässern in diesem Buch).

Durch Piktogramme (z.B. Symbole für besondere Schadstrukturen oder für die unterschiedliche Ausbildung von Gewässerseiten) kann der Informationsgehalt insbesondere der großmaßstäblichen Karten punktuell ergänzt werden.

Für die nachfolgende Beschreibung der Kartenerstellung sind graphische Qualitäten und Arbeitsmittel gewählt worden, die jedem Planungs- oder Gutachterbüro verfügbar sein sollten. DV-gestützte Darstellungstechniken werden im Beitrag von BOETTCHER in diesem Buch beschrieben.

Die folgende Beschreibung der Krtenerstellung basiwert auf Empfehlungen, die für das Landesumweltamt Nordrhein-Westfalen entwickelt wurden. Die praktizierte Zeichentechnik mit transparenten Deckfolien ermöglicht es, bei Wiederholungskartierungen Änderungen im Kartenwerk vornehmen zu können, ohne die Karte vollständig neu erstellen zu müssen.

Für kleinmaßstäbliche Darstellungen mit engmaschigem Gewässernetz ist die dreibändrige Darstellung besser geeignet als die fünfbändrige, ansonsten wird die Karte unübersichtlich. Großmaßstäbliche Darstellungen ab M 1:5.000 bieten genug Raum, um fünfbändrige Darstellungen der Strukturgüte vorzunehmen.

8.2 Kartenerstellung

Die Kartenerstellung erfolgt in vier Arbeitsschritten:
1. Generalisierung der Gewässerlängsachsen auf einem separaten, transparenten Arbeitsblatt.
2. Erstellung der bandartigen Polygone (Gewässerbänder) und Eintragung der Piktogramme in eine transparente, verzugsfreie Folie.
3. Schwarz-weiß-Vervielfältigung der topographischen Karte zusammen mit o. g. Folie als Deckblatt.
4. Montage der Legendenfahne an o. g. Vervielfältigung und Kolorierung der Karte.

8.2.1 Notwendige Daten

Für die praktische Kartenerstellung sind folgende Daten notwendig:
- Anfangs- und Endpunkte der Kartier- bzw. Bewertungsabschnitte sind dem Stammblatt zum jeweiligen Gewässer in Verbindung mit den Gewässerstationierungskarten zu entnehmen.
- Die Bewertung von Sohle, Ufer und Land ist dem Stammblatt zum jeweiligen Gewässer zu entnehmen.
- Die Lage von Wanderungsbarrieren, besonderen Einzelelementen, anthropogen überprägten Gewässerabschnitten und unterschiedlich bewerteten Gewässerseiten sind den Bewertungsbögen zu entnehmen.

8.2.2 Generalisierung der Gewässerlängsachse

Über die zu bearbeitende topographische Karte wird ein transparentes Arbeitsblatt gelegt (Abbildung 8.1). Auf diesem Deckblatt werden die Gewässerlängsachsen als Aneinanderreihung von Geraden eingetragen. Die generalisierten Achsen sollten möglichst deckungsgleich über dem Gewässer liegen, möglichst keine Achsenabschnitte unter 200 m Länge haben (bei 1:25.000) und auf jeden Fall an den stationierten Kartierabschnittsgrenzen genau auf dem Gewässer in der topographischen Karte liegen.

Knickpunkte der generalisierten Gewässerlängsachse sollten entweder genau auf einer stationierten Kartierabschnittsgrenze oder mindestens 200 m entfernt davon liegen. Andernfalls können flächenmäßig ungünstig zugeschnittene Polygone entstehen.

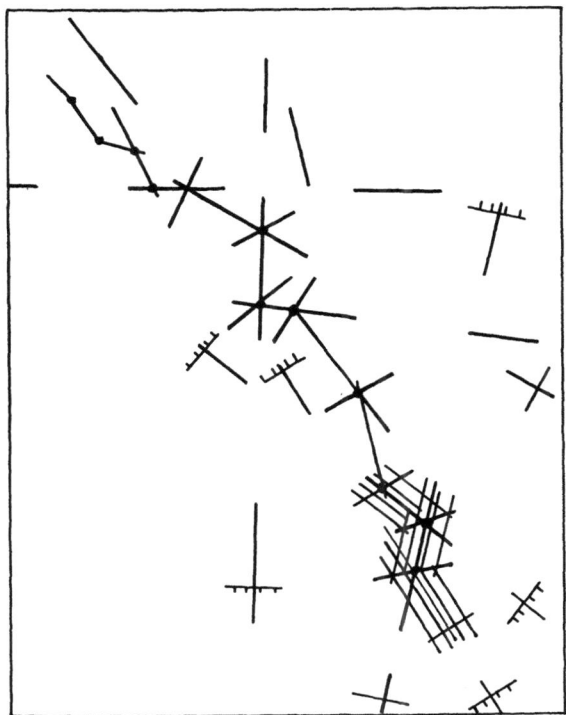

Abb. 8.1. Generalisierung der Gewässerlängsachse (Arbeitsblatt)

Die Abbildung 8.1 zeigt eine generalisierte Gewässerlängsachse. Achsenschnittpunkte sind hervorgehoben. Winkelhalbierende der Achsenabschnitte sind ebenfalls eingezeichnet. Sie dienen entweder als Abschnittsgrenzen oder markieren den Schnittpunkt der einzelnen Geraden (siehe oberen Teil der Zeichnung). Die Längsachsen sind stellenweise über das Gewässer verlängert und mit 3mm-Markierungen für die zu zeichnenden Bänderbreiten versehen. Hierdurch ist das Zeichnen paralleler Linien leichter möglich. Die während des Zeichenvorgangs unterlegte Karte M1:25000 ist aus Gründen der Unübersichtlichkeit in obiger Abbildung nicht mitreproduziert.

8.2.3
Erstellung der Bewertungsbänder, Eintragen von Piktogrammen und Schraffuren

Es wird eine verzugsfreie, transparente Zeichenfolie verwendet, auf der mit herkömmlichen Tuschestiften gezeichnet werden kann (Abbildung 8.2). Die Folie wird über die topographische Karte und das transparente Arbeitsblatt gelegt.

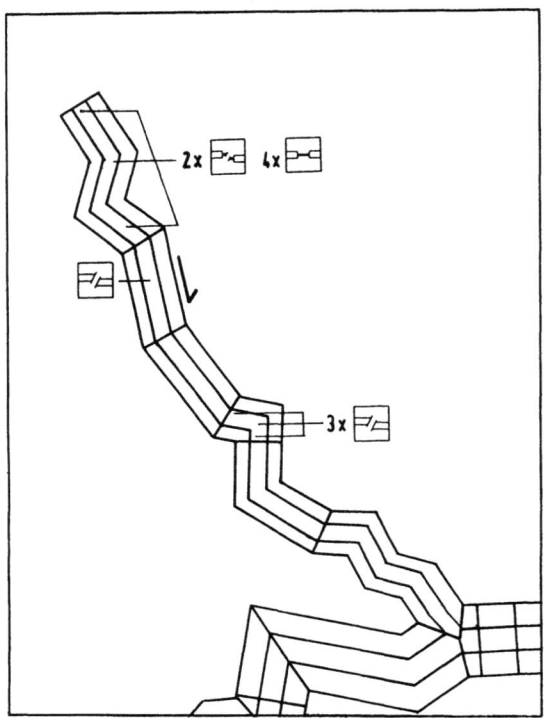

Abb. 8.2. Gewässer in dreibändriger Darstellung (Reinzeichnung)

Die Abbildung 8.2 zeigt den gleichen Kartenausschnitt wie die Abbildung 8.1. Auf der Reinzeichnung wird die Gewässerlängsachse nicht mehr dargestellt. Es werden nur diejenigen Winkelhalbierenden dargestellt, die auch gleichzeitig Kartierabschnittsgrenzen sind.

Die Gewässerbänder werden mit Tuschestiften, Strichstärke 0,35 mm, gezeichnet. Die drei Bewertungsbänder für Ufer, Sohle und Land verlaufen parallel zur generalisierten Gewässerlängsachse. Das Band für die Gewässersohle wird mittig über die Längsachse gezeichnet, Ufer- und Landbereich liegen rechts und links davon. In Fließrichtung links wird neben das äußere Bewertungsband ein Fließrichtungspfeil eingezeichnet - unter anderem, um Verwechslungen zwischen Ufer- und Landbewertung auszuschließen.

Kartierabschnittsgrenzen werden je nach Lage entweder senkrecht zur Gewässerlängsachse oder als Winkelhalbierende zweier Achsenabschnitte eingezeichnet.
Die Breite der Bewertungsbänder beträgt
- bei Gewässern unter 10 m Breite: 3 mm,
- bei Gewässern über 10 m Breite: 5 mm.

Die Einmündung eines Gewässers in ein anderes wird folgendermaßen gezeichnet. Vom Schnittpunkt der ineinander mündenden Gewässerlängsachsen wird durch die Schnittpunkte der Bewertungsbänder eine Gerade gezeichnet. Das einmündende Gewässer liegt hierdurch mit seinen "Mündungsbändern" keilförmig im größeren Gewässer. Die Spitze des Keils liegt mittig im Bewertungsband für die Gewässersohle des größeren Gewässers.

Selbstklebende Piktogramme auf transparenter Folie lassen sich als (verkleinerte) Kopien anfertigen. Die Piktogramme werden seitlich der Gewässerbänder - kantenparallel zur topographischen Karte - aufgeklebt und über Zuordnungsstriche (Stärke 0,25 mm) den Bändern bzw. Orten zugeordnet. Zuordnungsstriche werden möglichst parallel zueinander ausgerichtet.

·Die folgenden Piktogramm-Typen werden verwendet:
- "L"- und "R"-Piktogramme zur Verdeutlichung von Bewertungsunterschieden bei unterschiedlich bewerteten Gewässerseiten
Dieser Piktogrammtyp wird jeweils dem Ufer- oder Landbereichsband zugeordnet und sagt aus, daß sich gegenüberliegende Seiten in einem Bewertungsabschnitt um mehr als eine Bewertungsstufe unterscheiden.
"R": die rechte Seite ist stärker beeinträchtigt als die linke Seite.
"L": die linke Seite ist stärker beeinträchtigt als die rechte Seite.
Piktogramme, die sich auf das Bewertungsband "Land" beziehen, werden in Fließrichtung links neben das äußere Bewertungsband plaziert. Piktogramme, die sich auf das Bewertungsband "Ufer" beziehen, werden rechtsseitig plaziert. Ein "L"-Piktogramm kann also sowohl links als auch rechts von den Bewertungsbändern plaziert sein; die Plazierung ist allein davon abhängig, ob es sich auf Ufer- oder Landbereichsbewertung bezieht. Gleiches gilt für das "R"-Piktogramm.
- Piktogramme zur Kennzeichnung von Wanderbarrieren
Die Piktogramme enthalten Informationen über den Wasserbereich und werden möglichst an einer Seite - beispielsweise neben dem Bewertungsband für das Ufer - plaziert. So lange es die Anzahl der zu plazierenden Piktogramme erlaubt, sind sie über den Zuordnungsstrich punktgenau entsprechend der Stationierungsangabe im Bewertungsbogen zuzuordnen. Falls dies z.B. wegen der Vielzahl notwendiger Piktogramme nicht möglich ist, wird eine "Zuordnungsgabel" (siehe Abb. 8.2) gezeichnet, die den gesamten Kartierabschnitt einschließt. Um die Anzahl der zu plazierenden Piktogramme reduzieren zu können, kann bei Mehrfachauftauchen eines Barrierentypes vor das entsprechende Piktogramm die Anzahl der vorkommenden Barrieren eingetragen werden.

- Kreis-/Dreieckpiktogramme für besondere Einzelelemente
Diese Piktogramme können sich auf jedes der drei Bewertungsbänder beziehen. Der Zuordnungsstrich wird auf Höhe der Stationierungsangabe gemäß Bewertungsbogen plaziert. Hierbei ist zu beachten, daß nur bedingt flächenexakte Darstellung erreichbar ist, denn die Bewertungsbänder für Ufer und Land liegen jeweils nur an einer Seite, obwohl besondere Einzelelemente an beiden Seiten auftauchen können.

Schraffuren kennzeichnen Bereiche mit erheblicher anthropogener Überprägung. Verwendet werden geradlinige Schraffuren mit 2 mm Linienabstand, Strichstärke 0,25 mm, die um 30° zum waagerechten Blattrand geneigt sind.

Es werden zwei Überprägungsformen dargestellt:
- nachhaltige Einschränkung von Laufentwicklung und Beweglichkeit, Schraffur verläuft von links unten nach rechts oben,
- nachhaltige Einschränkung der Querprofilentwicklung, Schraffur verläuft von links oben nach rechts unten.

Für eine bessere Sichtbarkeit der betroffenen Abschnitte erstrecken sich die Schraffuren über sämtliche Bewertungsbänder des betroffenen Abschnittes. Die beiden Schraffurtypen können sich überlagern.

8.2.4
Kolorierung

Die topographische Karte wird gemeinsam mit der verzugsfreien, transparenten Folie, aber ohne das transparente Arbeitsblatt mit Gewässerlängsachsen, vervielfältigt (SW-Kopie oder Lichtpause auf weißem Papier ca. 110 g/m², Abb. 8.3).

Die Abbildung 8.3 zeigt eine fertiggestellte SW-Zeichnung, die nur noch zu kolorieren ist. Transparente Reinzeichnung und Deutsche Grundkarte M1:5000 sind gemeinsam reproduziert. Der Kartenmaßstab ermöglicht eine fünfbändrige Darstellung der Strukturgüte. Anstelle der symbolhaften Piktogramme der Abb. 8.2 werden für Wanderhindernisse Buchstaben-Piktogramme zu verwendet.

In der kopierten Fassung werden die Abschnitte der Bewertungsbänder gemäß ihrer Strukturgüteklasse in unten aufgeführter Tabelle koloriert. Gute und effiziente Kolorierergebnisse lassen sich durch Faserstifte mit Tintenfüllung erzielen. Beispielhaft sind unten die Farbbezeichnungen des Stifttyps "Copic-Marker" aufgeführt, in Frage kommen aber auch Typen anderer Hersteller.

Bei der Farbauswahl für die Strukturgüteklassen ist zwecks einer leichteren Lesbarkeit der Karte auf eine harmonische Farbauswahl zu achten, die Fehlinterpretationen der Farben und ihrer Bewertungsstufen möglichst ausschließt. Dabei gilt, daß zunächst die Farbe (blau, grün, gelb, rot) die Güteklasse anzeigt, erst dann entscheidet die Intensität des Farbtones (hell/dunkel) über eine weitere Differenzierung.

Hierzu zwei Beispiele:
Das dunkle Rot (Klasse VII) sollte nicht blaustichig sein, ansonsten könnte eine "Bewertungsnähe" zu dunkelblau (Klasse I) assoziiert werden.

Das dunkle Grün (Klasse III) sollte nicht dunkler sein als das helle Blau (Klasse II), ansonsten kann es zu Fehlinterpretationen kommen, ob Dunkelwert oder Farbe die Rangfolge bestimmen.

Diese Regeln sollten unabhängig davon eingehalten werden, ob sich an der Karte eine ausführliche Legende befindet oder nicht, da die "spontane Lesbarkeit" einer Karte die Arbeit mit dem Kartenwerk erleichtert.

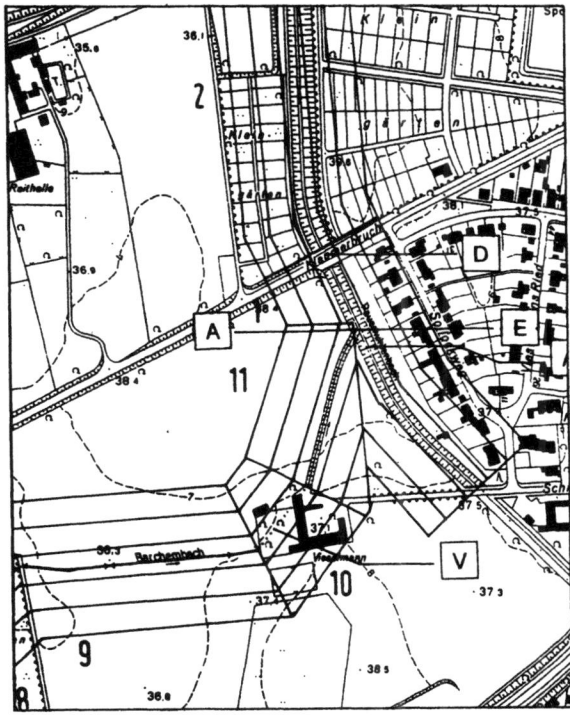

Abb. 8.3. Unkolorierte, aber ansonsten fertige Gewässerstrukturgütekarte

Tabelle 8.1. Bezeichnung und Farbgebung der Strukturgüteklassen

Strukturgüteklasse	Farbe	Typenbezeichnung[a]
1	dunkelblau	B 39 Prussian Blue
2	blau	B16 Cyanine Blue
3	grün	G 09 Veronese Green
4	gelbgrün	YG 05 Salad
5	gelb	Y 08 Acid Yellow
6	gelbrot	YR 16 Apricot
7	rot	R 27 Cadmium Red

[a] Beispielhafte Bezeichnung anhand von Stiften des Typs "Copic-Marker"

Für eine leichtere Lesbarkeit der Karte empfiehlt es sich, folgende weitere Hinweise zu berücksichtigen:
- Bei einer über den gesamten Bewertungsabschnitt verrohrten Gewässerstrecke kann dies durch die dunkelrote Einfärbung des Bandes für die Sohle deutlich gemacht werden, wobei zugleich auf das Kolorieren der Uferbereichsbänder verzichtet werden sollte. Dies ermöglicht eine Unterscheidung zum offenen Massivverbau, bei dem auch die Uferbänder rot koloriert werden.
- Bei einer zum Kartierzeitpunkt über den gesamten Gewässerabschnitt trockenen Gewässerstrecke ist auf das Kolorieren des Sohlbereichsbandes zu verzichten (Elemente des Sohlbereiches wie z. B. Strömungsdiversität oder Tiefenvarianz können zum Kartierzeitpunkt nicht erhoben werden).
- "L"- und "R"-Piktogramme werden im allgemeinen nicht koloriert. Sofern bei bestimmten Aufgabenstellungen vonnöten, können sie jedoch in der Farbe der vom Bewertungsband abweichenden Strukturgüteklasse koloriert werden.
- Kreis-/Dreieckdiagramme sind als Repräsentanten positiv bewerteter Elemente dunkelblau zu kolorieren.
- "Querbauwerke-Piktogramme" sind als Repräsentanten negativ bewerteter Elemente rot zu kolorieren.

8.2.5 Erstellung und Montage der Legendenfahne

Der Legendeninhalt ist standardisiert. Im allgemeinen wird eine Legendenfahne durch den Auftraggeber zur Verfügung gestellt, in der die projekt- bzw. kartenspezifischen Ergänzungen vorgenommen werden müssen. Die Legende enthält:
- Blattnummer und Name der topographischen Karte(n),
- Kartierungsstand; einzutragen ist das jeweils letzte Kartierdatum (Monat und Jahr),
- Kartenersteller (Büro/Institution/Bearbeiter),
- Erläuterung der Strukturgüteklassen und deren farbliche Zuordnung,
- Erläuterung der Besonderheiten der Bänderkolorierung (verrohrte bzw. trockene Gewässerabschnitte),
- Erläuterung der Piktogramme und Schraffuren,
- gegebenenfalls Erläuterungen zur Lage der Bewertungsbänder (Uferbereichsbewertung in Fließrichtung rechtsseitig, Landbereichsbewertung in Fließrichtung linksseitig),
- Darstellungsmaßstab und Maßskala.

Die kolorierte Legendenfahne wird rechtsseitig an die kolorierte Karte montiert.

8.3
Zusammenfassung und Ausblick

Im Rahmen der Verfahrensbeschreibung für die Gewässerstrukturgütekartierung durch die Länderarbeitgemeinschaft Wasser wurde bis dato noch keine verbindliche Vorschrift für die kartographische Darstellung festgesetzt.

Aus diesem Grunde stehen derzeit für die Kartenerstellung noch alle Möglichkeiten offen. Dabei sollte sich die Darstellung am jeweiligen Kartierzweck orientieren und insbesondere anhand der jeweiligen Vorstellungen des Auftraggebers abgestimmt werden.

Es ist allerdings davon auszugehen, daß sich zunächst einige "de facto"-Standards herauskristallisieren werden - der für das Land Nordrhein-Westfalen wurde an dieser Stelle vorgestellt - und daß spätestens bei Erscheinen der ersten bundesweiten Gewässerstrukturgütekarte die LAWA zu einer Festlegung in bezug auf die Darstellung kommen wird. Dies wird bei zukünftigen Arbeiten zu berücksichtigen sein.

9 Computerunterstützte Bewertung und Darstellung der Gewässerstruktur

Roland Boettcher
GREBNER Umwelt GmbH, Robert-Koch-Str. 50, 55129 Mainz
vormals: Institut für Wasserbau und Wasserwirtschaft der RWTH Aachen

9.1 Einführung

Nehmen wir einmal an, die Strukturgüte der Schwalm - ein 45 km langer Flachlandfluß in Nordrhein-Westfalen, der in die Maas mündet - solle komplett kartiert werden.

Gemäß dem in den Kapiteln 6 und 7 beschriebenen Kartierverfahren sind für jeden 100 Meter langen Abschnitt die Werteinstufungen der 6 Hauptparameter anhand der Ausprägung der insgesamt 25 Einzelparameter zu bestimmen. Für die 450 Abschnitte sind - sofern sie alle unterschiedlich zu beurteilen sind - folglich 450 Indexberechnungen durchzuführen. Es sind somit insgesamt für die Schwalm 11.250 Daten zu erheben und schriftlich festzuhalten. Dazu kommen noch die Daten der Einzelparameter, die durch mehr als nur eine Information beschrieben werden (z.B. die Merkmale des Sohlenverbaus oder der Ufergehölze) sowie die verbalen Beschreibungen einiger Abschnitte.

Soll gar die Strukturgüte aller Fließgewässer in einem Bundesland – in Nordrhein-Westfalen wären dies ca. 60.000 km - kartiert werden, so ergibt sich in diesem Fall eine Datenflut von weit über 16,2 Mio Daten und ca. 600.000 Index-Berechnungen.

Diese enorme Datenmenge ist ohne den Einsatz moderner Computertechnologie nicht mehr effizient verwaltbar. Vor allem bietet sich die Verwaltung dieser Daten in Computern im Hinblick auf eine spätere Weiterverarbeitung in thematischen Karten oder auch für Gewässerpflegepläne und Entwurfsplanungen an.

Ebenso können die in Kapitel 7 beschriebenen einzelnen Schritte der praktischen Durchführung einer Kartierung - insbesondere die vorbereitenden Tätigkeiten - bereits durch einen umfassenden Einsatz fortschrittlicher Computertechnologie effizient unterstützt werden.

Das Ziel des Einsatzes moderner Computer ist die effektive Unterstützung der Strukturgütekartierung einerseits im Gelände und andererseits im Büro.

Im einzelnen sollen die im folgenden aufgeführten Aufgaben unterstützt werden:

Im einzelnen sollen die im folgenden aufgeführten Aufgaben unterstützt werden:

Preprocessing (im Büro):
- Einsatz als "Lernprogramm" zum Erlernen der Strukturgütekartierung;
- Vorbereitung der Kartierung (Orientierung im Gelände):
  Erstellung handlicher Karten mit der Lage der Kartierabschnitte,
  Information der kartierenden Person über die topographischen Gegebenheiten;

Processing (im Gelände):
- Führung der kartierenden Person durch das Kartierverfahren;
- Information über mögliche Ausprägungen von Einzelparametern (Anleitung und Hilfestellung zur Kartierung);
- Automatische Index-Berechnung;

Postprocessing (im Büro):
- Nachbereitung und Überprüfung der Kartierung;
- Aufbereitung der aufgenommenen Daten für eine Darstellung in thematischen Karten;
- Automatische Zusammenstellung der Stammblätter für einzelne Gewässer, tabellarische Zusammenstellung der aufgenommenen Einzelcharakteristika;
- Vorhaltung (Speicherung) der Daten für weiteren Bedarf, z.B. die Verwendung der Strukturgütedaten für Gewässerpflegepläne, Entwurfspläne usw.

Die erforderlichen Voraussetzungen sowie die Möglichkeiten für die effektive Unterstützung einer Kartierung durch moderne Computertechnologie werden im folgenden erläutert. Im Mittelpunkt steht hierbei eine bereits realisierte Kombination eines Excel[3]-basierten Programms zur Unterstützung der Datenerfassung (*CUBEGS*) mit dem auf dem Geographischen Informationssystem (GIS) SMALLWORLD GIS[4] basierenden Fließgewässerinformationssystem (*FLIS*).

Zu Beginn dieses Beitrags wird kurz auf die erforderliche Hardware für die informationstechnische Unterstützung einer Kartierung eingegangen, und es werden Anforderungen für die benutzerfreundliche Gestaltung einer Dateneingabeoberfläche zusammengestellt.

Dann erfolgt die Beschreibung einer computerunterstützten Kartierung im Rahmen der Dateneingabe und der Index-Berechnung mit dem Programm *CUBEGS*.

Daraufhin wird auf die Weiterverarbeitungsmöglichkeiten mit marktüblichen Programmen hingewiesen und schließlich die Einsatzmöglichkeiten des FLIS vorgestellt. Außerdem werden die Möglichkeiten zur Vorbereitung einer Kartierung durch den Einsatz des FLIS aufgeführt.

---

[3] ® Microsoft Corporation

[4] ® SMALLWORLD Systems GmbH

9.2
Hardware-Voraussetzungen

Der Begriff "Hardware" umfaßt sämtliche Geräte einer Datenverarbeitungsanlage. Die zentrale Hardware-Komponente ist der Rechner mit Bildschirm, Tastatur und Maus. Der Rechner übernimmt die Verwaltung, Verarbeitung und Analyse von Informationen. Um den Rechner herum gruppieren sich die Standard-Peripherie-Geräte, insbesondere Speichermedien (wie Festplatte, Magnetband, CD-Laufwerk) und Ausgabemedien (wie Drucker oder Plotter).

Speziell für die Verarbeitung geographischer Daten sind weiterhin Digitalisiertische (oder Tableaus), Scanner und Vermessungsgeräte zu nennen. Umfassende Erläuterungen zu den einzelnen aufgeführten Hardware-Komponenten sind mit weiterführenden Literaturangaben bei BILL/FRITSCH (1994) zu finden. Die Vernetzung von Rechnern - Verbindung untereinander - ist ausführlich bei KAUFFELS (1996) erläutert.

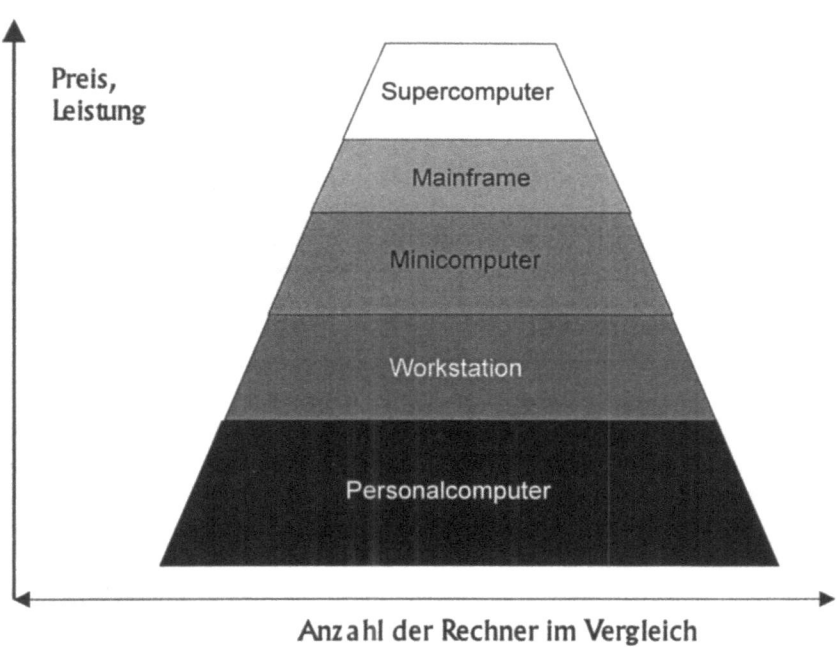

Abb. 9.1. Einteilung der Rechner in Leistungsklassen

Die Leistung des eingesetzten Rechners hat wesentlichen Einfluß auf die Performance der Software (der Programme), also letztlich für die Schnelligkeit der Abarbeitung von Problemen und für den Bedienungskomfort für den Anwender.

Rechner werden in Kategorien (Leistungsklassen) vom super-schnellen Supercomputer mit mehreren parallel arbeitenden Prozessoren bis hin zu dem vom Normalverbraucher üblicherweise eingesetzten Personalcomputer (PC) eingeteilt (siehe Abb. 9.1). Die Leistung der Rechner entwickelt sich sehr rasch, gleichzeitig werden sie zunehmend preiswerter, so daß heute ein leistungsfähiger PC für praktisch jede Person erschwinglich ist.

Abb. 9.2. Gewässerstrukturkartierung mit Notebook-PC

Für die Verarbeitung der Daten zur Kartierung der Gewässerstrukturgüte reicht im allgemeinen der Einsatz von PCs aus. Für die Unterstützung der Arbeiten im Gelände bieten sich tragbare PCs - Notebooks oder Pen-Computer (Gewicht: ca. 1,5 bis 3,5 kg) – besonders an. Eine interessante Perspektive bieten sogenannte "personal digital assistants" (PDA), westentaschengroße Computer mit eingeschränkter Funktionalität, die insbesondere für die mobile Datenerfassung entwickelt wurden[5].

Bei Pen-Computern lassen sich die Eingaben anstatt mit Tastatur und Maus, mit einem Finger oder einem Stift über den Monitor durchführen. Dies entspricht in der Arbeitsweise dem üblichen Aufschrieb auf einem Bogen Papier ("electronic

---

[5] Zum Zeitpunkt der Drucklegung dieses Buches wird ein Strukturgüteerfassungsprogramm für einen solchen PDA (3Com PalmPilot, IBM WorkPad, Gewicht ca. 200 g) durch das Büro für Umweltanalytik Bonn/Essen entwickelt (Anm. der Herausgeber).

paper"). Dadurch sind sie ganz besonders für den Einsatz im Gelände geeignet. Anbieter von Pen-Computern sind Apple, Dauphin, Hyperdata, IBM, NEC, Panasonic oder Telepad[6]. IBM bietet z.B. ein Notebook an - ThinkPad 360 PE Convertible Pen Notebook -, welches auch als Pen-Computer nutzbar ist (der Monitor wird einfach umgeklappt). Übliche Microsoft™ Programme (z.B. Excel) laufen hierauf unter Microsoft Windows for Pen Computing®. Der Einsatz von PEN-Computern zur digitalen Datenerfassung im Gelände ist ausführlich bei TENBERGEN/BRINKKÖTTER-RUNDE (1994) beschrieben.

Auch für die Weiterverarbeitung der Daten im Büro sind im allgemeinen übliche PCs ausreichend. Bei hohen Anforderungen an die graphische Darstellung und an das Datenmanagement mit leistungsstarken Geographischen Informationssystemen (GIS) sowie hohem Bedienungskomfort (geringe Wartezeiten) sind jedoch leistungsfähige Workstations erforderlich.

Für den Einsatz im Gelände wie auch im Büro sollten grundsätzlich möglichst schnelle, leistungsfähige Computer eingesetzt werden, da ein häufiges Warten auf die nachfolgende Eingabeoberfläche den Kartierungsaufschrieb unnötig verlangsamt. Hierdurch wird der Anwender durch den Einsatz eines Computers eher genervt, denn im Arbeitsablauf entlastet.

9.3
Möglichkeiten der EDV-gestützten Datenerfassung

9.3.1
Grundlagen interaktiv-graphischer Benutzeroberflächen

Die Zeiten, in denen einem Computer Satzzeichen-, Zahlen- und/oder Buchstabenkombinationen in genau festgelegten Zusammenstellungen (z.B.: ps -ef) über die Tastatur eingegeben wurden, um damit bestimmte Aktionen (hier: die Frage an den Rechner was er gerade bearbeitet) zu veranlassen, sind für den durchschnittlichen Anwender vorbei.

Nur noch Anwender mit speziellen Anforderungen und Systemprogrammierer bedienen sich heute dieser unanschaulichen Art und Weise mit einem Computer zu kommunizieren. Interaktiv-graphische Benutzeroberflächen (GUI - graphical user interfaces) sind heute Standard für nahezu alle Rechner und Betriebssysteme.

Der durchschnittliche Anwender kann heute von einem Computerprogramm verlangen, daß er für dessen Anwendung nicht erst "Fachchinesisch" lernen muß. Er bedient mit der Maus - oder mit dem Finger bzw. Stift auf dem Monitor - Schalter, Dialogfenster, Menüleisten und Aufklappmenüs, deren Funktionen aus eindeutigen Symbolen oder Texten zu ersehen sind. Beispiele für Elemente einer interaktiv-graphischen Benutzeroberfläche zeigt die Abbildung 9.3.

---

[6] Siehe im Internet: www.nici.kun.nl/pen-computing-convertibles.html.

Eine Benutzeroberfläche (‚user interface') dient als optisches, akustisches und sensorisches Bindeglied zwischen Mensch und Maschine.

Will ein Programm zur Unterstützung der Strukturgütekartierung im hohen Grade von den Anwendern akzeptiert werden, so muß die zugehörige Benutzeroberfläche möglichst komfortabel sein. Dem ungeübten Benutzer ist eine schnell zu begreifende, einfach strukturierte Form anzubieten, mit der die wesentlichen Funktionalitäten des Programms eingesetzt werden können.

Je nach Aufgabenstellung enthält eine Benutzeroberfläche weiterhin mehr oder weniger komplexe Funktionalitäten, durch die einem fortgeschrittenen Anwender alle über die üblicherweise erforderlichen Funktionalitäten herausgehenden, besonderen Möglichkeiten eines Programms voll zugänglich sind.

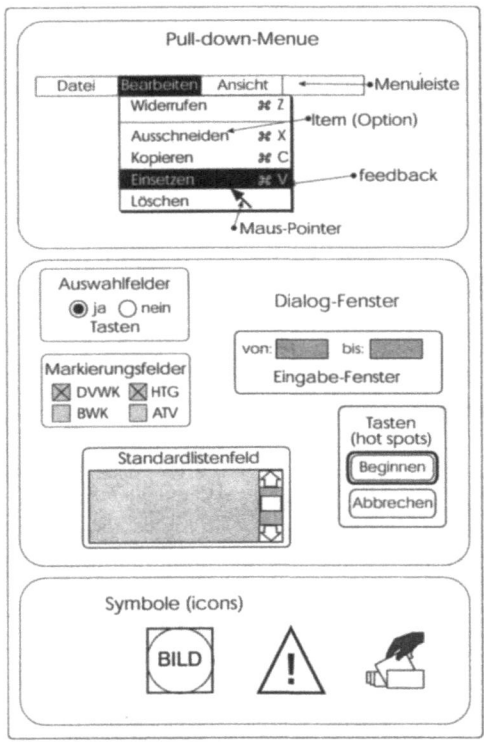

Abb. 9.3. Elemente interaktiv-graphischer Benutzeroberflächen

Die Einfachheit der Benutzeroberfläche darf nicht zu Lasten der Funktionalität des Gesamtsystems erreicht werden.

An eine akzeptable Benutzeroberfläche sind folgende Anforderungen zu stellen:
- Sie sollte so einfach wie möglich gestaltet sein.
- Sie sollte leicht zu erlernen und zu benutzen sein.

- Sie sollte von ihrem Aufbau her gut strukturiert und einprägsam sein, so daß nicht bei jeder neuen Anwendung eine Einarbeitungsphase erforderlich ist.
- Verwendete Symbole und Objekte (icons) sollten aus der realen Umwelt des Benutzers entnommen sein, so daß durch rasche Wiedererkennung die Benutzung schnell erlernt werden kann.
- Ihr Aufbau sollte den Benutzer durch den Arbeitsablauf hindurch führen. Zu jedem Zeitpunkt der Bearbeitung sollte erkennbar sein, welche Funktionen möglich und sinnvoll sind, und was sie bewirken. Unsinnige Aktionen sollten vom System abgelehnt, Eingabefehler sollten abgefangen werden. Fehlermeldungen sollten eindeutig einen Überblick über die Art und die Ursache des Fehlers geben, sowie Angaben darüber enthalten, wie der Fehler zu beheben ist.
- Eine Konsistenz in der Benutzerführung läßt sich dadurch bewirken, daß für gleiche Aktionen überall im Programm gleiche Formate verwendet werden. So sollen z.B. Auswahl- und Markierungsfelder sowie Standardlisten (siehe Abb. 9.4) immer gleich aufgebaut sein. Bedienungselemente mit denselben Funktionen sollten immer am gleichen Platz wiederzufinden sein. Hierdurch kann der Benutzer sein Wissen auf andere Stellen im Programm gut übertragen.
- Dem Benutzer sollten Hilfefunktionen zur Unterstützung angeboten werden, die er jederzeit abrufen kann. Diese sollten wiederum gut strukturiert und nicht mit Informationen überladen sein. Stichwortartige Fehlermeldungen sollten vermieden werden, damit auch Computer-Laien die Meldungen verstehen und die vorgeschlagen Maßnahmen durchführen können.
- Eine Benutzeroberfläche sollte die Möglichkeit anbieten, die gerade ausgeführte Aktion zu unterbrechen und somit das System in den Zustand vor der Aktion zurückzuversetzen.

9.3.2
Software-Umsetzungen

Prinzipiell bieten sich zwei Möglichkeiten an, Software zur Unterstützung der Strukturgütekartierung zu entwickeln:
- Es können eigenständige Programme in Programmiersprachen (wie z.B. FORTRAN, Pascal, C++) programmiert werden.
- Es können in kommerziellen Dienstleistungsprogrammen (wie z.B. Microsoft Excel, Microsoft Access, Borland dBase, Corel Paradox, Lotus 1-2-3, Claris Filemaker Pro u.a.) bereits vorhandene Module zur Erzeugung von Eingabeoberflächen mit direktem Anschluß an mehr oder weniger komplexe Datenbanken genutzt werden.

Der erste Weg hat den Vorteil, daß das zu realisierende Programm exakt den Bedürfnissen einer Kartierung angepaßt werden kann. Dieser Vorgang ist jedoch sehr aufwendig - in der Produktion sehr kostenintensiv - und es besteht die Gefahr, ein in sich geschlossenes System zu schaffen, welches keine oder nur wenige Schnittstellen (Übergabemöglichkeiten für Informationen) zu anderen Systemen besitzt.

Es ist bei diesem Weg besonders auf die Verwendung von Standards (siehe BILL/FRITSCH, 1994) zu achten, um dieser Gefahr vorzubeugen (z.b. ODBC - open data base connectivity – ein von Microsoft™ entwickelter, industrieller Quasistandard für die Kompatibilität von Datenbanken).

Der zweite Weg ist gebunden an die Möglichkeiten des jeweils ausgewählten Dienstleistungsprogrammes. Da diese jedoch heutzutage über ein recht großes Leistungsspektrum verfügen, sind gravierende Einschränkungen beim Einsatz für die Kartierung der Strukturgüte nicht zu erwarten.

Nicht ohne einen gewissen Zeitaufwand kann man sich ausgehend von einem der genannten Software-Pakete selber ein eigenes Programm entwickeln. Diese Programmentwicklung umfaßt die Problemstrukturierung, die Umsetzung mit dem ausgewählten Dienstleistungsprogramm und auch die - sehr wichtigen - ausgiebigen Tests des Programmes in der Praxis.

Je nach Sachkenntnis und Erfahrung des "Programmierers" und nach Leistungsvermögen des gewählten Standardprogrammes sind drei oder mehr Monate als Entwicklungszeitraum zu veranschlagen.

Der Einsatz von einfachen Standardprogrammen, die auf üblichen PC lauffähig sind und von auf dem Markt weit verbreiteter Software problemlos unterstützt werden, ist somit allein schon aus Kostengründen sinnvoll. Aus diesem Grunde wird hier ein Programm als Beispiel näher vorgestellt, das lediglich die Dateneingabe und die Index-Berechnung unterstützt, während die aufwendige kartographische Aufbereitung und die informationstechnische Weiterverarbeitung flexibel mit anderer, ebenfalls am Markt verfügbarer Software durchgeführt werden kann.

9.3.3
Entwicklung einer interaktiv-graphischen Benutzeroberfläche für die Kartieranleitung des Landes NRW (Entwurf 1993)

Aufbauend auf der Arbeit von ROMBACH (1994) wurde am Institut für Wasserbau und Wasserwirtschaft (IWW) der Rheinisch-Westfälisch-Technischen Hochschule (RWTH) Aachen ein Excel-basiertes Programm zur Unterstützung der Kartierung der Gewässerstrukturgüte nach der Kartieranleitung des Landes Nordrhein-Westfalen entwickelt.

9 Computerunterstützte Bewertung und Darstellung der Gewässerstruktur

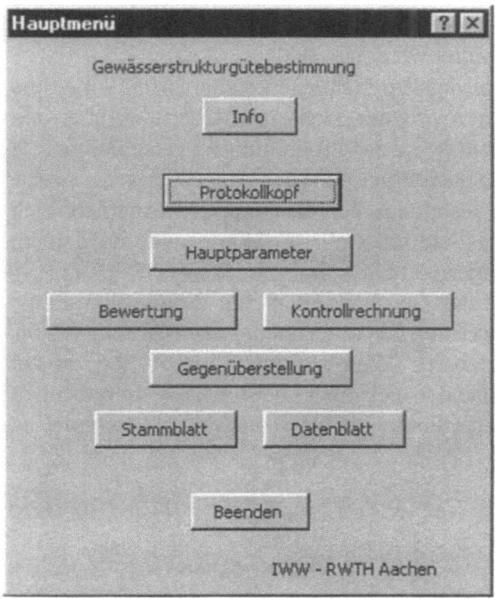

Abb. 9.4. Hauptmenü des Excel-basierten Programms *CuBeGS*

Microsoft Excel® ist ein weit verbreitetes Tabellenkalkulationsprogramm, das durch unterschiedliche, über die reine Tabellenkalkulation hinausgehenden Funktionalitäten bei vielfältigen Problemstellungen als unterstützendes Werkzeug eingesetzt werden kann. Zusätzliche Funktionalitäten sind u.a.:

- Diagrammfunktionen (Diagrammassistent), mit denen Ergebnisse der Kalkulation graphisch aufbereitet und dargestellt werden können;
- eine Datenbankfunktion, mit der Informationen organisiert und verwaltet werden können;
- Makrofunktionen (mit der Excel Version 5 wurde die Programmiersprache "visual basic" eingeführt), mit denen sowohl häufig vorkommende Befehlsabfolgen aufgezeichnet und später automatisch abgerufen, als auch eigenständige Programme geschrieben werden können sowie
- der Dialog-Editor, mit dessen Hilfe eigene Dialogboxen und Hinweistexte erstellt werden können. Er dient zur Unterstützung der Makroprogrammierung, wenn diese mit eigenen Dialogboxen ausgestatten werden sollen.

Die Makrofunktionen und der Dialog-Editor wurden zur Programmierung des Programms *CUBEGS* (Computerunterstützte Bewertung der Gewässerstrukturgüte) eingesetzt. Das Programm orientiert sich von seinem Ablauf her unmittelbar an der Kartieranleitung zur Gewässerstrukturgütebestimmung des Landesumweltamtes NRW. *CUBEGS* unterstützt die ökologische Bestandsaufnahme durch Kartierungshilfen und eine automatische Index-Berechnung. Die aufgenommenen Daten werden in üblichen Excel-Tabellen abgelegt und können später in verschiedene Datenbanken eingelesen und dort verwaltet werden.

Im Hauptmenu läßt sich die Struktur des Programms erkennen (Abb. 9.4). Eine "Info"-Schaltfläche ermöglicht es dem Anwender, sich einen Überblick über den gesamten Kartiervorgang und die Arbeitsweise des Programms zu verschaffen.

Durch die Anordnung der Menü-Schaltflächen wird der Anwender schrittweise durch das Programm geführt. Die Gestaltung der Dialogfelder orientiert sich grundsätzlich an dem standardisierten Feldprotokoll des LUA sowie an den im Kapitel 9.3.1 aufgestellten Anforderungen.

Bei Beginn der Kartierung wird für das Gewässer zuerst ein Protokollkopf ausgefüllt (Abb. 9.5), dann kann die Bewertung für den ersten 100-m-Abschnitt vorgenommen werden. Über das Dialogfenster "Hauptparameter" (Abb. 9.6) lassen sich die sechs Hauptparameter nacheinander anwählen und die sie beschreibenden Zustandsmerkmale der Einzelparameter eingeben bzw. auswählen (Beispiel in Abb. 9.7).

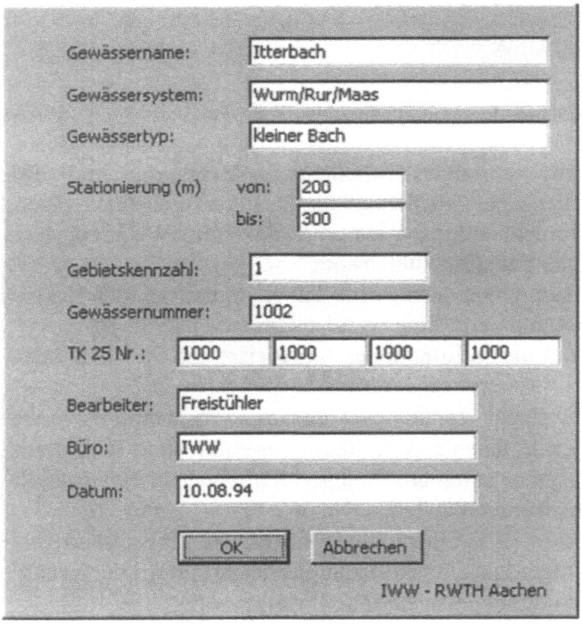

Abb. 9.5. Protokollkopf in *CUBEGS*

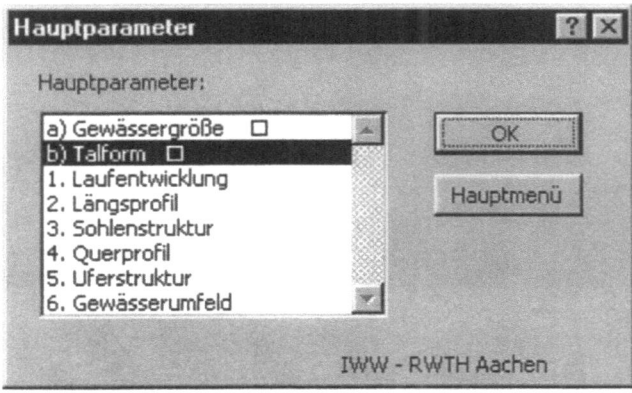

Abb. 9.6. Dialogfeld "Hauptparameter" in *CUBEGS*

Sind Einzelparameter bzw. Hauptparameter abgearbeitet worden, so werden sie im entsprechenden Dialogfeld mit einem Häkchen gekennzeichnet, so daß der Kartierer immer über den aktuellen Stand seiner Eingabetätigkeit informiert ist.

Auf jeder Eingabeebene sind über "Hilfe"-Schaltflächen Kartierhilfen in Anlehnung an die Kartieranleitung abrufbar (Abb. 9.8). Die Hilfefunktionen sind so ausgelegt, daß *CUBEGS* auch als Lernprogramm einsetzbar ist.

Um Eingabefehler zu vermeiden, wurden automatische Kontrollen und verschiedene Fehlermeldungen in *CUBEGS* integriert. Wird beispielsweise nach der relativen Häufigkeit von Zustandsmerkmalen eines Einzelparameters gefragt, so wird nach der Eingabe automatisch geprüft, ob bei Mehrfachangaben die Häufigkeit von 100 % nicht überschritten wird.

Sind alle Einzelparameter aufgenommen, so erfolgt die Bewertung der Hauptparameter. Über die Schaltfläche "Bewertung" wird ein Dialogfenster mit den sechs Hauptparametern aktiviert. Diese werden dann nacheinander abgearbeitet. Wird ein Hauptparameter ausgewählt und die zugehörige Bewertungstabelle (Abb. 9.9) aufgerufen, so kann der Kartierer die Bewertung in analoger Weise zum Ankreuzen der Gütestufen der funktionalen Einheiten im Feldprotokoll durch Anklikken mit der Maus vornehmen.

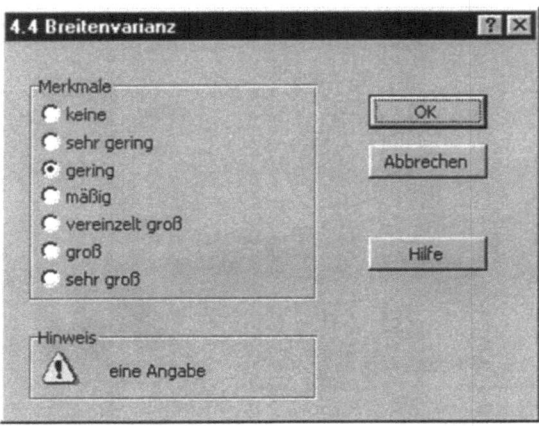

Abb. 9.7. Beispiel für die Kartierung eines Einzelparameters (Querprofil, Breitenvarianz)

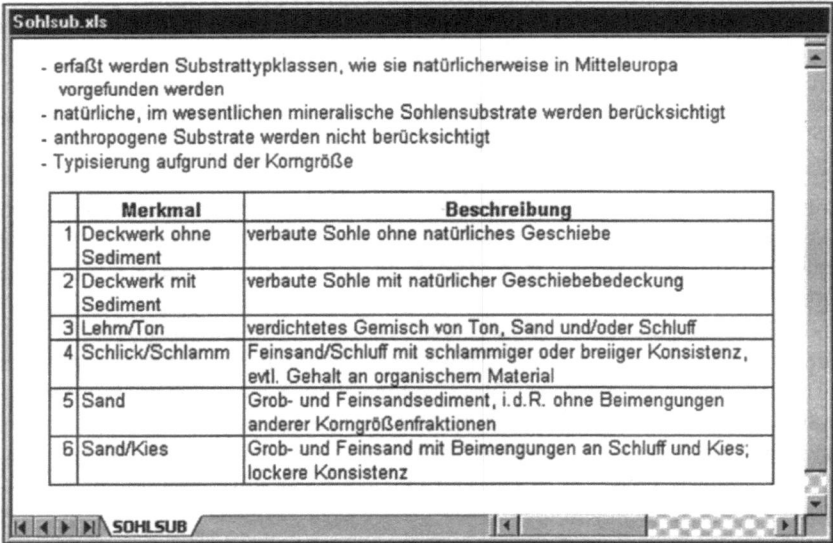

Abb. 9.8. Beispiel für eine "Hilfe"-Information

Als zusätzliche Information zur Unterstützung der Bewertung durch den Kartierer werden automatisch die zuvor eingegebenen Einzelmerkmale unter der Bewertungstabelle eingeblendet. Die Wertzahl für den Hauptparameter ergibt sich dann aus der Mittelwertbildung der einzelnen Bewertungen der zugehörigen funktionalen Einheiten. Sie wird vom Kartierer per Hand eingegeben, da die Zuordnung in eine Bewertungsklasse aufgrund des Gesamteindrucks des Kartierers erfolgt und es somit in seinem Ermessen liegt, auf- oder abzurunden. Als Entscheidungshilfen stehen dem Kartierer wiederum über die "Hilfe"-Schaltfläche die Definitionen für die Strukturgüteklassen zur Verfügung.

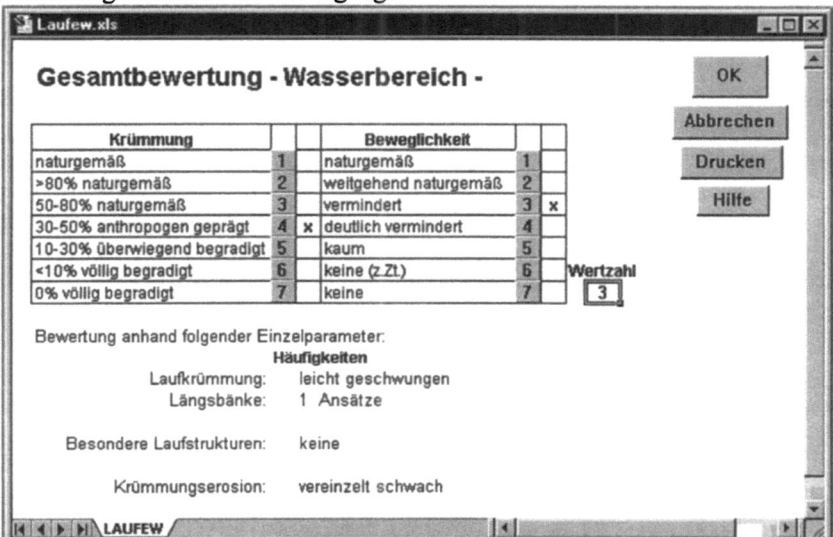

Abb. 9.9. Gesamtbewertung Wasserbereich

Automatisch erfolgt im Hintergrund die Index-Berechnung durch *CUBEGS* gemäß der vorgegebenen Indexdotierungen. Die vorgegebenen Werte lassen sich bei Bedarf, in Abhängigkeit von dem potentiellen natürlichen Gewässerzustand, über die Schaltfläche "Kontrollrechnung" modifizieren. Die einzelnen Berechnungsschritte lassen sich hier auch kontrollieren.

Im Normalfall wird nach der Bewertung durch den Kartierer jedoch direkt über die Hauptmenü-Schaltfläche "Gegenüberstellung" die Gegenüberstellung der beiden Bewertungen aufgerufen (Abb. 9.10).

Hier wird dem Kartierer die Möglichkeit gegeben, sich einen Gesamtüberblick über die Klassifikation zu verschaffen. Einander gegenübergestellt sind die Klassifikationsergebnisse aus persönlicher Einschätzung und Index-Berechnung. Abweichungen in der Bewertung können direkt vor Ort überprüft und Entscheidungen erforderlichenfalls korrigiert werden. Der Kartierer entscheidet hier, welche Bewertung für die Bereiche Sohle, Ufer und Land schließlich in das Stammblatt für den kartierten 100-m-Gewässerabschnitt eingetragen werden.

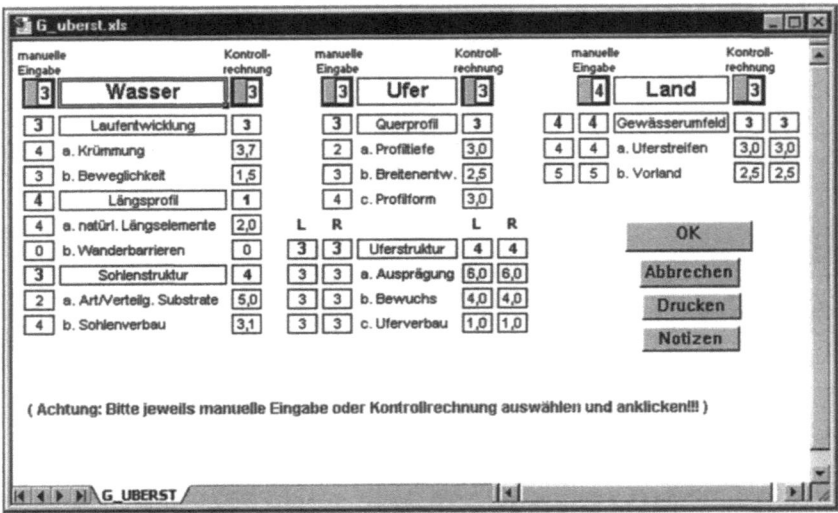

Abb. 9.10. Gegenüberstellung der Bewertung durch Einschätzung des Kartierers und durch Index-Berechnung

Die Kartierung des ersten 100-m-Gewässerabschnitts ist somit abgeschlossen. Die Bearbeitung erfolgt nun für den folgenden 100 m-Abschnitt in gleicher Weise. Entspricht der folgende Abschnitt seinem Vorgänger, so können dessen Merkmale automatisch übernommen werden, lediglich ggf. vorhandene punktuelle Abweichungen sind entsprechend einzugeben.

Sind alle Kartierarbeiten abgeschlossen, so kann *CUBEGS* über die Schaltfläche "Beenden" des Hauptmenüs beendet werden. Alle Dialogfelder und Tabellen werden dann geschlossen, die Beurteilung der Gewässerstrukturgüte und alle aufgenommenen Merkmale liegen dann als übliche Excel-Dateien vor und können problemorientiert weiterverarbeitet werden.

9.3.4
Erfahrungen mit der EDV-gestützten Datenerfassung im Gelände

Erfahrungen mit der *CUBEGS*-unterstützten Datenerfassung mit einem leistungsfähigen Notebook im Gelände haben gezeigt, daß eine geübte kartierende Person schneller das Feldprotokoll aus Papier ausgefüllt, als die Daten in den Computer eingegeben hat. Wird allerdings die Index-Berechnung vor Ort durchgeführt, so erweist sich der Einsatz eines Computers im Gelände als große Zeitersparnis.

Bei einem mehrstündig andauernden Kartieren erwies sich allerdings selbst das geringe Gewicht eines Notebooks zunehmend als physische Belastung. Diesem Problem konnte jedoch durch eine gut konstruierte unterstützende Tragekonstruktion abgeholfen werden.

Andere Probleme für den Rechner bereiten auch evtl. die klimatischen Verhältnisse (Regen, hohe Luftfeuchtigkeit, extreme Temperaturen). Werden jedoch speziell für die Datenerfassung im Gelände konzipierte Geräte (siehe Kapitel 9.2) eingesetzt, so dürften diese ausreichend genug vor Witterungseinflüssen geschützt sein.

Der PC-Markt zeigt hier ein großes Entwicklungspotential, und es ist zu erwarten, daß die heute noch relativ teuren Geräte in Zukunft noch leistungsfähiger, preiswerter und den Witterungsverhältnissen optimal angepaßt werden.

Auch wenn die Kartierenden sich heute noch aufgrund der aufgezeigten Probleme scheuen, einen PEN-Computer mit ins Gelände zu nehmen, so wird sich sein Einsatz zukünftig durchsetzen, da die großen Vorteile der Durchführung der Index-Berechnung vor Ort und damit der Kontrolle der Kartierung und auch die schnelle, problemorientierte Weiterverarbeitung der gespeicherten Daten eine effiziente, ökonomisch verträgliche Bestandsaufnahme, Bewertung und schließlich Darstellung der Gewässerstruktur erst ermöglicht.

9.4
Möglichkeiten der EDV-gestützten Datenweiterverarbeitung

9.4.1
Ziele der Weiterverarbeitung

Die Ergebnisse der Strukturgütebewertung sollen in erster Linie in thematischen Karten als farbige Bänder (Flächen oder Linien) längs der Fließgewässer dargestellt werden (siehe Kapitel 8). Für die Erzeugung dieser Bänder stehen verschiedene Hilfsmittel zur Verfügung. Einen zusammenfassenden Überblick über informationstechnische Hilfsmittel zum Informationsmanagement im Rahmen von Planungen für Renaturierungsmaßnahmen an Fließgewässern gibt RITTERBACH (1991).

So können die zu zeichnenden Bänder in einem Programm erzeugt (digitalisiert, also am Bildschirm "gezeichnet") werden, oder es werden spezielle Programme entwickelt, die die Koordinaten der Farbbänder berechnen. Die Ergebnisse dieser Programme (Linienzüge, bestehend aus einzelnen Punkten mit jeweils 2 Koordinaten: Vektordaten) werden dann in "Zeichen"-Systeme eingeladen und können hier gemäß ihrer Werteinstufung eingefärbt werden. Für diese Vektordaten stehen als Datenaustauschformate das Postscript-Format, das häufig verwendete DXF-Format (Data Exchange Format) sowie die verschiedenen, herstellerspezifischen ASCII- und Binärformate zur Verfügung.

Der Einsatz moderner Computertechnologie geht jedoch über die rein darstellerische Weiterverarbeitung weit hinaus. Alle bei der Kartierung mit *CUBEGS* aufgenommenen Einzelmerkmale liegen in Dateien vor, die in leistungsfähige Datenbanken eingeladen werden können. Hierdurch werden vielfältige Datenbankabfragen - z.B. die Suche nach allen Bereichen an einem ausgewählten Bach, deren Uferverbau aus Beton hergestellt wurde - möglich. Sind die Datenbanken Bestandteile umfassender Geographischer Informationssysteme (GIS), so können sie in ihrem realen räumlichen Bezug dargestellt und mit verschiedensten anderen gewässerbeschreibenden Informationen raumbezogen kombiniert werden.

GIS erweisen sich somit als besonders geeignet für die aufgeführte Form der Weiterverarbeitung der Strukturgütedaten. Im folgenden wird deswegen zuerst nur kurz auf übliche Kartier- und CAD-Systeme und schließlich verstärkt auf GIS eingegangen.

9.4.2
Darstellung der erfaßten Daten mit Kartiersystemen oder CAD

Zu dem breiten Feld der auf dem Markt verfügbaren graphischen Systeme gehören Kartiersysteme (KS) und Interaktiv-graphische Systeme (IGS). Bei diesen Systemen steht die Karte als Informationsprodukt im Vordergrund. Reine KS unterstützen lediglich den einseitig gerichteten Verfahrensablauf von der Erfassung von Daten bis zur Kartenerstellung. IGS bieten dagegen schon weitergehende Grundfunktionalitäten im Hinblick auf eine interaktive Überarbeitung und Gestaltung von Karten durch den Anwender an. KS und IGS in Verbindung mit Datenbanken (kartographische Datenbanken) werden standardmäßig in der Raumplanung eingesetzt (siehe GÖPFERT, 1991).

Während KS und IGS Teilaspekte eines Abbildes der realen Welt darstellen, verfolgen CAD-Systeme (CAD - Computer Aided Design) den umgekehrten Weg. Durch die Verwendung von CAD-Systemen entstehen rechnergestütze Entwürfe digitaler Modelle, die daraufhin in der realen Welt umgesetzt werden können. Bei CAD-Systemen steht also die Konstruktion im Vordergrund. Ein zu Planungszwecken sehr häufig eingesetztes CAD-System ist z.B. das AutoCAD[7].

9.4.3
Was ist ein GIS?

"Ein Geographisches Informationssystem (GIS) ist ein rechnergestütztes System, mit dem raumbezogene Daten digital erfaßt und redigiert, gespeichert und reorganisiert, modelliert und analysiert sowie alphanumerisch und graphisch präsentiert werden" (BILL/FRITSCH 1994).

Ein GIS stellt damit Werkzeuge und Methoden zur Verfügung, die reale Welt in Form raumbezogener Daten - in den Koordinaten der realen Welt (z.B. Gauß-Krüger-Koordinaten) - im Rechner darzustellen. GIS unterscheiden sich im wesentlichen von KS, IGS und CAD-Systemen durch die Sachdatenhaltung, die bei GIS im Vordergrund steht, während sie bei den anderen Systemen fehlt.

---

[7] ®Autodesk Corp.

9 Computerunterstützte Bewertung und Darstellung der Gewässerstruktur

GIS sind überall dort gut einsetzbar, wo raumbezogene Daten nicht nur erfaßt sondern auch ausgewertet und bewertet werden müssen. Ausführliche Erläuterungen zu GIS und deren Funktionalitäten geben u.a. ASHDOWN/SCHALLER (1990) und BILL/FRITSCH (1994). Letztere geben auch einen Überblick über die am Markt verfügbaren GIS.

Ein Objekt in einem GIS ist eine konkrete physisch, geometrisch oder begrifflich begrenzte Einheit der realen Welt und besitzt eine individuelle Identität.

So kann zum Beispiel jedes Fließgewässer ein Objekt sein, aber auch jeder einzelne 100-Meter-Abschnitt kann als ein eigenes Objekt vorgehalten werden. Ein Objekt wird im GIS durch Sachdaten, Geometriedaten und Daten zu seiner graphischen Darstellung beschrieben (Abb. 9.11).

Sachdaten (thematische Daten, Attribute oder auch beschreibende Daten) sind solche Daten, die sämtliche nichtgeometrischen Elemente eines Objektes der realen Welt beschreiben, zum Beispiel der Typ der Uferbefestigung in einem Abschnitt.

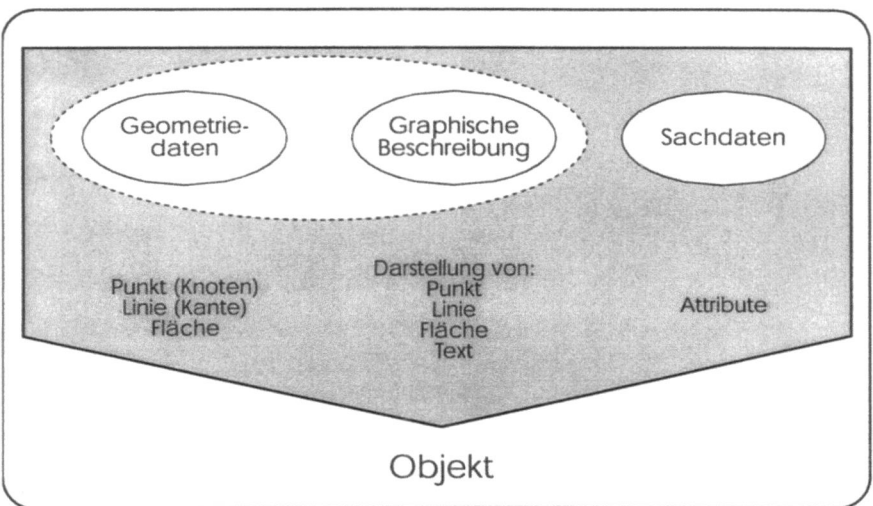

Abb. 9.11. Objektmodell in einem GIS

Geometriedaten umfassen Vektordaten (punkt- und linienhafte Beschreibung der Geometrie von räumlichen Objekten, z.B. digitalisierte Gewässerverläufe) und Rasterdaten (flächenhafte Darstellung der Geometrie räumlicher Objekte, z.B. gescannte topographische Karten). Die Geometriedaten werden durch graphische Beschreibungen ergänzt, die Aussagen über die Darstellung (am Monitor oder auf einer ausgedruckten Karte) eines räumlichen Objektes enthalten (siehe Abb. 9.12).

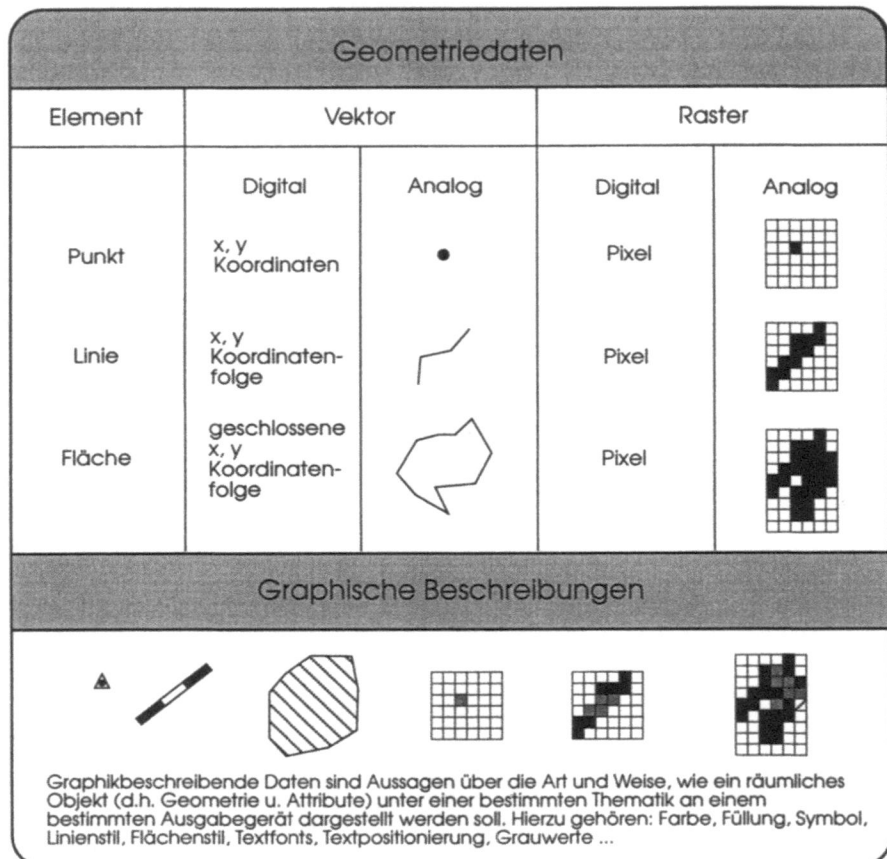

Abb. 9.12. Geometriedaten und deren graphische Ausgestaltung (nach BILL/FRITSCH, 1994)

9.4.4
Welche digitale Datenbasis ist verfügbar?

Als Hintergrund für die thematischen Karten können topographische Karten (oder auch andere Karten, siehe Kapitel 7) auf Trommelscannern gescannt, dann als Rasterdaten in die Systeme eingeladen und in ein Welt-Koordinatensystem transformiert werden (siehe hierzu GÖPFERT, 1991 und BILL/FRITSCH, 1994).

Als Datenaustauschformate für die Rasterdaten wird üblicherweise das TIFF (tagged image file format) verwendet, aber auch andere Formate, wie z.B. RAS (Sun Raster-Datenformat) oder BMP (Windows-Bitmap)sind gebräuchlich.

Alternativ können auch bereits vorliegende digitale Daten als Hintergrundinformationen oder auch als zusätzliche Informationen in die Systeme eingeladen werden. Hierdurch wird die Beschaffung von Grundlagendaten wesentlich effizienter gestaltet als wenn alle Daten gescannt und eingeladen bzw. digitalisiert werden müßten.

Die Systeme, die digitalisierte Daten bereitstellen, lassen sich in Basissysteme, Fachinformationssysteme und Integrierende Systeme (Fachübergreifende Informationssysteme, z.B. Umweltinformationssysteme: UIS) einteilen. Einen ausführlichen Überblick über die Systeme bietet das Umweltbundesamt (UBA 1992). Im folgenden wird nur kurz auf die Basissysteme eingegangen.

Die Basissysteme enthalten die geographische Datenbasis (Topographie, Raumgliederung). Die amtlichen Basissysteme ALK und ATKIS werden von den Landesvermessungsverwaltungen der Bundesländer betreut.

Die Basis für die bereits 1970 eingeführte Automatisierte Liegenschaftskarte (ALK) bildet das Liegenschaftskataster, in dem Flurstücke in einer Grundstücksdatenbank mit allen Daten gespeichert sind. In der ALK sind primär Grundrißdaten gespeichert, Fachdaten sind nur von sekundärer Bedeutung. Der Katalog OSKA-Liegenschaftskataster enthält alle Grundrißelemente und Objekte der ALK.

Die ALK besteht aus einer ALK-Datenbank und einem ALK-Verarbeitungsteil (Interaktion der Datenerfassung). Die beiden Teile sind mit einer EDBS (Einheitliche Datenbankschnittstelle) miteinander verbunden. In Nordrhein-Westfalen ist ein Bestandteil des ALK-Verarbeitungsteils das vermessungstechnische und kartographische Instrument ALK-GIAP (Graphisch-Interaktiver Arbeitsplatz), das in der Praxis - vor allem in Verwaltungen - häufig genutzt wird.

Das Amtliche Topographisch-Kartographische Informationssystem (ATKIS) wurde Ende der 70er Jahre konzipiert, um einen digitalen Datenbestand über die dreidimensionale Struktur der Oberfläche Deutschlands vorzuhalten.

ATKIS besteht aus den beiden Modulen Digitale Landschaftsmodelle (DLM) und Digitale Kartographische Modelle (DKM). In den DLM wird die Landschaft nach topographischen Objekten und Objektteilen sowie deren gegenseitigen Interaktionen gegliedert. Die Objekte der realen Welt werden nach Form, Lage und räumlichen Bezügen untereinander erfaßt, den Objektarten zugeordnet, durch Sachattribute beschrieben, verschlüsselt und gespeichert. An Hand des Objektartenkatalogs wird die Landschaft strukturiert.

Die Grobstrukturierung erfolgt durch die Zuweisung der Objektart, die Feinstrukturierung durch die Zuweisung von Attributen. Durch diese strukturierte topographische Landesaufnahme entsteht als Primärmodell ein topographisches Landschaftsmodell im Rechner.

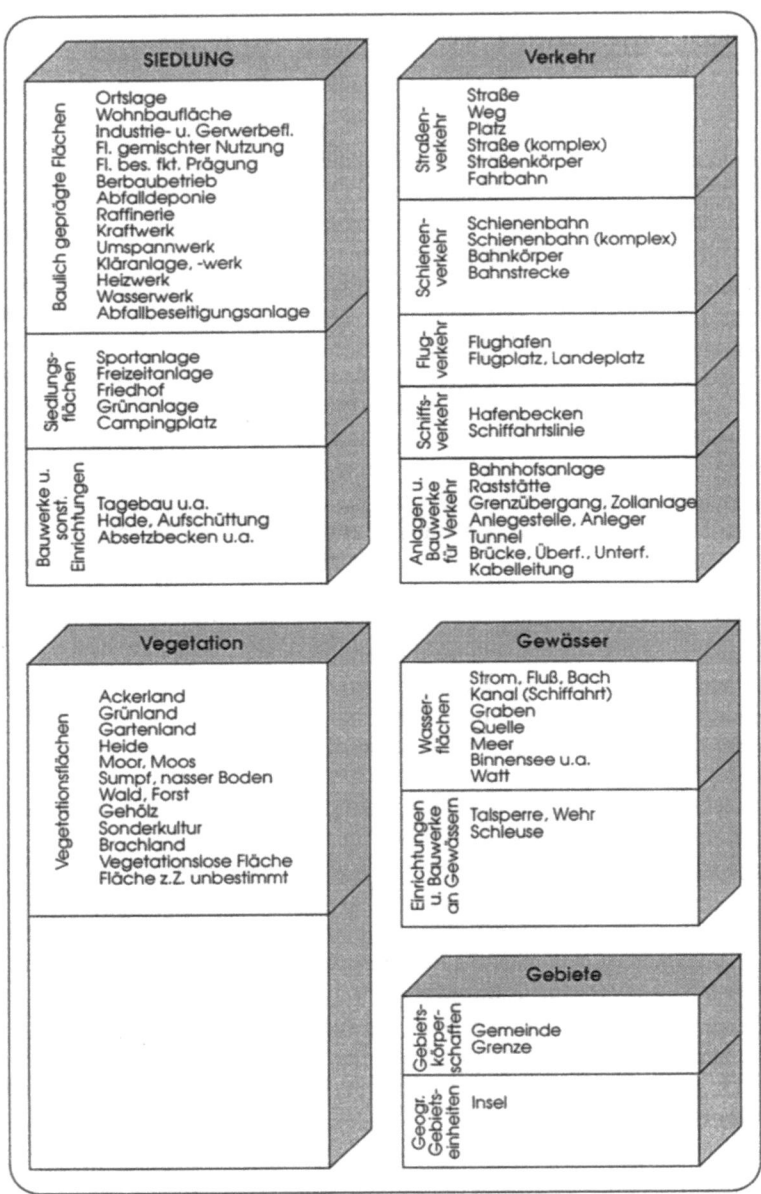

Abb. 9.13. Grunddatenbestand für das DLM 25/1 (nach LVA NRW, 1994)

In Analogie zu gedruckten Topographischen Karten in den Maßstäben 1:25.000, 1:200.000 und 1:1 Mio. werden auch die DLM in den gleichen Maßstäben bereitgestellt (DLM 25, DLM 200 und DLM 1000).

Die DLM werden durch eine kartographische Bearbeitung mittels in einem Signaturen-Katalog festgelegter Regeln in DKM als Sekundärmodelle der realen Welt überführt.

Werden anwenderspezifische Daten den Sekundärmodellen hinzugefügt, entstehen schließlich problembezogene Tertiärmodelle der realen Welt. Auf der Basis der bereits vorhandenen ALK-Grundrißdatei wurde das ATKIS-Datenmodell schrittweise umgesetzt, so daß heute ATKIS als DLM 25/1 mit 70 Objektarten und Attributen (Abb. 9.13) fast flächendeckend in Deutschland realisiert ist. Über den Stand der Arbeiten informieren die jeweils zuständigen Landesvermessungsämter - LVA - der Bundesländer (Adressen siehe Kapitel 7).

9.4.5
Das GIS-basierte Fließgewässerinformationssystem (FLIS).

Am Institut für Wasserbau und Wasserwirtschaft (IWW) der RWTH Aachen wurde das GIS-basierte Fließgewässerinformationssystem (Arbeitstitel *FLIS*) auf der Basis des objektorientierten[8] SMALLWORLD (SW) GIS entwickelt.

Das *FLIS* ist ein Werkzeug zur Handhabung umfassender Informationen über Fließgewässer zur Unterstützung von Planungs- und Entscheidungsprozessen in Flußlandschaften. Hierzu zählen unter anderem Planungen von Ausbaumaßnahmen an Fließgewässern, Gewässerpflegepläne sowie Raumordnungs- und Raumplanungsvorhaben in Talauen.

Zum Leistungsspektrum des *FLIS* gehört auch die Darstellung und die Verwaltung der mit *CUBEGS* aufgenommenen Informationen. Das SW GIS unterstützt das Einladen von Daten der Basissysteme (siehe 9.4.4), die somit als Grundlageninformationen genutzt werden können.

Im SW GIS werden alle Objekte (siehe Abb. 9.11), die sich genau gleich verhalten und die durch dieselben Sachdaten und graphischen Daten beschrieben werden (diese sind nur unterschiedlich ausgeprägt) zu Objektklassen zusammengefaßt. Für jede Objektklasse wird im SW GIS ein "Editor" angelegt (vorstellbar als "Karteikasten"). Jedes Objekt einer Objektklasse erhält eine "Karteikarte", in der alle Daten zum Objekt zusammengestellt sind. Über den "Objektklassen-Editor" lassen sich auch besondere Funktionalitäten ausführen.

Die für das Datenmanagement im Rahmen der Strukturgütekartierung erforderlichen besonderen Funktionalitäten des *FLIS* sind:
- die linienhafte Verwaltung von Fließgewässern,
- die automatische Stationierung (Kilometrierung) der Fließgewässer von ihrer Mündung bis zur Quelle,

---

[8] RULAND (1993) erläutert den Vorteil objektorientierter GIS und stellt auch detailliert die Arbeitsweise mit dem SMALLWORLD GIS dar.

- die automatische Erzeugung von linienhaften Gewässerzustands-darstellungen (Gewässerstrukturgütebänder).

Die Vorgehensweise der durch das *CUBEGS* und das *FLIS* unterstützten Kartierung der Gewässerstrukturgüte ist in der Abbildung 9.14 dargestellt.

9.4.6
Preprocessing (vorbereitende Tätigkeiten) mit dem FLIS.

Zur Vorbereitung einer Kartierung im Gelände können Karten im GIS erstellt und über den Drucker ausgegeben werden, in denen die Lage und die Station (Kilometrierung) der 100-Meter-Abschnitte in ihrem topographischen Bezug genau zu erkennen sind. Hierfür wird im GIS ein ausgewähltes Fließgewässer mit der Maus angeklickt, also selektiert. Über den zugehörigen Editor wird dann eine automatische Stationierung durchgeführt (berechnet und gezeichnet).

Ebenso wird über den Editor das automatische Berechnen und Zeichnen von Bändern aktiviert, die aus einzelnen 100 Meter langen Teilbändern (Objekte der Objektklasse "Strukturgüteabschnitt") bestehen und das Fließgewässer begleiten. Insgesamt werden zehn Bänder erzeugt: sechs Bänder für die Hauptparameter, drei Bänder für die Bereiche "Sohle"-"Ufer"-"Land" und eins für die Gesamtbewertung. Die Bänder sind, nachdem sie einmal erzeugt wurden, beliebig miteinander kombinierbar, ein- und ausblendbar.

Die spätere Darstellungsart erfolgt problemorientiert und maßstabsabhängig. Da die einzelnen Strukturgüteabschnitte Objekte mit eigener Geometrie sind, lassen sich die Geometrien von Hand (mit der Maus) dort korrigieren, wo sie für den Betrachter nicht "schön" genug gelungen sind. Auf der Grundlage der in einem handlichen Format (z.B. DIN A 4) ausgedruckten, maßstabsgetreuen Karten entlang des zu kartierenden Fließgewässers kann sich die kartierende Person nun im Gelände sehr gut orientieren. Zur weiteren Orientierung können besondere Objekte – z.B. Brücken, Stauanlagen, Häuser und Straßen in unmittelbarer Umgebung des Untersuchungsgebietes in die Karten aufgenommen werden.

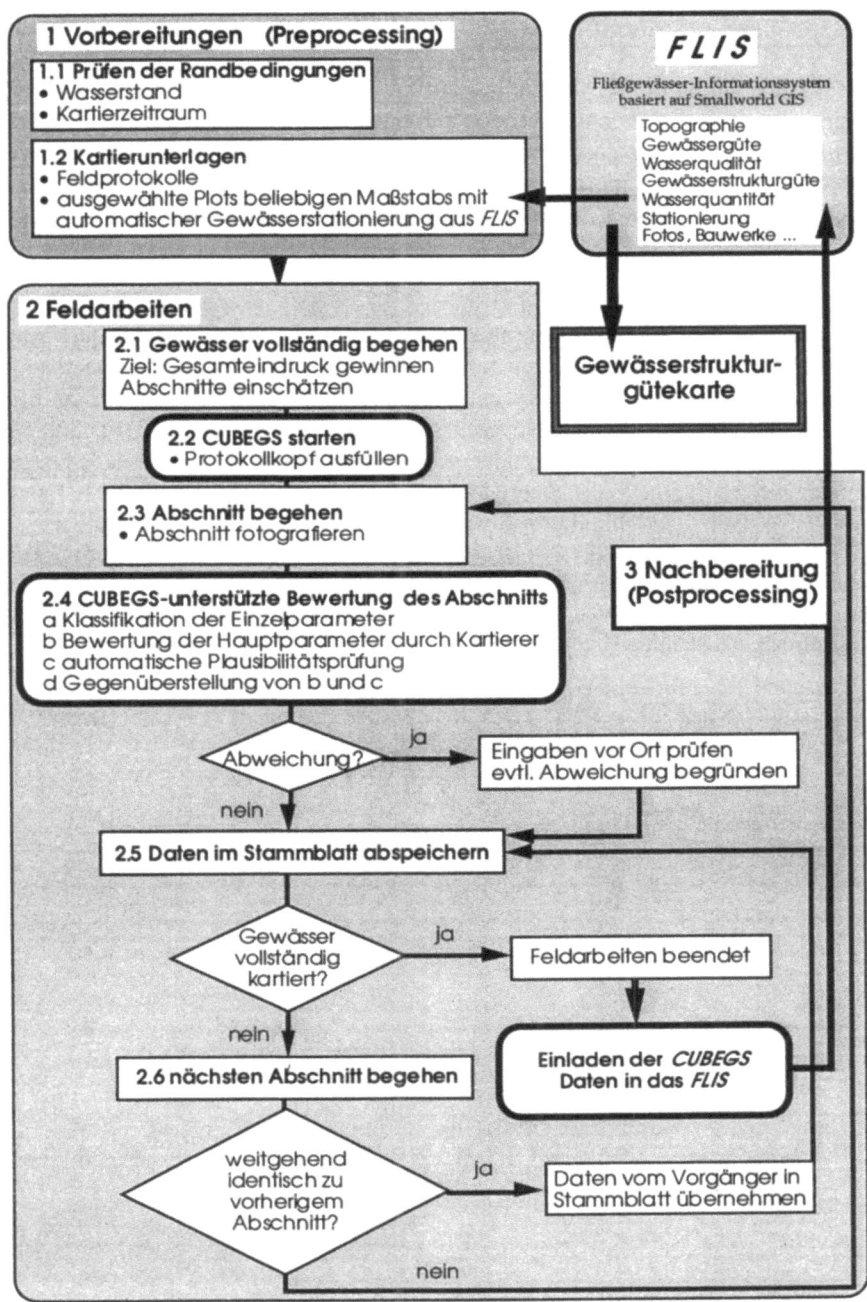

Abb. 9.14. Ablaufschema einer durch den Einsatz von *CUBEGS* und *FLIS* unterstützten Strukturgütekartierung

9.4.7
Postprocessing (nachbereitende Tätigkeiten) mit dem FLIS.

Die Nachbereitung der Kartierung beginnt mit dem Überspielen der mit *CUBEGS* aufgenommenen Daten vom Notebook auf eine Workstation, auf der das *FLIS* installiert ist. Daraufhin erfolgt das Einladen der Daten in das *FLIS*. Dies geschieht über den Editor der Objektklasse "Strukturgüteabschnitt". Dieser enthält einen Button ("*CUBEGS*-Daten einlesen"), über den die einzuladenden Daten ausgewählt werden können. Nach erfolgter Wahl erfolgt das automatische Laden der Daten in die noch leeren Attributfelder der zugehörigen Strukturgütabschnitte.

Die Orientierung erfolgt hierbei anhand der Fließgewässerkennzahl und der Stationierung. Die Bewertungen sind Bestandteile der eingelesenen Daten, auch sie werden in den für sie vorgesehenen Felder abgelegt. Ist der Datensatz vollständig eingelesen, erfolgt nach einem neuen Bildschirmaufbau die automatische Einfärbung der bereits vorhandenen Strukturgütebänder. Für einen Abschnitt der Schwalm sind beispielhaft die Bänder, die die Werteinstufung der sechs Hauptparameter zeigen (Abb. 9.15), dann die für die Bereiche "Sohle"-"Ufer"-"Land" (Abb. 9.16) und zuletzt die für die Gesamtbewertung (Abb. 9.17) dargestellt.

Neben den Daten über die Strukturgüte können auch die bei der Kartierung aufgenommenen Fotos der Abschnitte in das *FLIS* eingeladen werden. Am Bildschirm können daraufhin alle Daten zu einem 100-m-Abschnitt abgerufen und zusätzlich das Foto des Abschnitts eingeblendet werden.

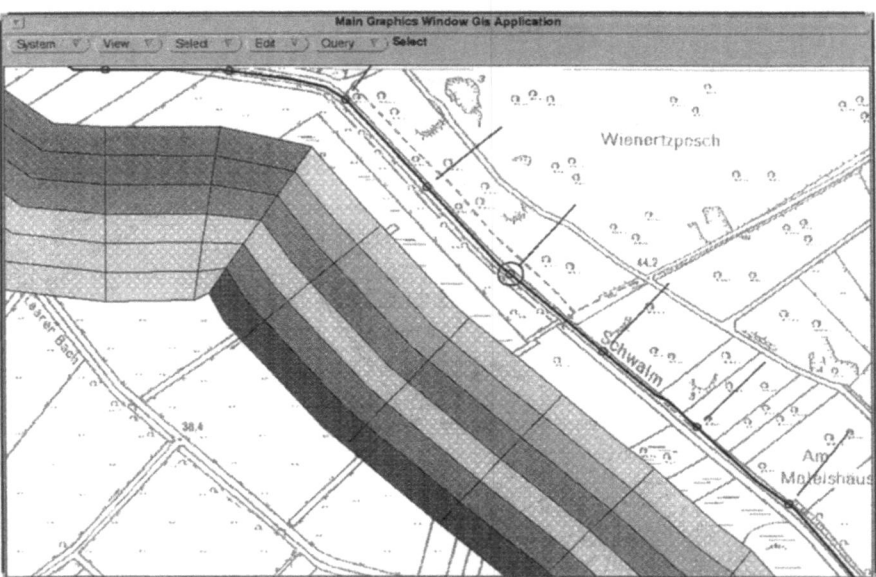

Abb. 9.15. Exemplarische Darstellung der 6 Hauptparameter im *FLIS*

9 Computerunterstützte Bewertung und Darstellung der Gewässerstruktur 183

Abb. 9.16. Exemplarische Darstellung der Bereiche Wasser, Ufer, Land im *FLIS*

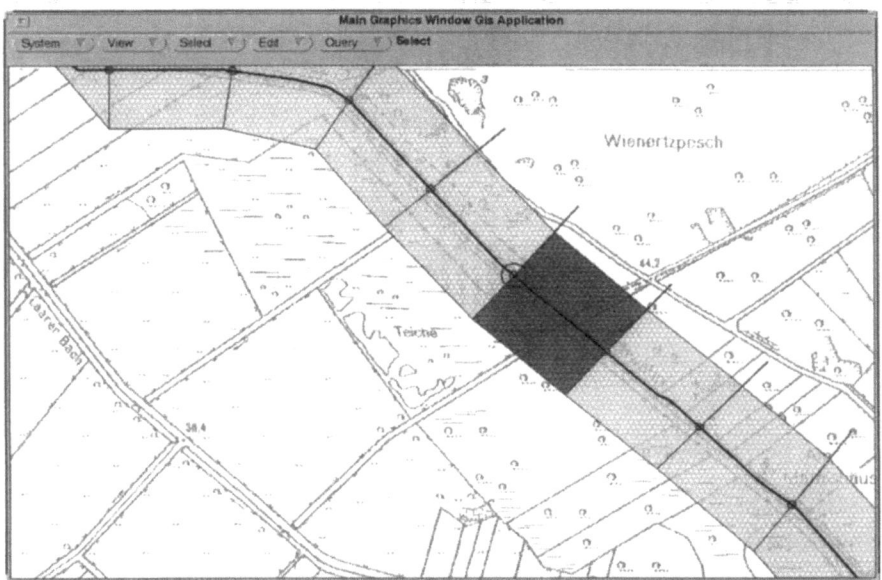

Abb. 9.17. Exemplarische Darstellung der Gesamtbewertung im *FLIS*

Dem Anwender stehen nun alle üblichen GIS-Abfragen zur Verfügung, er kann sich über den Zustand der Gewässerstrukturgüte der Fließgewässer in einem Untersuchungsgebiet einen klaren Überblick zu verschaffen.

Die Daten zur Strukturgüte können mit anderen im System enthaltenen Daten überlagert werden - wie z.B. die Eigentumsverhältnisse, die Überflutungsflächen oder die Gewässergüte[9] -, so daß ein leistungsfähiges Instrument zur Unterstützung von Pflege- und Renaturierungsmaßnahmen zur Verfügung steht.

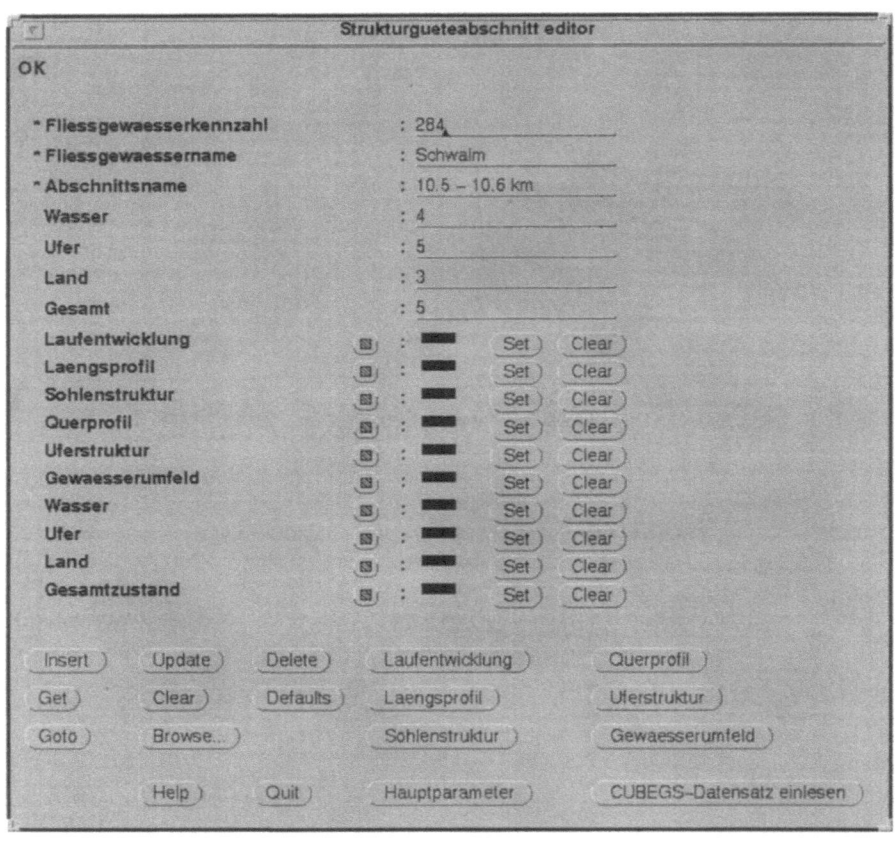

Abb. 9.18. Editor für die Objektklasse "Strukturgüteabschnitt"

---

[9] Gütebänder werden automatisch für ein ausgewähltes Fließgewässer über den "Fließgewässer-Editor" erzeugt. Die Breite der Bänder richten sich nach dem mittleren Durchfluß, die Einfärbung nach der Gewässergüteklasse. Beide Informationen werden automatisch den an dem Fließgewässer liegenden Gütemeßstellen entnommen.

9.5 Ausblick

Die Möglichkeiten der Überlagerung der Strukturgütedaten mit anderen, die Entwicklung eines Gewässers betreffenden Informationen in einem Fließgewässerinformationssystem bilden die Grundlage für vielfältige, praktische Anwendungen.

So stehen die aufgenommenen Strukturgütedaten für *FLIS*-unterstützte Gewässerpflegepläne zur Verfügung und können auch für weitergehende Maßnahmen, z.B. für die Planung von Gewässerausbaumaßnahmen genutzt werden.

Der dann folgende Schritt zur Unterstützung zukünftiger Gewässerausbauplanungen ist die Koppelung von Strömungs- und Feststofftransportsimulationsmodellen[10] an das *FLIS*, um so Aussagen über die potentiellen Auswirkungen von Maßnahmen machen zu können.

Die Zusammenführung aller ein Fließgewässer und sein Einzugsgebiet betreffender multidisziplinärer Informationen in einem GIS - man könnte dieses dann als digitalen Gewässeratlas bezeichnen - ermöglicht die effiziente Dokumentation von Veränderungen (Monitoring) und auch die zentrale und wirtschaftliche Bereitstellung von Informationen für sämtliche Maßnahmen im Einzugsgebiet und am Fließgewässer selbst.

Ein solcher digitaler Gewässeratlas wäre die beste Voraussetzung für eine erfolgreiche integrale Entwicklungsplanung und damit Grundbaustein für eine nachhaltige und umweltverträgliche Gestaltung unserer Kulturlandschaft.

Literatur

Ashdown, Michael; Schaller, Jörg (1990): Geographische Informationssysteme und ihre Anwendung in MAB-Projekten, Ökosystemforschung und Umweltbeobachtung; UNESCO-Programm "Der Mensch und die Biosphäre", MAB-Mitteilungen 34, Bonn, ISSN 0723-4112

Bill, Ralf; Fritsch, Dieter (1994): Grundlagen der Geo-Informationssysteme - Band 1 Hardware, Software und Daten; 2. Auflage, Wichmann, Karlsruhe, ISBN 3-87907-265-5

Göpfert, Wolfgang (1991): Raumbezogene Informationssysteme - Grundlagen der integrierten Verarbeitung von Punkt- Vektor- und Rasterdaten, Anwendungen in Kartographie, Fernerkundung und Umweltplanung; 2. Auflage, Wichmann, Karlsruhe, ISBN 3-87907-232-9

Kauffels, Franz-Joachim (1996): Einführung in die Datenkommunikation Grundlagen - Systeme - Dienste; 5. überarbeitete und aktualisierte Auflage, Bergheim: DATACOM-Verl. (Datacom-Fachbuchreihe) ISBN 3-89238-143-7

LVA NRW (1994): Landesvermessungsamt NRW - Produkte 1994/95; Publikationsbroschüre des Landesvermessungsamtes Nordrhein-Westfalen, Bonn

Ritterbach, Eckard (1991):Wechselbeziehungen zwischen Auenökologie und Fließgewässerhydraulik und Möglichkeiten der integrierenden computergestützten Planung; (Hrsg.) Prof. Dr.-Ing. G. Rouvé, Mitteilungen Institut für Wasserbau und Wasserwirtschaft der RWTH Aachen, Heft 80, Academia Verlag, Sankt Augustin, ISSN 0343-1045

Rombach, Jaqueline (1994): Programmierung einer graphischen Benutzeroberfläche zur Optimierung der Gewässerstrukturkarte NW; Diplomarbeit am Institut für Wasserbau und Wasserwirtschaft der RWTH Aachen, unveröffentlicht

---

[10] Siehe RULAND (1993).

Ruland, Peter (1993); Numerische Simulation des Sedimenttransports unter Verwendung eines objektorientierten Geographischen Informationssystems; (Hrsg.) Prof. Dr.-Ing. G. Rouvé, Mitteilungen Institut für Wasserbau und Wasserwirtschaft der RWTH Aachen, Heft 87, Academia Verlag, Sankt Augustin, ISBN 3-88345-332-3

Tenbergen, Bernd, Brinkkötter-Runde, Klaus (1994): GPS unterstützte digitale Felderfassung für Fachinformationssysteme; (Hrsg.) Landschaftsverband Westfalen-Lippe, Schriftenreihe des Westfälischen Amtes für Landes- und Baupflege, Heft 8, Münster, ISSN 0941-1690

UBA (1992); Informationsbedarf zum gebietsbezogenen Umweltschutz im Rahmen der Prüfung von Raumordnungsplänen und raumbezogenen Fachplänen - Informationssystem über umweltbezogenen Ausweisungen in räumlichen Plänen und Planungen (UMPLAN) - Vorstudie - ; Texte 5/92 des Umweltbundesamtes (UBA) Umweltforschung des Bundesministers für Umwelt, Naturschutz und Reaktorsicherheit - Umweltplanung, Ökologie - Forschungsbericht 101 09 004 UBA-FB 91-085

10 Die Gewässerstrukturgütekarte in der Praxis der Wasserwirtschaftsverwaltung

Martin Nußbaum
Bezirksregierung Köln, 50606 Köln

10.1 Einleitende Worte

Da und wie wir Menschen uns niedergelassen und entwickelt haben, treten wir mit unserem Handeln in Konflikt mit unserer natürlichen Umwelt. Je höher entwickelt und "zivilisierter" unsere Gesellschaften sind, desto stärker findet der Raubbau an den Ressourcen unserer Erde statt.

Große Bevölkerungszahlen auf dicht gedrängtem Raum, ein niedriger Stand an Industrialisierung, gepaart mit vernachlässigten Umweltstandards reichten bereits aus, um die Gewässergüte nachhaltig zu schädigen. "Weiterentwickelte" Gesellschaftsformen griffen infolge zusammenhängender Landnahme bis in den amphibischen Bereich der Gewässer ein und okkupierten die Flüsse und Bäche in ihren Auen; die Fließgewässerstrukturen wurden gänzlich überformt und die allem zugrundeliegende Dynamik in Ketten gelegt.

Das Abflußregime wurde durch die vielfältigen Veränderungen im Einzugsgebiet der Gewässer zunehmend verändert. Ursache hierfür sind die verschiedenen anthropogenen Bodennutzungsformen von der extensiven Waldwirtschaft bis hin zur intensivsten Beanspruchung durch Siedlungs-, Gewerbe- und Verkehrsflächen.

Besonders nachhaltige und unmittelbare Eingriffe stellen die direkten Benutzungen des Fließgewässers als Vorfluter für Abwässer, durch Aufstau zur Wasserkraftnutzung oder zur Trinkwassergewinnung sowie der komplette Verbau, z. B. zum Betrieb einer Wasserstraße, dar.

Der nachfolgende Beitrag erläutert die Gewässerunterhaltung und veranschaulicht den Gebrauch der Gewässerstrukturgütekarte beim Umgang mit den Fließgewässern. Anhand von Beispielen aus der Praxis wird versucht, einen Einblick in die Routine der Gewässerunterhaltung zu geben.

Die Schilderung gibt meine persönliche Sicht der Dinge als Wasserbauingenieur wieder und ist gewachsen aus langjährigem Kontakt mit den Gewässern vor Ort und den für sie Verantwortlichen.

10.2
Die Wasserwirtschaftsverwaltung in Nordrhein-Westfalen

Das Wasserhaushaltsgesetz[11] als Bundesgesetz bestimmt den Rahmen, nach dem sich die Länder ihre Wassergesetze geben; in Nordrhein-Westfalen z.b. durch das Landeswassergesetz[12]. In diesen gesetzlichen Grundlagen sind die elementaren Dinge rund ums Wasser angesprochen, die uns Menschen interessieren (müssen).

Neben der Eigenschaft als "Lebensmittel Nr. 1" erfüllt das Wasser noch weitere Funktionen in unserem täglichen Leben, die aus Sicht eines Gemeinwesens beschrieben werden müssen. Seine Nutzung muß geregelt, kontrolliert und ein Mißbrauch sanktioniert werden.

- Was ist z. B. ein Fließgewässer im Sinne des Gesetzes?
- Darf ich Wasser aus einem Bach zum Trinken, Autowaschen, Bewässern meiner Wiese, Tränken meines Viehs, ... benutzen?
- Darf ich in einem Gewässer schwimmen, mich waschen, mit meinem Boot fahren?
- Brauche ich eine Erlaubnis, wenn ich ein Gewässer verlegen will, um mein Wohnhaus gerade da zu errichten, wo der Bach verläuft?
- Wer ist für den Zustand der Gewässer verantwortlich?
- Wen muß ich um Erlaubnis fragen, wenn ich Kühlwasser für meine Fabrik aus dem Fluß entnehmen will?
- Wer kontrolliert, ob das benutzte Wasser nicht in einem Zustand in den Fluß zurückgeleitet wird, der schädlich für das Gewässer ist?
- Was passiert, wenn ich mich nicht an die gesetzten Auflagen halte, aus Unachtsamkeit oder gar aus Vorsatz?

Der Fragenkatalog ließe sich beliebig verlängern, deutet er bereits jetzt das Ausmaß dessen an, was mit den gesetzlichen Vorgaben als Grundlage, durch Kommentare, Durchführungsverordnungen, ministerielle Erlasse, Ermessensausübung usw. gestützt und durch Rechtsprechung gesichert, das tägliche Verwaltungshandeln ausmacht.

Wasserwirtschaftsverwaltung heißt: die Dinge rund ums Wasser regeln!

Exemplarisch ist in Abbildung 10.1 der Aufbau der nordrhein-westfälischen Wasserwirtschaftsverwaltung dargestellt.

---

[11] Gesetz zur Ordnung des Wasserhaushalts (Wasserhaushaltsgesetz- WHG) i.d.F. v. 12.11.1996 (BGBl. I S. 1965)

[12] Wassergesetz für das Land Nordrhein-Westfalen (Landeswassergesetz - LWG) i.d.F.d.Bek. v. 9.6.19989 (GV.NW. S 248) zul. geä. d.G.v. 25.6.1995 (GV.NW. S. 926)

10 Gewässerstrukturgütekarte in der Praxis der Wasserwirtschaftsverwaltung

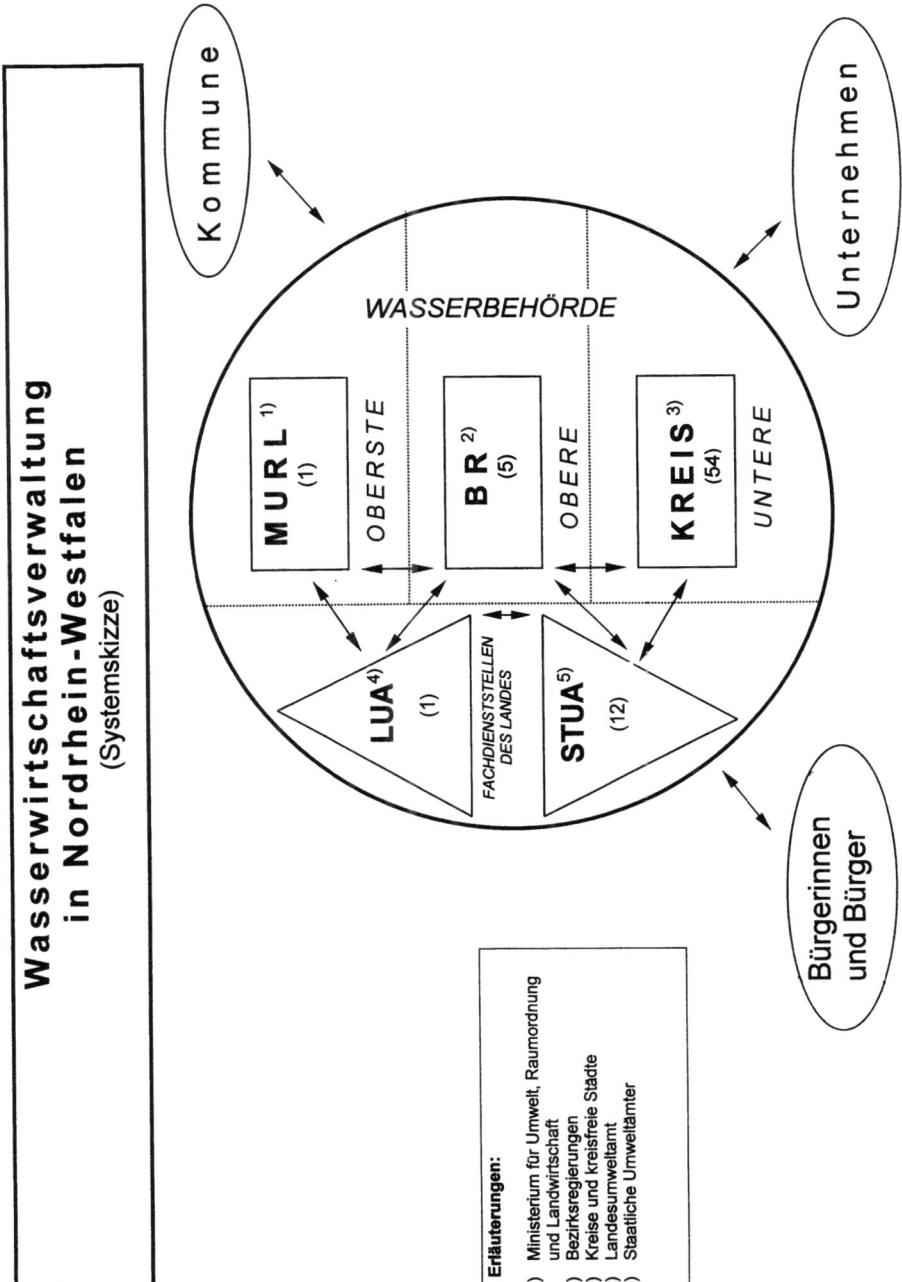

Abb. 10.1. Aufbau der Wasserwirtschaftsverwaltung in Nordrhein-Westfalen

Jede Dienststelle hat ihre spezifischen Zuständigkeiten und Befugnisse, auf die anderen einzuwirken, eigene Vorstellungen vorzubringen oder durchzusetzen, zu berichten, zu verfügen oder zu erlassen, als Dienstleistungsunternehmen nach außen zu treten, sich der Unterstützung des anderen zu bedienen usw. - kurzum: Wer was wie zu regeln hat, ist geregelt!

10.3
"Sinn und Unsinn" von Gewässerunterhaltung

Die natürliche Entwicklung eines Gewässers funktioniert "aus sich heraus". Sie läuft mit der ihr eigenen Geschwindigkeit ab und regelt sich "von allein". Von Natur aus bedürfen Fließgewässer somit keiner Unterhaltung.

Fanden die zurückliegenden wasserbaulichen Tätigkeiten jahrhunderte- und jahrtausendelang mit einer heute behäbig anmutenden Geschwindigkeit statt, so hat der "technische Fortschritt" seit Entwicklung der Dampfmaschine vor 100 Jahren eine rasante Beschleunigung bewirkt. So rasant, daß einige Systeme die schnelle Fahrt nicht überstehen und eine gemeinhin als unnatürlich bezeichnete Entwicklung nehmen.

Greife ich an einzelnen oder gar mehreren Punkten in die Gewässerlandschaft ein, verändere ich damit das natürliche, dynamische Gleichgewicht und werde mit den Auswirkungen dieses Handelns konfrontiert.

Die dynamische Entwicklung eines Mittelgebirgsbaches ist geprägt von Uferabbrüchen, Sohl- und Böschungserosion, dem Unter- und Hintergraben einzelner und zusammenhängender Gehölze, dem Aufkommen von Jungwuchs, dem ungehinderten Ausufern bei erhöhten Wasserständen und vielem anderem mehr.

Unterhalte ich dieses Gewässer jetzt, indem ich Uferabbrüche zurückbaue, die Sohl- und Böschungserosion durch Befestigungen unterbinde, Gehölze vor dem Wasserangriff "schütze", die Böschungen regelmäßig mähe, Hochwasserschutz durch Eindeichung oder Gerinneaufweitung betreibe, so entferne ich mich mit jeder Maßnahme weiter von den natürlichen Gegebenheiten: das natürliche Gefüge gerät auseinander.

Durch die Nutzung der Quellen, Bäche, Flüsse und Ströme greifen wir also zwangsläufig auch in das Wirkgefüge "Gewässer" ein und haben immer wieder aufs neue den Sinn und Zweck unseres Handelns zu definieren.

Die gesetzliche Vorschrift, die der Gewässerunterhaltung die Pflicht auferlegte, ausgebaute Gewässer in diesem Zustand zu erhalten, wurde in Nordrhein-Westfalen erst 1989 aufgehoben.

Eine ganze Dekade ging also ins Land, bis der damals durchaus als fortschrittlich zu bezeichnende Grundgedanke der "Richtlinie für naturnahen Ausbau und Unterhaltung von Fließgewässer in Nordrhein-Westfalen" (sog. "Blaue Richtlinie")[13], nämlich die naturnahe Entwicklung von Fließgewässern, auch Widerhall im Gesetz fand - eine zu lange Zeit, wie ich meine.

Wenn wir jetzt als Verantwortliche für die Misere, in der sich unsere Gewässer befinden, an ein Umdenken herangehen, lautet die Frage: Was wollen wir heute?

Wollen wir weitermachen wie bisher, sanft gegensteuern, radikal das Ruder herumreißen oder einen Mittelweg beschreiten; und welche Zeit nehmen wir uns dafür?

Die Frage nach der sinnvollen Gewässerunterhaltung ist auch eine Frage der sinnvollen Verwendung von öffentlichen Geldern. Unterstelle ich das gemeinschaftliche gesellschaftspolitische Ziel, im Einklang mit der Natur unter einem großen Maß an Lebensqualität leben zu wollen und sehe außerdem die überall geäußerte Notwendigkeit zu sparen, so drängt sich das Erfordernis einer Umorientierung in der Gewässerunterhaltung geradezu auf.

Wir haben neue Ziele zu definieren, die vor Ort umgesetzt werden können. Dies setzt voraus, daß wir bei den lokal Verantwortlichen eine Akzeptanz für diese Ziele erreichen. Jeder, der seit längerer Zeit in der Gewässerunterhaltung arbeitet, sieht sich mit Fragen konfrontiert, auf die er persönlich befriedigende Antworten finden muß:

Warum soll ich heute anders handeln als gestern? Wie kann mein sinnvolles Handeln von gestern heute unsinnig sein? Was ist überhaupt das Ziel meines Handelns?

In der Zukunft ist weniger das politische Reden als das aktive Handeln gefragt. Ausgehend von einer zwar nicht befriedigenden, aber dennoch ausreichenden Gesetzesgrundlage wollen die Ankündigungen der politisch Verantwortlichen in Richtung "Mehr Umweltschutz" endlich von den administrativ Handelnden konsequent umgesetzt werden.

10.4
Gewässerunterhaltung heute und morgen

Die Pflicht zur Gewässerunterhaltung liegt i.d.R. bei der Öffentlichen Hand, meist bei den anliegenden Gemeinden, die sich von Fall zu Fall in Wasser- und Bodenverbänden zwecks Steigerung der Effektivität zusammenfinden.

Neben der Vielzahl der Aufgaben und angesichts der immer größer werdenden Finanznot kommunaler Kassen fristet sie ein Schattendasein im öffentlichen Interesse. Die klassische Aufgabe der Gewässerunterhaltung bestand von alters her in der schadlosen Fortführung des Wassers: "Vorflut schaffen". Da in der Vergangenheit die Gewässer gerade zu diesem Zweck ausgebaut wurden, war der Erhalt des ausgebauten Zustands folgerichtig vordringliches Ziel der Unterhaltung.

---

[13] Hg.: Landesamt für Wasser und Abfall des Landes Nordrhein-Westfalen, Düsseldorf 1980

Abb. 10.2. Hier ist die klassische Aufgabe der Gewässerunterhaltung optimal erfüllt: Vorflut ist gesichert.

Werden die Gewässer und ihr Umfeld intensiv genutzt, kommt der Unterhaltung die große Bedeutung zu, diese Nutzung auch weiterhin zu gewährleisten. Für weite Bereiche unserer Republik wird das Rad der Entwicklung nicht mehr zurückzudrehen sein. Die großen Ansiedlungen in ihren Ausmaßen will wohl niemand in Frage stellen.

Die rechtskräftige Ausweisung eines Bebauungsplans in der Aue wird auch heute noch als "Sünde von (hoffentlich) gestern" akzeptiert. An diesen Gewässern kommt den Unterhaltungspflichtigen die in der Tat wichtige Aufgabe zu, Leib und

Leben der Menschen und die materielle Existenz der Sachgüter vor den zerstörerischen Kräften der Bäche, Flüsse und Ströme zu schützen.

Somit ist das Freihalten des Abflußprofils durch Räumen von Anlandungen, Freischneiden von Bewuchs oder Ausbesserung von Uferbefestigung aus der Gewässerunterhaltung nicht wegzudenken.

Diese Handlungsweise ist jedoch nur an den Gewässerabschnitten angezeigt, die einer hohen Nutzungsintensität unterliegen.

Freie Gewässerverläufe - und dazu zähle ich auch solche mit einer begleitenden landwirtschaftlichen Nutzung - erfordern ein angepaßtes Verhalten. Die pauschale Anwendung einer starren Gewässerunterhaltung führt zu teuren und ökologisch unverträglichen Lösungen. Gewässerunterhaltung erfordert Flexibilität.

Die unterschiedlichen Sichtweisen der Nutzer, der Unterhaltungspflichtigen und der Aufsichtsgremien führen regelmäßig zu kontroversen Diskussionen, da hier Menschen mit unterschiedlichen Standpunkten zusammenkommen.

Die Betroffenheiten der hier in Kontakt tretenden Personen sind ebenfalls weit gefächert. Der eine sieht seine berufliche Existenz auf dem Spiel stehen und führt konkrete Beispiele an, der andere engagiert sich für das Allgemeinwohl und kann sich nur schwer verständlich machen und die dritte tut "nur ihre Pflicht".

Die Auseinandersetzung mit den Anliegern gehört zum alltäglichen, nicht genau kalkulierbaren Geschäft der Gewässerunterhaltung.

Ein Beispiel:

Nach einem nicht außergewöhnlichen Gewitterregen schwillt der Mittelgebirgsbach an und untergräbt durch Ausspülen, wie er das seit jeher tut, im Prallhangbereich ein Steilufer.

Die Standfestigkeit der Böschung wird unterschritten und das Erdreich rutscht bis zur Böschungsoberkante nach - das Gewässer bewegt sich (migriert) infolge der auftretenden dynamischen Kräfte.

Das Einzugsgebiet ist nicht nennenswert anthropogen überformt und das Gewässer ist nie ausgebaut worden. Die umliegende Nutzung ist landwirtschaftlich geprägt mit dazwischenliegenden Waldbeständen. Vor diesem Hintergrund handelt es sich also um einen natürlichen Vorgang.

Dem Landwirt, der am nächsten Morgen zu seiner Weide kommt, platzt der Kragen. Schon wieder hängt sein Weidezaun in der Luft. An der Stelle, wo gestern noch Wiese war, ist jetzt der Bach, und er hat Angst, daß seine Kühe ins Wasser fallen. Außerdem wird sein Grundstück immer kleiner, der Bach nimmt ihm Land weg. Er hat sich das lange genug angeschaut und macht das jetzt nicht mehr mit! Er stapft zum Rathaus und macht seinem Unmut lautstark Luft.

Der Tiefbauamtsleiter ist ein Mann der Tat. Er hört sich die Beschwerde an und handelt, wie die weitaus überwiegende Mehrzahl seiner Berufskollegen es auch tun würde.

Schon in der nächsten Woche schickt er einen Trupp Arbeiter an die Unglücksstelle. Die machen das nicht zum ersten Mal, haben bereits vom nahe gelegenen Steinbruch eine LKW-Ladung Steine mitgebracht und schütten diese nun in den Böschungsfußbereich des ungeliebten Steilufers.

Abb. 10.3. Ufererosion – natürliches Phänomen für ein Fließgewässer – massives Ärgernis für die Landwirtschaft

Fazit: Der Bauer ist beruhigt, der Tiefbauamtsleiter hat seine Pflicht und die Männer ihre Arbeit getan.

Und das Gewässer? Das Gewässer ist nun - fürs erste - festgelegt an dieser Stelle. Seine dynamische Entwicklung ist hier unterbunden. Die verwendeten Steine sind ob ihrer viel zu großen Abmessungen völlig untypisch als Sohl- oder Ufersubstrat für dieses Gewässer und werden langfristig ein Fremdkörper bleiben.

Durch die Betroffenheit eines Einzelnen nimmt die Natur hier Schaden. Dabei gibt es doch Lösungen des Problems, die beiden Seiten, Mensch und Gewässer, helfen!

Ein Einzelfall? Mitnichten!

So und ähnlich liegen die Beweggründe für eine große Anzahl der durchgeführten Gewässerunterhaltungsmaßnahmen in der "freien" Landschaft. Aufzuzählen sind hier

- das regelmäßige Mähen der Böschungen
- das Auf-den-Stock-Setzen von Gehölzen
- die durchgängigen Sohlräumungen
- das Ausbaggern von Kiesbänken
- das Sichern von Gehölzen
- das Einsetzen von standortfremden Pflanzen im und am Gewässer

Selbst wenn der oben genannte Tiefbauamtsleiter ein streitbarer Mensch gewesen wäre oder er sich die ökologische Entwicklung seiner Gewässer zur Aufgabe gemacht hätte: Gegen einen in Rage geratenen und in seinen - vermeintlichen - Rechten verletzten Landwirt, Campingplatznutzer, Kanuten, Fischereiberechtigten, Wasserkraftnutzer, ..., ist mit Verweis auf die Rechtslage und mit Verständnis für die ökologischen Zusammenhänge nicht einfach zu argumentieren. Bestenfalls wäre in unserer Geschichte für das Gewässer ein ingenieurbiologischer Verbau "herausgesprungen".

Über die Zeit und hergeleitet aus einem nutzungsorientierten Umgang mit den Gewässern hat sich vielfach vor Ort ein Anspruchsdenken etabliert, das den zuständigen Gewässerunterhaltern keine leichte Aufgabe beschert.

Die oftmals sehr emotional geführten Diskussionen mit den "Geschädigten" lassen nicht in jedem Fall eine für beide Seiten befriedigende Lösung im Spannungsfeld zwischen Gewässerschutz und Nutzung zu.

Allerdings ist es in der Praxis der Gewässerunterhaltung auch weit verbreitet, mit dem gleichen Selbstverständnis der "vergangenen Zeit" so weiterzumachen wie bisher, "weil wir das schon immer so gemacht haben". Hier sind Aufklärung und richtungsweisende Vorgaben für die vor Ort Verantwortlichen vonnöten, um einen Umschwung herbeizuführen.

Häufig tritt an die Stelle einer durch klare Rechtsvorschriften und gesellschaftliche Akzeptanz geprägten auf ökologische Verbesserung zielende Gewässerunterhaltung das Engagement Einzelner. Dieses Phänomen ist im Umweltschutz häufig anzutreffen und für den hier betrachteten Fall keine Besonderheit.

Es gibt außerdem auch noch diejenigen, die meinen, wir Menschen gehörten doch wohl auch zur Natur und all unser Handeln in seinen Auswirkungen könne so falsch nicht sein, zumal die Wirkzusammenhänge ja eh' niemand genau kenne, und wir sollten doch weitermachen wie bisher; auftauchende Probleme seien bislang stets irgendwie irgendwann gelöst worden!

Ernsthaft bezweifelt wohl niemand die Zugehörigkeit des Menschen zum System "Natur" (was immer wir darunter verstehen mögen).

Was aber spricht dagegen, Wege zu beschreiten, die ein zufriedenes menschliches Leben gewährleisten und zugleich das Überleben der eigenen Spezies und der anderen "Natur-Teile" nicht aktiv in Frage stellen?

Um Gewässerunterhaltung sinnvoll betreiben zu können, muß sie mit einem Ziel verbunden werden, das ihr Handeln rechtfertigt. Erst wenn dann eine Maßnahme der Gewässerunterhaltung auf ihre Sinnhaftigkeit hin untersucht wird, kann sie in *"sinnvoll"* und *"unsinnig"* eingeteilt werden.

So ist die Unterbindung der Lateralerosion eines Gewässers durch Befestigung eine sinnvolle Maßnahme, wenn das Ziel der Gewässerunterhaltung die landwirtschaftliche Nutzung im Gewässerumfeld ist. Die gleiche Maßnahme ist unsinnig, wenn die ökologische Verbesserung des Gewässers als Ziel definiert wurde.

Der Umgang mit den Gewässern ist aus den vorgenannten Gründen nicht immer ein leichtes Unterfangen; Fehler dürfen gemacht werden - wir können daraus lernen.

Bei allem Beobachten und Studieren, Berechnen und Ausprobieren - bei aller Vorsicht bleibt ein Wagnis zurück, mit dem wir leben müssen. Wasser läßt sich nicht in all seinen Auswirkungen auf uns Menschen vorherbestimmen und kontrollieren - wie schön, ist es doch natürlich!

Mit dem Wasser zu leben erscheint mir angeraten. Hat doch die Erfahrung gelehrt, daß wir gegen die Natur nicht viel ausrichten können.

Vermag der ein oder andere noch aus dem Kahlschlag des Auwaldes, der Betonierung der Gewässeraue oder der Begradigung von Flüssen seinen Nutzen zu ziehen, dem Allgemeinwohl kommt es nicht zugute.

10.5
Konzept zur naturnahen Entwicklung von Fließgewässern - Ein Instrument der Gewässerunterhaltung

Niemand vermag die einzelnen menschlichen Handlungen in ihren Auswirkungen auf die Gewässer zusammenhängend beschreiben. Von einer exakten quantifizierenden Darstellung der hochkomplexen Sachzusammenhänge sind wir weit entfernt. Gleichwohl lohnt die intensive Betrachtung der überschaubaren, uns bekannten und allgemein gleich beschriebenen natürlichen Vorgänge an Gewässern, um dem Umgang mit ihnen eine dementsprechend angepaßte Richtung geben zu können.

Das Land Nordrhein-Westfalen hat - wie andere Bundesländer auch - ein Planungsinstrument für die Gewässerunterhaltung geschaffen, das sich die Verbesserung der ökologischen Verhältnisse an den Gewässern zum Ziel gesetzt hat.

Dieser Pflege- und Entwicklungsplan trägt in Nordrhein-Westfalen den Namen "Konzept zur naturnahen Entwicklung von Fließgewässern" und greift auf Kapitel 4.1 der bereits erwähnten "Blauen Richtlinie" aus 1980 zurück. Schon hier wurde das Erfordernis eines grundsätzlichen Plans gesehen, der das Gewässer insgesamt umfaßt. Aus ihnen soll dann der jährlich aufzustellende Gewässerunterhaltungsplan entwickelt werden.

Folgender Aufbau liegt dem Konzept zugrunde:
- Grundsätzlich wird das gesamte Fließgewässer von der Quelle bis zur Mündung betrachtet, anzustreben ist auch die Miteinbindung der Nebengewässer.
- Der derzeitige morphologische Gewässerzustand wird durch eine Gewässerstrukturgütekartierung erhoben und als Gewässerstrukturgütekarte dargestellt.
- Das Leitbild wird festgelegt. (Hierbei wird vom "heutigen potentiell natürlichen Gewässerzustand" (hpnG) ausgegangen, der den - von heute an frei von der menschlichen Nutzung - maximal erreichbaren "Naturzustand" des Ge-

wässers im regionalen Zusammenhang beschreibt.[14] Dieses Leitbild wird in den allermeisten Fällen nicht zu erreichen sein.
- Das tatsächliche Entwicklungsziel hat sich demzufolge an den gesetzten und allgemein anerkannten Rahmenbedingungen, wie sie eine heute nicht mehr wegzudenkende Nutzung darstellt, zu orientieren und macht Abstriche an dem Grad der ökologischen Verbesserung; dadurch wird es realisierbar.
- Die notwendigen Maßnahmen zur Verbesserung des ökologischen Zustandes werden durchgängig in einem Entwicklungs-Konzeptplan dargestellt und grob in drei Kategorien unterteilt:
BELASSEN: Vorhandene, ausreichende Dynamik belassen und schützen
ENTWICKELN: Im Ansatz vorhandene, aber nicht ausreichende Dynamik entwickeln und fördern
GESTALTEN: Fehlende Dynamik in Gang setzen

Gewässerabschnitte, die in die Kategorie BELASSEN eingestuft werden, weisen in der Regel eine nicht bis sehr gering beeinträchtigte Gewässerstrukturgüte auf; hier kann die Gewässerunterhaltung bis auf ein Mindestmaß reduziert, wenn nicht gar komplett eingestellt werden. Während die ENTWICKLUNG des Gewässers unmittelbar durch Maßnahmen der Gewässerunterhaltung erreicht werden kann, beinhaltet die GESTALTUNG des Gewässers häufig Ausbaumaßnahmen, für die ein Planfeststellungs- bzw. Plangenehmigungsverfahren nach § 31 WHG durchgeführt werden muß.

Die Abgrenzung zwischen einer Maßnahme zur Gewässerunterhaltung und einer Gewässerausbaumaßnahme ist regelmäßig ein Streitpunkt zwischen den am Gewässer Tätigen.

Da der Gesetzestext die Erfordernis des Planfeststellungsverfahrens an die "wesentliche Umgestaltung des Gewässers und seiner Ufer" gekoppelt hat, drehen sich die Diskussionen um die Auslegung dieses "Wesentlichen". Hier klaffen die Standpunkte der Betroffenen z.T. weit auseinander.

Beispiel:
Ein Wasserverband stellt jährlich den Gewässerunterhaltungsplan auf und legt ihn der Unteren Wasserbehörde zur Zustimmung vor. Bislang war der Verband eher zurückhaltend auf dem Gebiet der Gewässerökologie tätig und sah seine Aufgabe ausschließlich in der Sicherung der Vorflutfunktion seiner Gewässer.

Daß seine Aktivitäten an den Gewässern seitens der Gewässeraufsicht zunehmend kritischer und von den Naturschützern durchaus auch argwöhnisch begleitet werden, stimmt den verantwortlichen Wasserbauer nicht gerade glücklich. Nach der Teilnahme an einem Fortbildungsseminar zur Fließgewässerökologie hat er -

---

[14] S. hierzu: "Leitbilder für Tieflandbäche in Nordrhein-Westfalen", Hg.: Ministerium für Umwelt, Raumordnung und Landwirtschaft des Landes Nordrhein-Westfalen (MURL NRW), 1995.

durchs Mikroskop betrachtet - erstmals die Lebewesen kennengelernt, die da in seinen Gewässern auch sein sollen.

So hat ihm die Zusammenhänge noch niemand erläutert und das hat er ja alles gar nicht gewußt! Er faßt Mut. Dank seiner neuen Überzeugung und seines Einflusses nimmt er die Entfesselung des Modellbaches auf einer Länge von 50 Metern durch Herausnahme der Ufer-Befestigung aus Wasserbausteinen in den Unterhaltungsplan auf.

Endlich bewegt sich der Wasserverband!

Abb. 10.4. Ausbau oder Unterhaltung ? – Ein häufiger Streitpunkt im Umgang mit Gewässern.

Alle sind von dieser Maßnahme begeistert - bis auf den ehrenamtlichen Naturschutz, der meint, seine "Pappenheimer" zu kennen.

Der Kollege aus dem anerkannten Naturschutzverband unterstellt dem Kollegen Wasserbauer den zu schonungslosen Umgang mit dem Gewässer, den er aus seiner Sicht schon so oft beklagt hat.

Vielleicht vermutet er gar ein neuerliches Täuschungsmanöver hinter dieser Maßnahme. Er hat mit dem Verantwortlichen immerhin schon jahrelange Erfahrung gesammelt und pocht auf die Durchführung des Verfahrens mit Öffentlichkeitsbeteiligung, wobei der Wasserbauer, der ja mittlerweile die Zeichen der Zeit erkannt hat, lediglich den unbürokratischsten Weg gehen wollte, um den Bach ökologisch zu verbessern.

Der Wasserbauer hat gute Argumente, er nähme ja schließlich nur die Steine wieder heraus, die er als Gewässerunterhaltungsmaßnahme vor 15 Jahren selber hineingelegt habe, und außerdem würde dadurch das Gewässer nicht wesentlich umgestaltet, die Lage des Gewässers, die Uferlinie und auch die Böschung blieben erhalten - nur jetzt ohne Steine!

Der Naturschützer hat auch gute Argumente. Tatsächlich würde an dem Gewässer aktiv wenig verändert. Aber wenn das nächste Hochwasser käme, würde das Gewässer sich selbsttätig wesentlich verändern können, und wer weiß, dann würde "sein" Feuchtbiotop, das er und seine Freunde in tagelanger, liebevoller Freizeitaktivität angelegt hätten, von dem Bach zerstört. Wenn das nicht wesentlich sei!

Letztendlich begrüßen wohl beide die Umsetzung der Maßnahme. Gestritten wird trotzdem - und leider oft nicht um die Sache.

Die beiden hätten vielleicht mehr und vielleicht offener miteinander reden und einander zuhören sollen!

Nicht immer werden die Auseinandersetzungen um die Frage, was eine wesentliche Umgestaltung eines Gewässers ist, so lebendig und mit liebenswerten, menschlichen Schwächen begleitet.

In jedem Falle wird das Zusammenwirken der Sachverständigen vonnöten sein, um eine individuelle Lösung, die in erster Linie den Belangen des Gewässers Rechnung trägt, zu finden.

Durch die Aufstellung eines Konzeptes zur naturnahen Entwicklung werden alle Verantwortlichen dazu angehalten, das Fließgewässer zusammenhängend zu betrachten. Die aufeinander abgestimmten Unterhaltungsmaßnahmen erscheinen so einem vorgegebenen Leitbild folgend sinnvoller in ihrer Ausführung.

10.6
Ein Erfahrungsbericht für den Regierungsbezirk Köln

Das Land Nordrhein-Westfalen hat im Jahr 1994 die Anwendung der Gewässerstrukturgütekarte bei der Aufstellung eines Konzeptes zur naturnahen Entwicklung von Fließgewässern als Bewertungsverfahren verbindlich vorgeschrieben.

Wasserverbände und Kommunen nutzen seitdem diese Möglichkeit, sich mittels eines "Konzeptes" einen besseren Überblick über den Zustand ihrer Gewässer zu verschaffen.

Im Regierungsbezirk Köln wurden bis zum Herbst 1997 für insgesamt 20 Gewässer und Gewässersysteme Konzepte beauftragt (siehe Abbildung 10.5).

Dreizehn Planungen sind bislang abgeschlossen, die restlichen sieben werden bis zum Jahre 1998 fertiggestellt sein. So wird in einem Jahr für insgesamt 417 km Fließgewässerstrecke eine Konzeptplanung für die Gewässerunterhaltung vorliegen, nach der die Unterhaltungspflichtigen die Gewässer belassen, entwickeln und gestalten können.

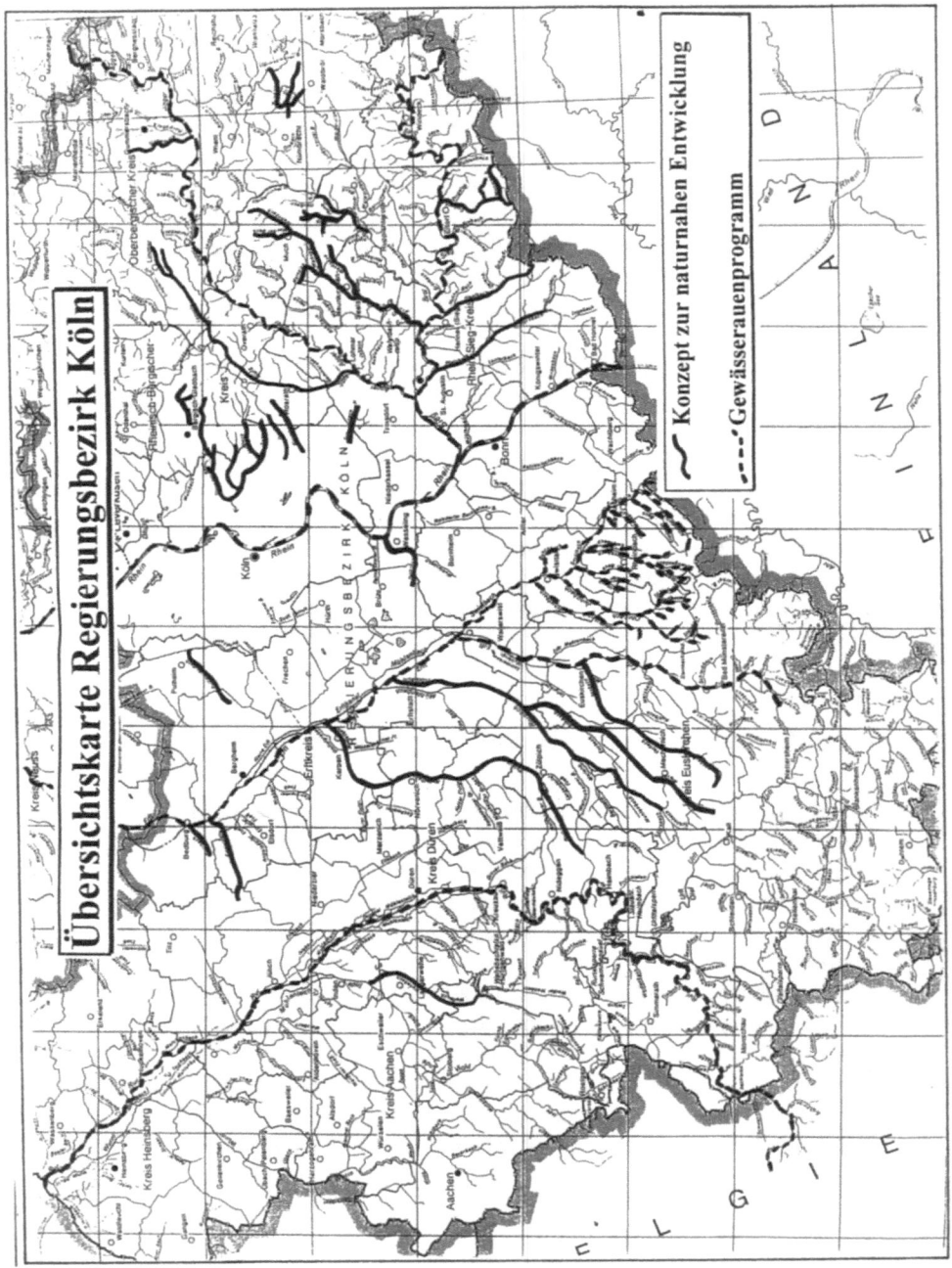

Abb. 10.5. Konzepte zur naturnahen Entwicklung von Fließgewässern im Regierungsbezirk Köln

Das Land Nordrhein-Westfalen fördert die Aufstellung von "Konzepten zur naturnahen Entwicklung" mit bis zu 80 % der Gesamtkosten. Die Kosten für die Aufstellung der Konzepte im Regierungsbezirk Köln addieren sich zu 774.000,- DM. Pro Kilometer müssen somit im Durchschnitt für die Planung rund 1.900,- DM veranschlagt werden.

Die in Zukunft investierten Gelder tragen mit dazu bei, diese an regionalspezifischen Leitbildern orientierten Entwicklungsplanungen Stück um Stück voranzubringen. Die Gewässer können so ökologisch optimiert und unter Kostengesichtspunkten effizient den an sie gestellten Ansprüchen gerecht werden und sich weiterentwickeln.

Erst nach intensiver Beschäftigung mit einem Gewässer oder Gewässersystem ist es möglich, den derzeitigen Zustand zu beschreiben, Defizite aufzuzeigen und sinnvolle Verbesserungsmaßnahmen vorzugeben.

Selbst "alte Hasen" der Gewässerunterhalter und Befürworter der Theorie "Ich kenne meine Gewässer auch ohne Gewässerstrukturgütekarte, und ich weiß ohnehin schon, was zu tun ist!" sind immer wieder verblüfft, in welchem Licht ihr Gewässer erscheint, wenn es - an regionalspezifischen Leitbildern orientiert - bewertet wurde. Strukturiertes Handeln und Umsetzen des Konzeptes werden so bereitwilliger angegangen.

Die Darstellung der Gewässerstrukturgütekarte erinnert stark an die allgemein bekannte Gewässergütekarte und erfährt daher auch im politischen Raum eine große Akzeptanz.

Abstimmungsgespräche vor, während und nach der Aufstellung eines Entwicklungskonzeptes spiegeln das Meinungsspektrum der Gewässerunterhaltungspflichtigen wider:

Waren die einen bereits frühzeitig und eigenständig über die entsprechenden Erlasse des Umweltministerium unterrichtet und drängten von sich aus auf finanzielle Unterstützung, wollten die anderen erst informiert und dann motiviert werden, um dieses neue Instrument für ihre Gewässerunterhaltung nutzen zu können.

Und andere gar blieben bis zum Ende zurückhaltend diesem "Schon-wieder-ein-neuer-Plan" gegenüber und hielten fest an ihren alten Gewohnheiten. Der Verdruß über vergangene und vielleicht verpaßte Möglichkeiten, die Frustration über eigene gute Ansätze, die "von oben" blockiert wurden und auch die Resignation mancher in der als Moloch empfundenen Maschinerie "Öffentlicher Dienst" tritt hier zutage.

So verständlich diese Haltungen auch erscheinen mögen - so nötig ist die Umorientierung und die Motivation für eine nachhaltige Umweltverwaltung.

Klare Ziele müssen definiert und vereinbart werden. Die Umsetzung dieser Ziele geht uns alle an und braucht gesellschaftlichen Rückhalt - ich glaube nicht, daß wir diese Aufgabe der Politik überlassen sollten.

Die fachlichen Grundlagen sind weitestgehend erarbeitet, um fundiert unsere Auffassung vertreten zu können. Ich sehe keinen akzeptablen Grund, hinter diesen Punkt zurückzutreten.

10.7 Handlungsbedarf

Nur mit klaren Zielvorgaben kann ein sinnvolles Arbeiten an und mit den Gewässern stattfinden.

Die Nutzungsansprüche an die Gewässer sind aufzulisten und es ist verbindlich zu regeln, welchen Ansprüchen wo Rechnung zu tragen ist und wo das Gewässer Vorrang genießt.

Die Gewässerunterhaltungsmaßnahmen sind stärker auf den Typ des Gewässers abzustimmen.

Die Schulung der Gewässerunterhaltungspflichtigen ist zu intensivieren um durch Aufklärung die Sichtweise auf ökologische Aspekte zu lenken.

Durch Bereitstellung öffentlicher Fördergelder speziell für ökologisch verbessernde Maßnahmen kann aufklärend und überzeugend gewirkt werden.

Für Gewässer, die in ihrem Umfeld keine hochwertige Nutzung erfahren, wie sie z.B. durch einen rechtskräftigen Bebauungsplan festgelegt ist, sind weitere Ziele anzustreben:

- Die konsequente Schaffung von Freiräumen (z.B. durch Anlegen eines ausreichenden Gewässerrandstreifens) ist zu intensivieren.
- Die Entfesselung der ausgebauten Profile ist voranzutreiben.
- Der Schaffung von Durchgängigkeit im Gewässer ist Vorrang einzuräumen.
- Die regelmäßige Gewässerunterhaltung ist einzustellen.

11 Gewässerstrukturgütekarten und Fließgewässerpflegeplanung

Thomas Zumbroich, Andreas Müller
Büro für Umweltanalytik Bonn/Essen

11.1 Einführung

Die Gewässerstrukturgütekarte für die Bundesrepublik Deutschland wurde auf Beschluß der Umweltministerkonferenz und der Länderarbeitsgemeinschaft Wasser (LAWA) in der Zeit von 1991 bis 1998 von Institutionen verschiedener Bundesländer entwickelt, bundesweit erprobt und schließlich durch Beschluß der LAWA in Kraft gesetzt (LAWA 1998).

Bereits während der Entwicklungsphase wurde das Kartierverfahren in zahlreichen Projekten der Fließgewässerpflegeplanung praktisch eingesetzt. In Nordrhein-Westfalen wurde es als Methode zur Grundlagenerhebung im Rahmen der Erstellung von Konzepten zur naturnahen Entwicklung von Fließgewässern festgeschrieben (MURL 1994, siehe auch NUSSBAUM in diesem Buch).

Dabei konnte die grundsätzliche Eignung des Verfahrens als Instrument der Gewässerpflege nachhaltig demonstriert werden. Im vorliegenden Beitrag soll dies anhand verschiedener Beispiele aus der Praxis eines Planungsbüros belegt werden. Die ausgewählten Beispiele unterscheiden sich dabei nicht nur in der Art der untersuchten Gewässer, sondern zum Teil auch in der grundsätzlichen Fragestellung.

11.2
Konzept zur naturnahen Entwicklung des Wahnbachs

11.2.1
Aufgabenstellung

Der Wahnbach, ein Zulauf der Sieg, ist ein ca. 20 km langer Mittelgebirgsbach mit einem oberirdischen Einzugsgebiet von rund 72 km². Seine besondere Bedeutung erhält er durch die Wahnbachtalsperre, die er speist und die den Rhein-Sieg-Kreis, die Stadt Bonn und Teile der Stadt Köln mit Trinkwasser versorgt.

Bemerkenswert ist, daß die Wahnbachtalsperre als einzige Trinkwassertalsperre in der Bundesrepublik Deutschland mit einer Phosphoreliminierungsanlage ausgestattet ist. Durch sie wird das sehr nährstoffreiche Wahnbachwasser vorbehandelt und eine Eutrophierung des Hauptbeckens unterbunden.

Im Rahmen der Erstellung eines Konzeptes zur naturnahen Entwicklung für den Wahnbach sollte seiner besonderen Funktion als Rohwasserlieferant Augenmerk geschenkt werden. Ein Problem stellte dabei die übermäßige Verschlammung des Vorbeckens dar, nicht nur ein erheblicher Kostenfaktor wegen des regelmäßig erforderlichen Ausbaggerns und der Entsorgung der Schlämme, sondern auch Hinweis auf eine starke Erosion des Wahnbaches.

11.2.2
Durchführung

Der grundsätzliche Ablauf bei der Erstellung eines Konzeptes zur naturnahen Entwicklung wurde bereits von NUSSBAUM (Kapitel 10) beschrieben.

Zur Erhebung der Ist-Situation wurde zunächst eine Gewässerstrukturgütekartierung durchgeführt.

Dazu mußte ein Bewertungsleitbild für den Wahnbach formuliert werden. Es wurden naturnahe Referenzgewässerstrecken des gleichen Naturraumes herangezogen. Als regionalspezifisches Leitbild für den Wahnbach wurde anschließend der "große Bach im Auental, Naturraum: Rheinisches Schiefergebirge" definiert. Dieser zeichnet sich durch die in Tabelle 11.1 dargestellten Eigenschaften aus.

Bereits während der Durchführung der Strukturgütekartierung wurden weitere Aspekte erhoben, die für die spätere Erstellung eines Entwicklungskonzeptes erforderlich sind. Dies umfaßte insbesondere die für eine naturnahe Entwicklung benötigten, zu extensivierenden Flächen (Grunderwerbskarte), langfristig erforderliche bzw. nicht mehr erforderliche Gewässerquerungen, Einleitungen und andere Restriktionen, die bei der Formulierung von Entwicklungszielen zu berücksichtigen sind. Außerdem wurden Besonderheiten, wie z.B. Eisvogelvorkommen, ökologisch besonders wertvolle Brachen (siehe z. B. Abb. 11.1) o.ä. ebenfalls gesondert erfaßt.

Tabelle 11.1. Einzelparameterausprägungen des regionalspezifischen Leitbildes "Großer Bach im Auental"

	Einzelparameter	Zustandsmerkmale
1.1	Laufkrümmung	geschlängelt bis mäandrierend
1.2	Krümmungserosion	vereinzelt stark
1.3	Längsbänke	mehrfach ausgeprägt und in Ansätzen vorhanden
1.4	Besondere Laufstrukturen	mehrfach ausgeprägt und in Ansätzen vorhanden
2.1	Querbauwerke	keine
2.2	Verrohrungen	keine
2.3	Rückstau	kein Rückstau
2.4	Querbänke	mehrfach ausgeprägt und in Ansätzen vorhanden
2.5	Strömungsdiversität	sehr groß
2.6	Tiefenvarianz	sehr groß
3.1	Profiltyp	Naturprofil
3.2	Profiltiefe	sehr flach
3.3	Breitenerosion	schwach
3.4	Breitenvarianz	sehr groß
3.5	Durchlässe	keine
4.1	Sohlensubstrat	Kies, Steine und Schotter
4.2	Sohlverbau	kein Sohlverbau
4.3	Substratdiversität	sehr groß
4.4	Besondere Sohlenstrukturen	mehrfach ausgeprägt und in Ansätzen vorhanden
5.1	Uferbewuchs	bodenständiger Wald, grasreiche Krautflur
5.2	Uferverbau	kein Uferverbau
5.3	Besondere Uferstrukturen	mehrfach ausgeprägt und in Ansätzen vorhanden
6.1	Flächennutzung	überwiegend Wald oder Brache, untergeordnet Extensivgrünland
6.2	Gewässerrandstreifen	flächenhaft Wald oder Sukzession
6.3	Schädliche Umfeldstrukturen	keine

Abb. 11.1. Stillgewässer im Hauptschluß stellen einen massiven Eingriff in Fließgewässer dar, ihre Verlandungszonen sind jedoch aus ökologischer Sicht oft sehr wertvoll.

11.2.3
Ergebnisse

Die Strukturgütekartierung liefert ein umfassendes Bild über den morphologischen Ist-Zustand des Wahnbaches. Es werden außerdem unmittelbar die Ursachen für den teilweise defizitären Strukturbestand des Gewässers deutlich.

Infolge der landwirtschaftlichen Nutzung der Bachaue, die auf weiten Gewässerstrecken bis unmittelbar an die Uferkante reicht, hat sich das Gewässer im Laufe der Jahre erheblich eingetieft. Nach Regenereignissen erfolgt der Hochwasserabfluß fast ausschließlich im Gerinne, was eine weitere Tiefenerosion bedingt.

Das Gewässer befindet sich also auf weiten Strecken weitab von seinem dynamischen Gleichgewichtszustand, welcher durch die Merkmalsausprägungen des naturraumtypischen Leitbildes beschrieben werden kann. Als für den vielerorts am Wahnbach vorgefundenen, aktuellen Gewässerzustand signifikante Einzelparameterausprägungen sind insbesondere zu nennen:

- Eine auf weiten Strecken begradigte Laufkrümmung,
- das weitgehende Fehlen von Längsbänken, besonderen Lauf- und Sohlstrukturen sowie Querbänken,
- eine geringe Tiefen- und Breitenvarianz und Substratdiversität,
- eine starke Breitenerosion,
- monotone und stark eingetiefte Erosionsprofile,
- auf weiten Strecken fehlende Gewässerrandstreifen sowie
- Grünland als dominante Flächennutzung.

Die Verknüpfung dieser Merkmale kann als "Indizienbeweis" für die oben formulierte Hypothese herangezogen werden.

Da bei der Kartierung aber durchaus auch Gewässerabschnitte vorgefunden wurden, die dem Leitbild völlig oder zumindest weitgehend entsprachen (Abb. 11.2), kann durch die Gewässerstrukturgütekartierung nicht nur eine "Diagnose" im klinischen Sinne gestellt werden (nach dem Motto "Was fehlt dem ‚Patienten' Wahnbach?"). Gleichzeitig kann auch eine "Therapie" formuliert werden.

Es ist eindeutig, daß der Wahnbach insbesondere bzw. ausschließlich dort weitgehend naturnahe Verhältnisse im Sinne seines naturraumspezifischen Leitbildes ausgebildet hat, wo ihm aufgrund der Umfeldnutzung ein hinreichend großer Entwicklungsspielraum zur Verfügung steht. Hier bildet er die oben genannten Leitparameter weitgehend naturnah aus, selbst wenn unmittelbar oberhalb Strukturgüteklassen von 5 oder schlechter vorgefunden werden.

11 Gewässerstrukturgüte und Fließgewässerpflegeplanung

Abb. 11.2. Naturnahe Referenzgewässerstrecke des Wahnbaches

Die dem Leitbild entsprechenden Gewässerstrecken des Wahnbaches können somit als Entwicklungsleitlinie für das gesamte Gewässer außerhalb der besiedelten Bereiche herangezogen werden.

Nunmehr gilt es, die für das Erreichen dieses Zustandes notwendigen Maßnahmen zu formulieren, welche sich im wesentlichen auf den einfachen Nenner reduzieren lassen, dem Gewässer einen größeren Entwicklungsspielraum zu geben als bisher.

Die wesentliche Aufgabe zur naturnahen Entwicklung des Wahnbaches wird also in Zukunft darin bestehen, von Seiten des Unterhaltungsträgers hinreichend breite, naturnahe Uferstreifen bereitzustellen, Bachquerungen durch Weidevieh nur an wenigen Stellen über hinreichend dimensionierte Brücken zu ermöglichen und dort, wo Verhandlungen mit den Landwirten es ermöglichen, die gesamte Aue aus der Nutzung zu nehmen. Auch die häufig zu Viehtränken degradierten Quellbereiche sollten durch weiträumiges Abzäunen und eventuelle Initialpflanzungen der Sukzession überlassen werden

Lediglich an einigen wenigen Stellen sind Initialmaßnahmen wie z.B. die Entfernung oder Umgestaltung von Querbauwerken, Uferabflachungen oder Initialpflanzungen erforderlich, um der naturnahen Entwicklung des Wahnbaches "auf die Sprünge zu helfen".

Es ist davon auszugehen, daß sich nach Umsetzung des Konzeptes ein weitgehend naturnahes Gleichgewicht einstellen wird, so daß nicht nur die starke Erosion und damit die Verschlammung des Talsperrenvorbeckens, sondern auch der starke Nährstoffeintrag in das Gewässer und damit in die Talsperre (Stichwort "Phosphoreliminierung") maßgeblich verringert werden sollten.

Da außerdem für weite Bereiche des Wahnbachtales mittelfristig seitens der Unteren Landschaftsbehörde eine Unterschutzstellung als Naturschutzgebiet geplant ist, sollte einer Umsetzung des Konzeptes grundsätzlich nichts im Wege stehen, zumal sich hier überwiegend ökologisch orientierte Interessen mit ökonomischen Vorteilen (Kostensenkung durch Extensivierung der Unterhaltung seitens des Unterhaltungsträgers sowie durch Verminderung von Entsorgungskosten und Wasserbehandlungsaufwand seitens des Talsperrenbetreibers) optimal verbinden lassen.

11.3
Konzept zur naturnahen Entwicklung von "Fließen" in der Stadt Kerpen

11.3.1
Aufgabenstellung

Die Stadt Kerpen, südwestlich von Köln am Rande des Rheinischen Braunkohlereviers gelegen, plante die naturnahe Entwicklung von drei episodisch wasserführenden Fließgewässern, sogenannten "Fließen".

Diese waren jedoch zunächst nicht als Fließgewässer im eigentlichen Sinne angesprochen worden, sondern galten als anthropogene Grabenstrukturen, die offensichtlich im letzten Jahrhundert im Rahmen der Melioration dieses ursprünglich stark vernäßten und sumpfigen Gebietes zur Entwässerung gezogen wurden.

Vor diesem Hintergrund wäre eine "naturnahe *Fließgewässer*entwicklung" wohl kaum angebracht, zumal das Verfahren der Gewässerstrukturgütekartierung ausdrücklich nicht auf künstliche Gewässer anzuwenden ist.

Ein detaillierteres Literatur- und Kartenstudium ergab jedoch, daß die Fließe tatsächlich auf eine natürliche Entstehungsgeschichte zurückzuführen sind, sie allerdings in besagter Zeit erheblich anthropogen überformt und zu fast reinen Hochwassergräben denaturiert worden sind. Der nahegelegene Braunkohletagebau mit seinen erheblichen Auswirkungen auf die natürlichen Grundwasserstände wird vermutlich das seinige zu dieser Entwicklung beigetragen haben.

Abb. 11.3. Die Bewertung solcher Grabenstrukturen erfolgt weniger anhand gewässerökologischer, denn anhand landschaftsökologischer Kriterien.

11.3.2
Durchführung

Die hier vorliegende Aufgabenstellung bildet einen Grenzbereich der Anwendung der Gewässerstrukturgütekarte. Bei der Beurteilung der "Naturnähe" der Fließe mußten in besonderem Maße landschaftsökologische und -ästhetische Aspekte berücksichtigt werden. Allerdings kann, ausgehend von den Arbeiten von TIMM et al. (siehe hierzu auch SOMMERHÄUSER, TIMM in diesem Buch), ein naturraumtypisches Leitbild für die zu bewertenden Gewässer abgeleitet werden.

Dabei zeigt sich, daß in dem vorliegenden Naturraum eine episodische Wasserführung durchaus als natürlich anzusprechen ist ("sommertrockenes Gewässer").

11.3.3
Ergebnisse

Da der grundsätzlich anzustrebende Zustand, also das Leitbild, insbesondere infolge der Auswirkungen des Braunkohletagebaus kaum bzw. nicht mehr zu erreichen sein wird, erfolgte die Ableitung des Entwicklungszieles und damit des Maßnahmenkonzeptes primär unter landschaftsökologischen Gesichtspunkten.

Im Vordergrund stand dabei die Entwicklung der Grabenstrukturen zu Elementen der Biotopvernetzung in der weitgehend ausgeräumten Agrarlandschaft. Hierzu galt es einerseits hinreichend breite, ungenutzte "Gewässerrandstreifen" darzustellen, die zur Vernetzung vorhandener Inselbiotope herangezogen werden können, andererseits soll versucht werden, die Fließe stärker als bisher mit Wasser zu beaufschlagen, indem angestrebt wurde, die Niederschlagsentwässerung insbesondere in neu auszuweisenden Baugebieten, aber auch darüber hinaus unter Ausnutzung aktueller wasserrechtlicher Vorgaben (§ 51 a LWG NRW) auf eine Verrieselung bzw. Ableitung über die Fließe umzustellen.

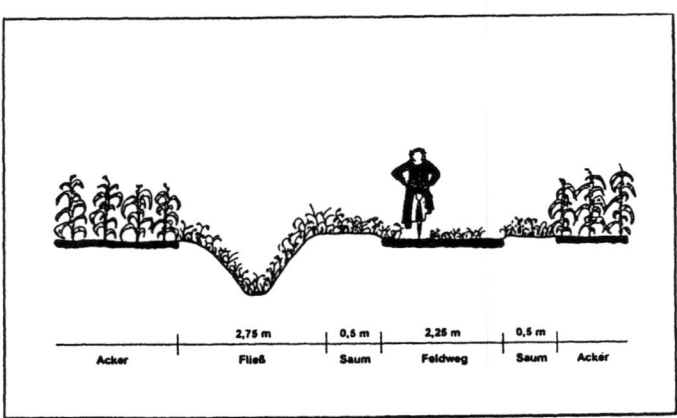

Abb. 11.4. "Buirer Fließ" - Istzustand (Profilaufnahme, Entwurf: Elmar Pieper).

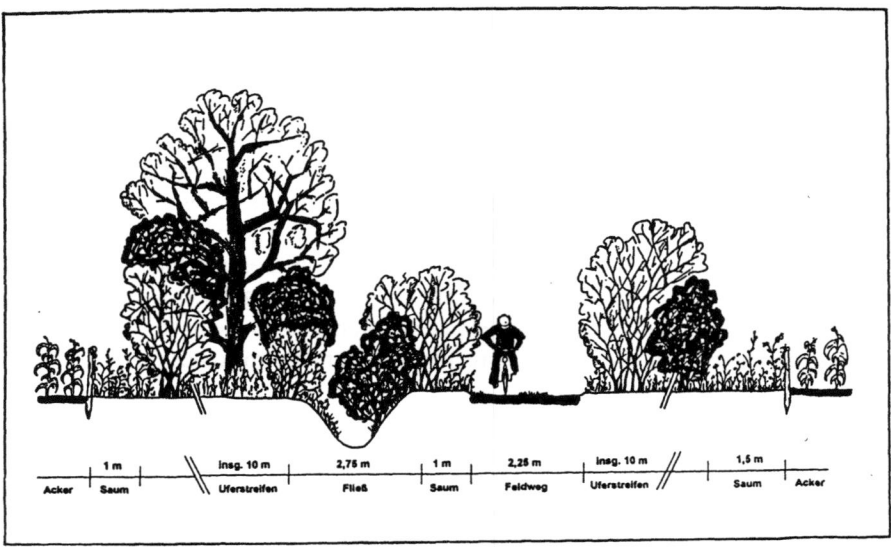

Abb. 11.5. "Buirer Fließ" - Zielzustand (Profilaufnahme, Entwurf: Elmar Pieper).

Als wichtigste Maßnahmen sind hierbei zu nennen:
- Grunderwerb entlang der Fließe mit anschließender Nutzungs- und Unterhaltungsextensivierung
- Initialbepflanzung mit bodenständigen Gehölz- und Heckenstrukturen
- Öffnung verrohrter Abschnitte unter teilweiser Verlegung der Gewässer im Bereich unnötiger Straßen- und Wegekreuzungen
- Abstimmung des Unterhaltungsträgers mit den für die Stadtplanung zuständigen Stellen zur Gewährleistung einer ortsnahen Ableitung von Niederschlagswasser über die Fließe

Da aufgrund verschiedener Straßenplanungen ohnehin umfangreiche Ausgleichs- und Ersatzmaßnahmen erforderlich werden, ist davon auszugehen, daß durch Bündelung mit Mitteln der Gewässerpflege die angestrebten Ziele innerhalb eines vertretbaren Zeitrahmens zu erreichen sind.

11.4
Musterbewirtschaftungsplan "Schwarzer Schöps"

11.4.1
Aufgabenstellung

Für den Schwarzen Schöps, ein Fließgewässer im ostsächsischen Raum, wird derzeit auf der Grundlage von § 6 des Sächsischen Wassergesetzes in Verbindung mit § 36 b des Wasserhaushaltsgesetzes ein Gewässerbewirtschaftungsplan erarbeitet. Er umfaßt das hydrologische Einzugsgebiet der Talsperre Quitzdorf als Planungsraum. Dieser Bewirtschaftungsplan soll als Pilotvorhaben beispielhaft eine mögliche Vorgehensweise bei der Ausgestaltung eines solchen Planungsinstrumentes aufzeigen und als Muster für weitere Pläne dieser Art dienen.

Ein "wichtiger Baustein zeitgemäßer Gewässerbewirtschaftungsgrundlagen" ist dabei die "Erfassung und Bewertung der Gewässermorphologie" (SMU 1996).

Zu diesem Zwecke wurde eine Gewässerstrukturgütekartierung des Schwarzen Schöpses durchgeführt und darauf aufbauend ein Maßnahmenkonzept zur naturnahen Entwicklung der Gewässermorphologie als Bestandteil des Musterbewirtschaftungsplanes erarbeitet.

11.4.2
Durchführung

Der Schwarze Schöps befindet sich im östlichen Teil der Oberlausitz, ca. 20 km westlich der polnischen Grenze. Der Bachlauf hat von seiner Quelle bis zur Mündung in die Spree eine Gesamtlänge von 67 km. Sein Einzugsgebiet umfaßt etwa 675 km². Die Länge der untersuchten Fließstrecke beträgt 32 km mit einem Einzugsgebiet von rund 176 km². Sie erstreckt sich von der Quelle des Schwarzen Schöpses bis zur Talsperre Quitzdorf, südlich von Niesky.

Die Gewässerstrukturgütekarte für die Untersuchungsstrecke wurde im Maßstab 1:25.000 als dreibändrige Darstellung (Ufer-, Wasser-, Landbereich) mit zusätzlichen Piktogrammen zur Hervorhebung von Wanderbarrieren angelegt.

11.4.3
Ergebnisse

Die Untersuchungsstrecke kann in bezug auf ihre Naturnähe in zwei wesentliche Struktursituationen unterteilt werden, die sich in der Gewässerstrukturgütekarte in auffallenden, durchgängigen Farbmustern widerspiegeln.

Farbmuster hellblau/hellblau/gelb: Die Fließstrecke im Mittellauf verfügt über einen gering beeinträchtigten Ufer- und Wasserbereich (Klasse 2, Farbe hellblau), während der Landbereich merklich geschädigt ist (Klasse 5, Farbe gelb).

Farbmuster gelb/hellgrün/orange: Der Quellbereich und der gesamte Unterlauf bis zur Talsperre zeigen einen stark geschädigten Uferbereich (Klasse 5, gelb), einen deutlich beeinträchtigten Wasserbereich (Klasse 4, hellgrün), sowie einen stark geschädigten Landbereich (Klasse 6, orange).

Infolge zusätzlicher Schadstrukturen vor allem im Bereich von Gehöften und Dörfern werden diese Farbmuster lokal durch Segmente unterbrochen, die einen naturferneren Zustand kennzeichnen und in der Karte durch rote Farbtöne kenntlich sind.

Auffallend ist der durchgehend schlechte Zustand des Landbereiches des Schwarzen Schöpses, der zumeist auf fehlende Gewässerrandstreifen zurückzuführen ist.

Im Rahmen der weiteren Bearbeitung wurden besonders naturnahe Teilstrecken des Schwarzen Schöps als "Referenzstrecken für Naturnähe" festgelegt. Diese haben für die Maßnahmenplanung eine besondere Bedeutung, da ihre Ausprägung als Entwicklungsziel für das Gewässer herangezogen werden kann. Ein solches Vorgehen ist jedoch nur an solchen Gewässern möglich, bei denen noch naturnahe Referenzstrecken auffindbar sind. In anderen Fällen müssen benachbarte Gewässer mit vergleichbaren naturräumlichen Bedingungen als Vorbild dienen.

Durch die Gewässerstrukturgütekartierung wurden die wichtigsten ökomorphologischen Grundinformationen gesammelt, gleichzeitig konnten bereits erste Entwicklungsvorschläge skizziert werden, so daß der zweite Arbeitsschritt, die konkrete Maßnahmenplanung, erheblich unterstützt wurde. Der Zeitaufwand für die nachfolgenden Feldarbeiten wurde auf diese Weise wesentlich verkürzt.

Abb. 11.6. Die starke Tendenz zur Krümmungserosion resultiert aus einer veränderten Wasserführung.

Besonders deutlich wird dies anhand der nachstehenden Gegenüberstellung der wichtigsten Sanierungsvorschläge und der korrespondierenden Einzelparameter der Gewässerstrukturgütekarte. Die zu sanierenden Schadmerkmale werden sämtlich durch die Gewässerstrukturgütekartierung erfaßt und bewertet:
- **Entfernung oder Umgestaltung von Wanderungshindernissen**
  Einzelparameter: Querbauwerke, Verrohrungen, Durchlässe, Rückstau
- **Schaffung von Retentionsräumen**
  Einzelparameter: Profiltyp, Profiltiefe, Flächennutzung
- **Umgestaltung der Ufer in Abschnitten mit Verbau**
  Einzelparameter: Uferverbau, Uferbewuchs
- **Verflachung der Ufer**
  Einzelparameter: Profiltyp, Profiltiefe
- **Reaktivierung von künstlich abgetrennten Laufschlingen**
  Einzelparameter: Laufkrümmung
- **Verbreiterung des Uferstreifens**
  Einzelparameter: Gewässerrandstreifen, Uferbewuchs
- **Abstellen des Viehtritts und Entfernung der Tränken**
  Einzelparameter: Gewässerrandstreifen, Krümmungserosion, Breitenerosion

11.5
Zusammenfassung und Ausblick

Die vorgestellten Beispiele machen deutlich, daß eine Gewässerstrukturgütekartierung ein wertvolles Instrument der Gewässerpflegeplanung darstellt.

Dabei beschränkt sich die Leistungsfähigkeit des Verfahrens nicht nur auf Erhebung und Bewertung der Ist-Situation. Wird die Kartierung durch entsprechend qualifiziertes und erfahrenes Personal durchgeführt, so bildet sie eine wichtige und kostengünstige Grundlage für weitere Detailplanungen. Werden durch das ohnehin im Felde befindliche Personal noch weitere Untersuchungen durchgeführt, wie z.B. Bioptoptypenkartierungen oder Gewässergütebestimmungen, so ist ein erheblicher Zusatznutzen gegeben.

Das gleiche gilt natürlich auch für die umgekehrte Vorgehensweise. So kann, entsprechende Kenntnisse vorausgesetzt, auch bei anderweitigen Geländeerhebungen (z.B. Biotopkartierung im Rahmen von UVS), eine Gewässerstrukturgütekartierung durchgeführt werden, um speziell auf den aquatischen Bereich abgestimmte Eingriffs- bzw. Ausgleichssituationen zu ermitteln bzw. zu entwickeln.

Die strukturierte Beschäftigung mit dem "Individuum" Fließgewässer liefert dabei weit mehr als nur eine "Diagnose". Insbesondere durch die vergleichende Analyse unterschiedlich ausgestalteter Abschnitte ein- und desselben Gewässers können wichtige Informationen für eine naturnahe Umgestaltung bzw. Entwicklung gewonnen werden. Hierzu ist es vielfach nicht erforderlich, hydraulische Messungen oder gar Niederschlags-Abfluß-Simulationen vorzunehmen. Geschulte Gewässerökologen vermögen vielmehr durch die unmittelbare Naturbeobachtung, sicherlich zum Teil intuitiv, die Auswirkungen menschlichen Handelns bzw. Unterlassens für eine erste Bewertung hinreichend genau abzuschätzen.

Betrachtet man die Liste der Einzelparameter als "Checkliste" zur Überprüfung des Gewässerzustandes, so ist die Gewässerstrukturgütekartierung ein wichtiges Hilfsmittel zur nachhaltigen Verbesserung des ökologischen Zustandes unserer Gewässer.

Unsere praktische Erfahrung bei zahlreichen Präsentationen in kommunalen Gremien zeigt, daß – insbesondere bei getrennter Darstellung der Bewertungsergebnisse nach Sohl-, Ufer- und Landbereich und "Untermalung" durch prägnante Bildmaterial – auch Laien auf dem komplexen Gebiet der Gewässerkunde die für eine nachhaltige Verbesserung des ökologischen Zustandes von Fließgewässern erforderlichen Maßnahmen sehr schnell einleuchten.

Aus unserer Sicht erfüllt das von der LAWA eingeführte Verfahren somit in vielerlei Hinsicht die damit verbundenen Hoffnungen und angestrebten Ziele. Nun gilt es, an ihrer Umsetzung zu arbeiten.

Literatur

Landesumweltamt (LUA) Nordrhein-Westfalen (1996): Naturraumspezifische Leitbilder für kleine und mittelgroße Fließgewässer in der freien Landschaft. Materialien Nr. 23. 127 S. Essen.

Sächsisches Staatsministerium für Umwelt und Landesentwicklung. Hrsg. (1996): Gewässerstrukturgütekartierung am Beispiel des Fließgewässers Schwarzer Schöps. Abschnitt: Quelle bis Talsperre Quitzdorf. Bearbeitung: Büro für Umweltanalytik Essen unter Mitarbeit des Sächsischen Landesamtes für Umwelt und Geologie und des Staatlichen Umweltfachamtes Bautzen. 1. Auflage. Radeburg.

Stadt Kerpen. Konzept zur naturnahen Entwicklung von Buirer, Manheimer und Seelrather Fließ. Bearbeitung: Büro für Umweltanalytik Bonn/Essen. 1995 (unveröff.)

Wasserverband Rhein-Sieg-Kreis. Hrsg. (1996): Die naturnahe Entwicklung des Wahnbachs. Siegburg.

12 Gewässerstrukturgütekartierung im besiedelten Bereich

Thomas Zumbroich
Büro für Umweltanalytik Bonn / Essen

12.1 Einleitung

Nahezu jedes Fließgewässer tangiert bzw. durchläuft irgendwo ein Gehöft, eine kleine Ansiedlung oder eine Stadt. Laut Verfahrensanweisung sollen solche "urbanen" Teilstrecken mit der vorliegenden Methode erfaßt und bewertet werden. Oft steht jedoch bei der Ermittlung der Strukturgüte hinter dem Begriff "urbaner Bereich" ein Fragezeichen.

Die häufigsten Probleme ergeben sich aufgrund der schwierigen Abgrenzung gegenüber der "freien Landschaft", einer nicht eindeutigen Definition "urbaner Gewässerstrecken", offener Fragen in Hinblick auf das anzuwendende Leitbild und dem nicht seltenen subjektiven Eindruck an Stadtbächen, daß ihre Strukturgüte "doch gar nicht so schlecht" sei, wie es die Indexbewertung ergibt.

Im besiedelten Bereich werden zudem an die Kartierenden besondere Anforderungen gestellt, denn die intensive Überprägung der Landschaft, bedingt durch die vielfältigen Nutzungen der urbanen Gewässer, fordern bei der Bewertung ein gewisses Fingerspitzengefühl. Der vorliegende Aufsatz greift diesbezüglich einige Aspekte auf.

Um es gleich vorwegzunehmen: in diesem Beitrag wird keine neue Bewertungsmethode für städtische Fließgewässerstrecken vorgestellt. Der wissenschaftlichen Diskussion zu diesem Thema (vgl. z.B. SCHUMACHER & THIESMEIER 1991, FRIEDRICH & LACOMBE 1992) soll hier nicht noch ein weiterer Ansatz hinzugefügt werden. Vielmehr wird versucht darzustellen, wie in der Praxis der Gewässerstrukturgütekartierung mit diesem Problem umgegangen werden kann.

12.2
"Urbane Gewässer" - Abgrenzungsversuche

12.2.1
Abgrenzung nach LAWA

In der Verfahrensbeschreibung der LAWA werden Gewässer in Ortslage und Ortsrandlage als "urbane Gewässer" bezeichnet. Es findet sich dort keine eindeutige Definition von urbanen Bereichen, sondern es werden umgekehrt Gewässer der "freien Landschaft" abgegrenzt. Insofern sind die folgenden Bedingungen als Ausschlußkriterien für urbane Gewässer anzusehen:

"Ein gegebener Abschnitt ist unter folgenden Bedingungen als Gewässer der freien Landschaft zu betrachten:
Auf jeder Seite des Gewässers sind die ersten 100 m der Talniederung oder der in geringerer Entfernung vom Gewässer befindliche Talhang mindestens zu 75 % ungenutzt bzw. land- oder waldwirtschaftlich genutzt.
Auf jeder Seite des Gewässerabschnitts grenzt höchstens ein bebautes Grundstück mit Wohn- oder Wirtschaftsgebäuden (z. B. eine ehemalige Mühle oder ein Bauernhaus) an das Gewässer.
Das Gewässer wird höchstens auf einer Seite in geringem Abstand von einem befestigten Verkehrsweg oder einer Haupt-Bahnlinie begleitet."
(Redaktionsgruppe der LAWA, 1998)

Jeder Satz dieser Definition läßt jedoch Fragen offen:
- Wie ist z.B. die "landwirtschaftliche" Nutzung "Geflügelzucht" in Massentierhaltung zu beurteilen?
- Wie grenzt man im Gelände ein "Grundstück" ab und ist nicht auch ein Wasserschloß mit Nebeneinrichtungen "ein bebautes Grundstück"?
- Ist ein autobahnparalleler, kleiner Bach der freien Landschaft zuzuordnen?

Es wird deutlich, daß diese Ausschlußkriterien nicht ausreichen. Während der urbane Charakter von Innenstädten i.d.R. unzweifelhaft ist, gibt es für die freie Landschaft und die städtischen Randzonen Klärungsbedarf. Um entscheiden zu können, welche Gewässerstrecken dementsprechend als "urban" klassifiziert werden müssen, ist eine Hilfestellung nötig. Diese läßt sich zunächst aus dem Baurecht ableiten.

12.2.2
Abgrenzung nach Baurecht

Im behördlichen Handeln mit baurechtlichem Bezug muß vielfach zwischen "freier Landschaft" und "urbanem Bereich" unterschieden werden – sei es bei Zuständigkeitsfragen zwischen Städten und Kreisverwaltungen oder auch in der Bauleitplanung.

Das Baugesetzbuch (BauGB) grenzt z.B. in § 34 den "im Zusammenhang bebauten Ortsteil" von der freien Landschaft ab. Gemeint ist damit die zusammenhängend durch geschlossene Bebauung bzw. Wohn-, Gewerbe- und Industrienutzung sowie Verkehr eingenommene Fläche einheitlichen Charakters. Dementsprechend wäre dann als "freie Landschaft" die restliche Fläche zu bezeichnen. Diese wird im Baurecht auch als "Außenbereich" bezeichnet, welcher nach einem Kommentar zum BauGB

"alles, was außerhalb des räumlichen Geltungsbereiches eines Bebauungsplanes i.S. des § 30 (BauGB) und außerhalb der in Zusammenhang bebauten Ortsteile liegt" umfaßt (Schlichter & Stich, 1995, S. 962).

"Angesichts dieser Begriffsbestimmung verbietet es sich, den Außenbereich begrifflich mit Vorstellungen zu verbinden, die ihm bestimmte Vorstellungsbilder zuordnen, etwa das der "freien Natur", der "Stadtferne" oder der "Einsamkeit"" (ebda.).

Entsprechend könnte man im Rahmen der Gewässerstrukturgütekartierung die "freie Landschaft" als "Außenbereich" definieren.

Alles was nicht "Außenbereich" ist, ist "Innenbereich". Dieser schließt nicht nur die bestehende Bausubstanz, sondern auch die bereits planerisch festgesetzten Bebauungsgebiete ein, wie sie in den Flächennutzungsplänen ausgewiesen sind.

Da es für eine Strukturgütekartierung jedoch ohne Belang ist, ob bereits planungsrechtlich eine zukünftige Bebauung festgesetzt ist, kann als "urbaner Bereich" im Sinne des Verfahrens nicht der gesamte "Innenbereich" gelten, sondern lediglich der aktuell "im Zusammenhang bebaute Ortsteil".

Die "im Zusammenhang bebauten Ortsteile" lassen sich durch Umfahren der aktuell geschlossenen Siedlungs-, Gewerbe-, Industrie- und Verkehrsfläche eingrenzen. Verständlicherweise ist dies insbesondere bei "ausgefransten" Randbereichen von Ortslagen oder auch generell im ländlichen Raum sehr stark interpretationsfähig. Immerhin ist in dieser Sache aber eine behördliche Absicherung möglich.

12.2.3
Städtisches Grün und ländliches Grau

Es zeigt sich, daß "urbane Gewässer" entweder über ihre Lage im Raum nach dem Grundsatz "urbane Gewässer verlaufen in urbanen Bereichen" oder aufgrund charakteristischer Merkmale (z.B. hydraulischer Stress, Verbau, wenig Entwicklungsraum) abgegrenzt werden können.

Gewässer mit "urbanen Merkmalen" sind aber nicht nur in urbanen Räumen, sondern auch in der freien Landschaft anzutreffen. Sie finden sich z.b. an einzeln stehenden Gebäuden oder in Kleinsiedlungen (im Außenbereich). Diese sind im Sinne des Baurechts keine "im Zusammenhang bebauten Ortsteile". Umgekehrt gibt es innerhalb von städtischen Innenbereichen auch Gewässerabschnitte ohne "urbane Merkmale; dies kann zum Beispiel in großen Parkanlagen gelten.

In beiden Fällen handelt es sich ebenfalls um "urbane" Gewässer im Sinne des Kartierverfahrens. Sie haben gemein, daß weite Flächen ihrer Einzugsgebiete von Bebauung freigelassen sind. Sie unterscheiden sich dadurch, daß bei erstgenannten die baulichen Schadstrukturen im Gewässernahbereich und bei letzteren im weiteren Umfeld konzentriert sind.

In Tabelle 12.1 sind typische Erscheinungsformen von "Ortslage" und "freier Landschaft" im Sinne des Kartierverfahrens zusammengefaßt.

12 Gewässerstrukturgütekartierung im besiedelten Bereich 221

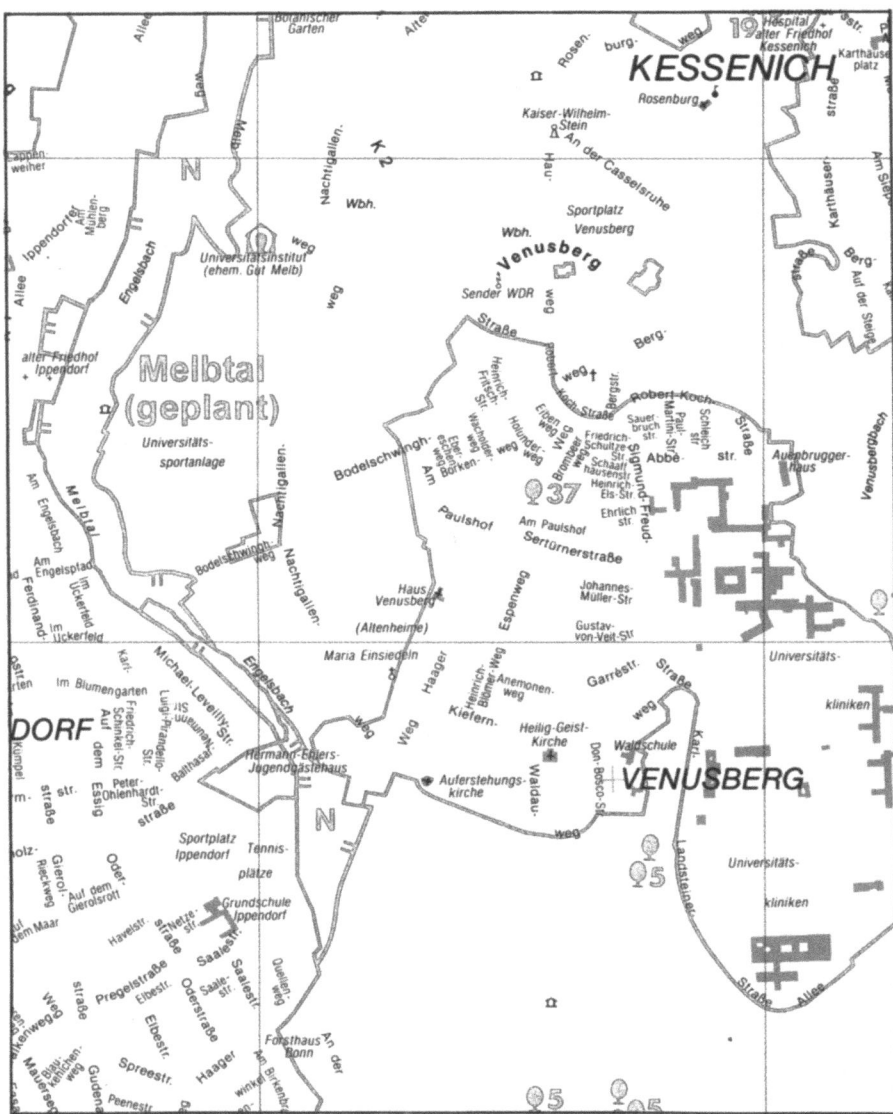

Abb. 12.1. Durch Umfahren des "in Zusammenhang bebauten Ortsteils" läßt sich der urbane Bereich i.S. des Kartierverfahrens näherungsweise eingrenzen. (Ausschnitt aus der Stadtkarte 1:15.000, vervielfältigt mit Genehmigung des Kataster- und Vermessungsamtes der Bundesstadt Bonn vom 30.01.1998 Nr. 103/98).

12.3
Kategorien urbaner Gewässer

12.3.1
Urbane Gewässerstrecken im Außenbereich

Siedlungsstrukturen im Außenbereich – das können mehrere Häuser, freistehende Gehöfte, aber auch sich in ständigem Wandel begriffene Einzelbebauungen, wie Schrottplätze, zu Fußballfeldgröße angewachsene Fischteichanlagen und ähnliches sein. Um diese Strukturen als "Ortslage" im Sinne des Kartierverfahrens zu bezeichnen, müssen sie einerseits ein gewisses Maß an versiegelter Fläche sowie ein entsprechend reges anthropogenes Treiben aufweisen.

Eine weitere Möglichkeit zur Abgrenzung bietet somit die "Intensität des Einflusses", den die Umgebungsnutzung auf das Gewässer hat. Besonders stark ist dieser, wenn die angrenzenden Nutzungen auf einen dauerhaft fixierten Gewässerverlauf angewiesen sind. Dann ist in der Regel die Gewässerentwicklung durch Verbaumaßnahmen massiv eingeschränkt. Ein anderes Merkmal urbaner Strukturen im Außenbereich sind Schädigungen, die sich aus dem "anthropogenen Tun" ergeben, wie Schmutzwassereinleitungen, Entfernen der bodenständigen Vegetation, "wildem" Uferverbau usw.

Abb. 12.2. Auch bei nur kleinparzelligen Nutzungen finden sich oft massive Eingriffe. Das Gewässer ist festgelegt und ein Wasser-Land-Kontakt im Uferbereich vollständig unterbunden.

Tabelle 12.1. Beispiele von Ortslage und freier Landschaft

	Außenbereich	Innenbereich
Ortslage	Splittersiedlungen kleine Dörfer	im Zusammenhang bebaute Ortsteile Verkehrswege Industriebrachen Parkanlagen, teilweise versiegelt
im Einzelfall zu entscheiden	Sonderkulturen Gewächshäuser Massentierhaltung	planerisch festgesetzte, erschlossene, aber noch unbebaute Baugebiete
freie Landschaft	Land-, Forstwitschaft Brachflächen Waldgebiete	planerisch festgesetzte, unerschlossene und unbebaute Baugebiete Grünflächen, unversiegelt Stadtforste

12.3.2
Gewässerstrecken im Innenbereich

Insbesondere die Bäche unserer Großstädte sind auf weiten Strecken extrem überformt. Den bedeutendsten Einfluß auf die Gewässerstruktur haben hier die siedlungswasserwirtschaftlichen Einrichtungen, mit denen eine Veränderung der Abflußverhältnisse verbunden ist. Das Ver- und Entsorgen durch Leitungen und Kanäle und die damit verbundenen Fremdwasserzuleitungen, Rückhalteeinrichtungen, Regenüberläufe u.s.w. koppeln die natürlich gewachsenen "Adern der Landschaft" von ihrem natürlichen Einzugsgebiet ab. Je unnatürlicher die Ganglinien, Stoßwasserfrequenzen, Spitzenabflüsse sind, desto unnatürlicher ist die hydraulische Belastung, desto massiver müssen die wasserbaulichen Stabilisierungsmaßnahmen an Sohle und Ufer im Unterstrom sein.

In vielen Innenstädten sind die Fließgewässer sogar vollständig entfernt bzw. überbaut worden. Die ehemaligen Bachstrecken werden heute noch vielerorts durch die älteren Hauptverbindungsstraßen nachgezeichnet; die Straßen sind die Nachfolger der früheren bachbegleitenden Wege.

Weil die Gewässereinzugsgebiete massiv versiegelt sind, wird die Regenspende in den Städten zum größten Teil in Abwasserkanälen unter der Straße fortgeführt; nur noch wenig Wasser gelangt in die Bäche. Bei Starkregen, wenn die Kanäle schnell vollaufen, springen Regenüberläufe an, was letztlich bedeutet, daß aus einer Öffnung im Kanal das "Zuviel" an Wasser in ein offenes Gerinne, den Bach, abgeleitet wird. Beide Abflußextrema erfordern wasserbauliche Eingriffe, wie zum Beispiel Verrohrungen wegen Geruchsbelästigung oder Sohl- und Uferbefestigungen gegen hydraulischen Streß.

12.3.2.1
Unterirdische Bachstrecken

Wie soll man kartieren, was man nicht sieht? Die Verfahrensbeschreibung fordert für Kartierabschnitte, die zu mehr als 50 % verrohrt sind, die Bewertung mit Güteklasse 7. Der Erhebungsbogen braucht in diesen Fällen nicht ausgefüllt zu werden. Will man eine differenziertere Beurteilung vornehmen, so kann die "vor-Ort Bewertung" anhand der funktionalen Einheiten weiterhelfen.

Im *Sohlbereich* besteht die Möglichkeit der differenzierten Betrachtung der Längsdurchgängigkeit. Länge, Durchmesser und Geschiebeverhältnisse des Rohres bzw. der geschlossen überbauten Strecke sind wichtige Bewertungskriterien. Vielfach besitzen geschlossen überbaute Strecken ein durchgängiges Interstitial, somit also eine Vernetzung mit dem Grundwasserkörper. Zudem sind Rohre vielfach nicht dicht, so daß auch hier ein Austausch mit dem Grundwasserstrom oder dem über das Kies- und Sandlager "drainierten" Wasser besteht.

Der *Uferbereich* ist stets als "übermäßig geschädigt" zu kartieren.

Insbesondere in Sohlentälern der Mittelgebirge sind aus Platzbedarf für die Stadtentwicklung viele Bachstrecken überbaut worden. Wenn die Gewässerstrukturgütekartierung Ausgangspunkt der Offenlegung solcher Bachstrecken sein soll, ist eine Kartierung des *Landbereichs* sinnvoll, auch wenn das unterirdische Gerinne heute keine Anbindung mehr an seinen Landbereich hat (zur kartographischen Darstellung siehe Kapitel 8).

Abb. 12.3. Eine Gewässerstrukturgütekartierung in der Stadt erfordert häufig ein Studium der Kanalpläne. Die Kanäle verlaufen in der Regel entlang der (ehemaligen) Fließgewässer.

12 Gewässerstrukturgütekartierung im besiedelten Bereich

Abb. 12.4. Im Einzugsgebiet der Emscher müssen die gestörten Abflußverhältnisse durch massive wasserbauliche Sicherungseinrichtungen kompensiert werden.

12.3.2.2
Massiv verbaute Gewässerstrecken mit versiegeltem Nahbereich

Offene Gewässerstrecken mit Massivverbau stellen die "klassischen" Stadtbäche dar. Ihrer Funktion als Entsorgungsgerinne für Abwässer zumeist entledigt, führen sie heute vielerorts sauberes Wasser. Als Teil einer Stadtlandschaft sind sie gegenüber dem Leitbild strukturell stark degradiert.

Eine typische Verbauform stellen Kastenprofile dar. Die Strukturgütekartierung des Uferbereiches führt bei ihnen - seien sie aus glatten Betonwänden oder aus historischem Mauerwerk hergestellt – stets zu Benotungen im untersten Bereich der Skala. Als Kartierer wünscht man sich angesichts der vielen Bewuchsformen der Ufer gelegentlich, daß die Stufe "7" weiter unterteilt wäre. Aber zur Erinnerung: das in Rede stehende Verfahren ist kein ökologisches Bewertungsverfahren für Mauern.

Abb. 12.5. Kastenprofile zählen gewässermorphologisch aufgrund ihrer Fesselungswirkung zu den schädlichsten Strukturen. Ihre hydraulischen Auswirkungen zeigen sich oft erst unterhalb der Stadt - in der freien Landschaft.

12.3.2.3
Massiv verbaute Strecken mit unversiegeltem Nahbereich

Den größten Teil "urbaner" Bachstrecken stellen die vielen Kilometer dar, die sich in Trapezprofilen zwischen Einzelhausbebauungen, Kleingartenanlagen und Industrieflächen zwängen. Ihr Ausbau erfolgte vielerorts zur schnellen Fortleitung von Abwasser, das heute in Kanälen erfaßt und Kläranlagen zugeführt wird. Die Bewertung derartiger Strecken ist zumeist für Sohle und Ufer im roten Bereich der Skala angesiedelt, für die Gewässerumgebung ergeben sich oft grüne und gelbe Farben.

Abb. 12.6. Mauern können - je nach Ausgestaltung - wertvolle Refugialstandorte in der Stadt darstellen. Bei Kastenprofilen schlägt sich dies jedoch kaum in der Bewertung des Uferbereichs nieder.

12.3.2.4
Gewässerstrecken in Parkanlagen und anderen Freiflächen

Stadtbäche in städtischen Grünflächen, wie unbebautes Brachland, gärtnerisch gepflegte Parke und auch brach gefallene Industrie- und Bahnverkehrsflächen zeichnen sich trotz ihrer großen strukturellen Unterschiede durch weite unversiegelte Flächen ihrer Einzugsgebiete aus. In vielen Fällen wäre bei Entfesselung die Möglichkeit einer freien Laufentwicklung gegeben.

Abb. 12.7. In Düsseldorf ziehen sich entlang der Düssel städtebaulich und stadtklimatisch wertvolle Grüngürtel mit hohem Erholungswert. Das geradlinige, von gleichmäßig stockenden Pyramidenpappeln gesäumte und in ein monotones Rasenprofil gezwängte Gerinne ist jedoch nicht wesentlich näher am hpnG als der Mittellandkanal.

Die Strukturgütebewertung dieser Kategorie urbaner Bäche ist sehr uneinheitlich. Dies gilt insbesondere für Sohle und Ufer, denn gerade in Parkanlagen reicht die Palette von naturnah bis zur extremen Überformung (z.B. in japanischen Ziergärten). Die zur gleichen Kategorie zählenden Industriebrachen und Verkehrsflächen besitzen außerdem oft "gewässerunverträgliche Anlagen".

Häufig stellen derartige Bachstrecken nur offene Fragmente einer ansonsten verrohrten Gewässerstrecke dar, die zusätzlich mit Regenüberläufen beaufschlagt wird. In solchen Fällen ist von den Kartierenden eine besondere Disziplin gefordert, denn der große strukturelle Unterschied zur Verrohrung läßt z.B. die freie Gewässerstrecke einer Industriebrache an Sonnentagen mit Blühaspekt in einem naturnäheren Licht erscheinen als sie es entsprechend dem hpnG sein mag. Zur Erinnerung: das in Rede stehende Verfahren ist kein ökologisches Bewertungsverfahren für Industriebrachen mit artenreichen Sekundärbiotopen.

Dasselbe gilt für vielfältig modellierte Fließgewässer unserer Parklandschaften. Kunstvoll gezirkelte Mustermäander sind Schmuckstücke der allermeisten Bundesgartenschauen; gewässerstrukturell sind sie eher fragwürdig.

All diese Einzelfälle werden durch das Indexverfahren entsprechend ihrer jeweiligen Leitbilder prinzipiell gleich beurteilt. Da verständlicherweise aufgrund der großen Zahl von Sonderfällen die Indexdotierungen aufgrund der Generalisierung starke "Ausreißer" produzieren werden, ist eine besonders sorgfältige Vor-Ort-Bewertung angezeigt.

Abb. 12.8. In Bonn wurde schon vor Jahrhunderten der Engelsbach zum Wassergraben des Poppelsdorfer Schlosses degradiert. Ähnliche gewässerökologische "Missetaten" finden wir an nahezu jedem denkmalgeschützten Wasserschloß.

12.4
Erhebung und Bewertung urbaner Gewässerstrecken

Urbane Gewässer lassen sich aus vielfältigen Blickrichtungen bewerten - unterliegen sie doch zahlreichen, zum Teil konkurrierenden Nutzungsansprüchen.
Als Bestandteil des Naturhaushaltes haben sie Aufgaben bezüglich Abfluß, Sedimenttransport und Wasserinhaltsstoffen sowie als Lebensraum der Biozönose zu erfüllen. Als Bestandteil des urbanen Gefüges sind sie stadtökologischer Faktor (z.B. für das Klima), Ort der Erholung, Belebungselement des Stadtbildes, bevorzugtes Wohnumfeld oder sogar Standort künstlerischer Gestaltungen.

Abb. 12.9. Ein Stadtbach als Ausstellungsort für moderne Kunst – Sinnbild für die Integration von Fließgewässern in das urbane Leben.

Von großer Bedeutung sind sie aus wasserwirtschaftlicher Sicht für die Versorgung der Trinkwasser-Gewinnungsanlagen, die Ableitung von Niederschlagswasser von versiegelten Flächen und – in erfreulicherweise abnehmender Tendenz – von Schmutzwasser. Hinzu kommt ihre Funktion als Energielieferant für das produzierende Gewerbe und als Verkehrsweg.

Für die Betrachtung der Gewässerstrukturgüte interessiert von allen diesen Aspekten in erster Linie die Leistungsfähigkeit des Gewässers als Bestandteil des Naturhaushaltes. Aus diesem Grund gelten für den Stadtbach die gleichen Bewertungsbedingungen wie für einen Bach in der freien Landschaft.

Als Bewertungsmaßstab wird im Rahmen der Gewässerstrukturgütekartierung das spezifische Leitbild, also z. B. das des "5 bis 10 Meter breiten Baches im Auetal" angelegt. Dieses beschreibt den "heutigen potentiellen natürlichen Gewässerzustand" (hpnG), welcher durch die Länderarbeitsgemeinschaft Wasser (LAWA) als derjenige Zustand definiert wurde,

der sich nach Auflassung vorhandener Nutzungen in und am Gewässer und seiner Aue sowie nach Entnahme aller Verbauungen einstellen würde" (LAWA 1998).

Was dieser Satz in letzter Konsequenz bedeuten kann, soll am Beispiel eines Gewässers des in 12.3.2.1 beschriebenen Typs ("massiv verbaut mit versiegeltem Nahbereich") erörtert werden.

In Innenstädten wurden die allermeisten dieser Gewässerstrecken zu "leistungsfähigen Vorflutern" ausgebaut. Dies bedeutet konkret, daß ihr Profil so vergrößert wurde, daß die Abflußspitzen des "normalen" Starkregens schadlos, d.h. ohne Überschwemmung im Profil abgeführt werden können. Diese Profilvergrößerung wurde in der Regel eher durch Eintiefung denn durch Verbreiterung erreicht (innerstädtische Grundstückspreise sind hoch).

Wie sieht der hpnG eines solchen Gewässers aus?

Man stelle sich einen Bach vor, aus dem sämtliche Abstürze, Sohlschalen etc. entfernt wurden und der zwei Meter unter Flur durch eine verfallene Geisterstadt fließt und dieses für viele Jahrhunderte ...

Was wird das Ergebnis dieser Entwicklung sein? Wann ist sie beendet? Wer hat den Mut, ein Szenario zu entwerfen?

Das Ergebnis dieser Entwicklung könnte sein, daß dieses Gewässer einem Bachlauf in der freien Landschaft im selben Naturraum nie völlig entsprechen wird. Schon jetzt läßt sich berechtigterweise prognostizieren, daß die künstliche Eintiefung wahrscheinlich nicht durch die Gewässereigendynamik vollständig rückgängig gemacht werden kann. Andere Strukturmerkmale wie z.B. die Vegetationsausstattung von Ufer und Umfeld werden schon sehr bald naturnahen Verhältnissen entsprechen können. Oder doch nicht?

Damit wird deutlich, wie "wackelig" die Prognose des hpnG bezüglich einiger Einzelparameter ist - wenn man mit irreversiblen Veränderungen am Gewässersystem argumentiert. Künstliche Eintiefungen entsprechen - sieht man sie als unumkehrbar an - letztlich dem hpnG. Naturferne Vegetationsausstattungen, Sohlbauwerke, Uferbefestigungen und andere durch die natürliche Dynamik "renaturierbare" anthropogene Schadstrukturen entsprechen ihm hingegen nicht.

An diesem Beispiel soll gezeigt werden, daß die Bewertung in der Stadt Fingerspitzengefühl erfordert. Es ist natürlich nicht sinnvoll, eine künstlich herbeigeführte Eintiefung mit der Note "1" zu belohnen. Für ihre Bewertung sollte hingegen der Zustand "vor dem wasserbaulichen Eingriff" des Menschen als Leitbild herangezogen werden.

Bei der Erstellung der Verfahrensanweisung wurde dieser Problematik zu einem gewissen Maße Rechnung getragen.

"Erhebliche anthropogene Überprägung kann (jedoch) dazu führen, daß eine Leitbildzuordnung (zum ursprünglichen Zustand, Anm. d. Verf.) nicht mehr durchgeführt werden kann. Diese besonderen Verhältnisse führen zu Einschrän-

kungen bei der Erhebung und Bewertung." (Redaktionsgruppe der LAWA, 1998, unveröff.).

Das Problem der Leitbildzuordnung bei starken Geländemodellierungen ist nicht auf Stadtbäche beschränkt. Solche Extremfälle finden sich auch in der freien Landschaft, wenn z.B. aufgrund bergbaulicher Industriegeschichte ganze Einzugsgebiete irreversibel verändert wurden. So verläuft z.B. die Emscher heute über weite Strecken eingedeicht über dem allgemeinen Geländeniveau.

Abb. 12.10. Aufgrund der Definition des hpnG entspricht die irreversible Profiltiefe und die naturnahe Sohlstruktur dieses Gewässers dem Leitbild. Die übrigen Einzelparameter von Sohle, Ufer- und Landbereich weichen dagegen stark davon ab. Für die Bewertung der Profiltiefe sollte der Zustand vor dem wasserbaulichen Eingriff herangezogen werden.

Die Emscher verdankt streckenweise ihre Wasserführung dem Einsatz von Pumpen. Für die Gewässer der Emscherregion hätte die Entnahme aller Verbauungen zur Folge, daß sich auf Teilbereichen die ursprüngliche Fließrichtung umkehren würde. Einzelne Fließgewässer(abschnitte) würden sich ohne weiteres menschliches Eingreifen zu Stillgewässer(abschnitte)n umwandeln (siehe GLACER, Kap. 4 in diesem Buch). Strenggenommen wäre dieser Zustand die heutige "größte Naturnähe", also der Eichpunkt für die Güteklasse 1.

Ähnliche Schwierigkeiten treten auch in Braunkohlerevieren am Niederrhein und in der Lausitz auf, wo großräumige Landschaftsmodellierungen die Suche nach Referenzgewässerstrecken des urprünglichen Zustandes sinnlos machen.

An diesen Beispielen wird deutlich, wo die Grenzen des Verfahrens bei seiner Anwendung im urbanen bzw. massiv überprägten Bereich liegen. Derartige extreme Ausnahmefälle sollten durch entsprechende Kommentierungen in der Kartenlegende kompensiert werden.

Abb. 12.11. Damit die Erft das aus den Tagebauen hochgepumpte Wasser auch fortschaffen kann, ist ihre Gewässersohle auf vielen Kilometern asphaltiert worden. Der hpnG ergibt sich irgendwann nach Abstellen der Pumpen und Entfernen des Asphalts.

12.5
Ist das Kartierverfahren für urbane Gewässer sensibel genug?

Wie bereits angesprochen und sicher auch aus der allgemeinen Erfahrung zu bestätigen, ist in urbanen Gebieten das Gewässerumfeld, also der sogenannte Landbereich besonders stark überprägt. Diese Überprägung kann aus gewässerökologischer Sicht sehr unterschiedlich ausgestaltet sein, man denke nur an innerstädtische Villenviertel im Vergleich zu Industriegebieten. Es stellt sich die Frage, ob das Kartierverfahren hier ausreichend differenziert.

Außerdem erscheint es vielleicht problematisch, daß genau das, was eine Siedlung ausmacht, nämlich die Bauten bzw. die von ihnen ausgehenden Wirkungen, per se der Grund für eine negative Bewertung ist. Die Kartierenden haben in bebauten Stadtteilen zumeist nur die Wahl zwischen den Güteklassen "4" bis "7". Für eine Differenzierung steht im urbanen Landbereich also nur die Spanne zwischen "deutlich beeinträchtigt" bis "übermäßig geschädigt" zur Verfügung.

Die folgende Tabelle zeigt die 21 Zustandsmerkmale des Landbereichs. Von ihnen kommen im allgemeinen für den Stadtbereich jedoch nur die fett gedruckten 13 Zustandsmerkmale in Frage.

Tabelle 12.2. Wesentliche Erhebungsmerkmale für den Landbereich

Flächennutzung	Gewässerrandstreifen	Schädliche Umfeldstrukturen
Wald bodenständig	Wald / Sukzession	Abgrabung
typische Auenbiotope	ausgeprägter Randstreifen	Fischteich im Nebenschluß
Brache	**Saumstreifen**	**gewässerunverträgliche Anlagen**
Grünland	**kein, Nutzung**	**Verkehrswege befestigt**
Wald, nicht bodenständig		Anschüttung, Müllablagerung
Nadelforst, Acker, Gärten		Hochwasserschutzbauwerk
Park, Grünanlage		keine
Bebauung ohne Freiflächen		
Bebauung mit Freiflächen		
flächenhafte sonstige Umfeldstruktur		

Es zeigt sich aus der allgemeinen Kartiererfahrung, daß die oben gestellte Frage mit "ja" beantwortet werden kann. Die Auswahl an Zustandsmerkmalen ist entsprechend den Anforderungen an dieses Kartierverfahren ausreichend, da damit die Datenbasis für eine Bewertung der Abweichung vom Naturzustand geliefert werden soll. Weit über die Hälfte der zur Verfügung stehenden Zustandsmerkmale beschreiben mehr oder weniger "urbane Strukturen".

Zur Erinnerung: Die Wiedergabe eines detailgetreuen Bildes der Stadtstruktur mit der Gewässerstrukturgütekartierung ist nicht angestrebt und sollte Verfahren wie z.B. der Stadtbiotopkartierung vorbehalten bleiben.

An die Erfassung mittels der 21 Zustandsmerkmale schließt sich die zweigleisige Bewertung der Auslenkung vom Leitbild, z.B. dem bodenständigen, naturbelassenen Auenwald an, in dem der "große Bach im Auental" verlaufen würde. Dabei bezieht sich das eine Gleis, die Indexdotierung, auf die drei Einzelparameter "Flächennutzung", "Gewässerrandstreifen" und "Schädliche Umfeldstrukturen". Das andere Gleis, die "vor Ort"-Erhebung, bezieht sich auf die beiden funktionalen Einheiten "Gewässerrandstreifen" und "Vorland".

Da letztendlich der Kartierer zu entscheiden hat, welche Güteklasse er für den Gewässerabschnitt vergibt, fließen auch Strukturen, die allein durch den Erhebungsbogen nicht erfaßt oder durch das starre Indexsystem nicht fachgerecht bewertet würden, ihrer Bedeutung gemäß in die Beurteilung ein. Eine besondere Frage ist dabei sicherlich, inwieweit das "Stadtbild" als ästhetische Größe analog zum Begriff "Landschaftsbild" unterbewußt die Bewertung beeinflußt (siehe hierzu auch PETRY 1996).

12.6
Rechtliche und politische Aspekte

Da die meisten urbanen Gewässerstrecken aufgrund ihrer funktionalen Einbindung oder ihrer Überprägung mit anderen Nutzungen in den Städten langfristig nicht für eine ökologisch orientierte Entwicklung zur Disposition stehen, auch wenn dies nicht als irreversibler Zustand im Sinne des hpnG gilt, greift die Bewertung des urbanen Bereiches anhand des hpnG stark in den politischen Raum ein.

Insbesondere in den Großstädten sind die Möglichkeiten der strukturellen Verbesserung oft nur auf fragmentartigen Teilstrecken zu realisieren. Es ist wichtig, daß hier nicht ein Erwartungsdruck seitens der Politik geschaffen wird, dem von den zuständigen Tiefbauämtern oder Unterhaltungspflichtigen nicht Stand gehalten werden kann. Diese hohen Erwartungen könnten aufgrund der außerordentlich positiven Wirkung der "klassischen" Wassergütekarte (gemäß Saprobiensystem) entstehen.

Ebenso wie die Wassergütekarte, die sich auf den Wasserkörper bezieht, zeigen auch bei der Strukturgüte die Bewertungsergebnisse Defizite und Handlungsbedarf auf. Entsprechend sind wie vor Jahren bei der erstmaligen Untersuchung der Wassergüte in urbanen Strecken rote und gelbe Gewässerbänder auf den Strukturgütekarten zu erwarten.

Diese Gemeinsamkeit darf nicht über die Unterschiede der beiden Verfahren hinwegtäuschen. Ein wesentlicher Unterschied zwischen Wassergüte und Strukturgüte besteht zum Beispiel bei den kartographischen Auswirkungen nach Behebung von Defiziten: während bei der Wassergüte der Bau einer Kläranlage oder das Abstellen einer punktuellen schädlichen Einleitung zu erheblichen Farbumschlägen (von rot zu blau) auf langen Gewässerstrecken in der Karte führt, ist diese Qualitätsverbesserung bei der Strukturgüte im urbanen Bereich vielerorts ungleich mühseliger: hier muß nahezu jeder zu verbessernde Gewässermeter bearbeitet werden.

Dies gilt auch für zahlreiche Fälle, in denen eine große ökologische Verbesserung erreicht wurde. Die aufwendige und teure Umgestaltung eines städtischen Bachabschnittes durch Ersatz einer Betonspundwand durch eine offenporige Mauer schlägt sich aufgrund der weiterhin vorhandenen Fesselung, Umlandbebauung und Sohlstabilisierung nur sehr schwach in der Bewertung nieder. Die Gewässerstrecken werden ja an dem ökologischen Optimalzustand bemessen, der eine Be- und Verbauung grundsätzlich negativ bewertet.

Die politisch Verantwortlichen möchten aber eine "Belohnung" für ihr Tun und das soll sich in einem deutlichen Farbumschlag (von rot in blau oder zumindest von rot in grün) zeigen. Einige Kommunen, die in der Vergangenheit große Anstrengungen in der ökologischen Umgestaltung ihrer Bachläufe vorgenommen haben, verzichten gar auf eine Strukturgütebeurteilung ihrer "renaturierten" Bäche, weil diese weiterhin "so schlecht wegkommen".

Abb. 12.12. Geschlossen überbaut dienen die Ufer und Auenbereiche der "Henne" in Meschede (Hochsauerland) als städtische Verkehrsfläche. Wie groß wäre der Erlebniswert für den Fußgänger an dieser Stelle, könnte er das Gewässer wieder hören, riechen und sehen, auch wenn die Ufer weiterhin verbaut blieben und der Landbereich städtischen Charakter hätte.

Dabei wird verkannt, daß die Leistung, die erbracht werden muß, um einen als "7" eingestuften Gewässerabschnitt zu einer "6" aufzuwerten, weitaus größer sein kann, als aus einer "5" eine "2" zu machen. Oder anders ausgedrückt: Das Freilegen eines geschlossen überbauten Gerinnes zu einer offenen Rinne ist weitaus aufwendiger als das Zurücksetzten eines Weidezauns in der freien Landschaft an einem ansonsten naturnahen Bachabschnitt.

Damit sich ein realistischer Erwartungsdruck bezüglich der Farbumschläge aufbaut, sollte daher in der Strukturgütekarte die besondere Situation von Stadtbächen optisch durch eine Zusatzsignatur, wie z.B. eine Schraffur, hervorgehoben werden. Durch Piktogramme könnten darüberhinaus besonders wichtige Aspekte deutlich gemacht werden (siehe den Beitrag von GLACER, Kap. 8 in diesem Buch).

Im Falle der geschlossenen Überbauung, die sich in ihrer Bewertung nicht von einem offenen, massiven Kastenprofil unterscheidet und die die Karte in beiden Fällen als ein rotes Farbband wiedergibt, könnte z.B. ein Piktogramm und das nicht kolorierte Uferband die besonders schlechte Situation verdeutlichen. Bei Freilegen der Gewässerstrecke wäre dann zwar aufgrund anderer Zwangspunkte weiterhin eine Note aus der unteren Bewertungsskala zu erwarten, jedoch würde der Wegfall der Zusatzsignatur und eine Kolorierung des Ufers eine positive Handlungsdokumentation darstellen.

Um bei der Kartenerstellung derartige Schraffuren, Signaturen etc. für die Darstellung des urbanen Bereiches zu ermöglichen oder auch um bei der Abfrage eines Fließgewässerinformationssystems Ortslagen abgrenzen zu können, hat der Kartierer im Kopfbogen die Gewässerlage ("freie Landschaft" oder "Ortslage") anzugeben.

Die gemeinsame Darstellung von Gewässern in Stadt und Land stellt einen ehrlichen und selbstbewußten Umgang mit der Strukturgütebewertung dar. Statt schönfärberisch so zu tun, als sei es möglich, Landschaft zu nutzen, ohne sie zu (zer)stören, wird aufgezeigt, daß dort, wo intensive Nutzung gewollt ist, ein Eingriff unabdingbar ist.

12.7
Entwicklungsziele für urbane Gewässer

12.7.1
Besiedelter Außenbereich

Bei der Ableitung eines Entwicklungs- oder Sanierungszieles für eine Gewässerstrecke im Außenbereich, die urbane Strukturen aufweist, sind Nutzungsansprüche zu berücksichtigen (siehe hierzu auch PATT 1998). Es sollte detailliert entsprechend dem jeweiligen Nutzungsziel ein ökologisch optimaler Kompromiß formuliert werden. Hierzu ein Beispiel.

Ein frei stehendes Wasserkraftwerk am Bach.

Die Situation: Ein Sohlabsturz von 2 m Höhe, ein Rückstau von 50 m Länge, Sohle und Ufer unterhalb des Wehres auf einer Länge von 50 m massiv verbaut, Müll am Ufer, im Landbereich Einzelgebäude, ein Parkplatz und ein Fischteich im Nebenschluß. Die Strukturgütebewertung ergibt für diesen Abschnitt im Sohlbereich die Note "7", für den Uferbereich die Note "6" und für den Landbereich die Note "5".

Was für ein Entwicklungsziel ist für diesen Abschnitt zu empfehlen? Die Antwort ergibt sich aus der Diskussion über die zukünftige Nutzung dieses Bachabschnitts. Wenn langfristige Wasserrechte bestehen und das Wasserkraftwerk weiterhin betrieben werden soll, wird man ein Gebäude inklusive Zuwegungen und Turbinenhaus am sowie die Baulichkeit im Bach dulden müssen.

Die Forderung nach einer Strukturgüteklasse 1 (also dem hpnG) als Entwicklungsziel ist hier nicht realistisch, es können jedoch Maßnahmen ergriffen werden, die die Auswirkungen dieser genehmigten Nutzung minimieren (z.B. Bau eines Fischumlaufes, Mindestwasserführung etc.). Als Referenz könnte ein an anderer Stelle bestehendes, bereits umgestaltetes Wasserkraftwerk dienen.

Die Entwicklungsziele für kontinuierlich intensiv genutzte Gewässerstrecken – ob agrarisch oder urban – befinden sich also in einem steten, "evolutiven" Wandel, wogegen das Entwicklungsziel für nutzungsfreie Gewässerabschnitte durch einen einzigen Zustand repräsentiert wird, den hpnG. Ein Analogon zu diesem Entwicklungsprozeß kennen wir auch vom sogenannten "Stand der Technik", aus dessen stetiger Weiterentwicklung sich regelmäßig verschärfte Anforderungen z.B. an den Betrieb von Industrieanlagen ergeben.

Abb. 12.13. Für genutzte Bachstrecken müssen auch im Außenbereich andere Entwicklungsziele gelten, als für nutzungsfreie Strecken. Die Bewertung orientiert sich jedoch stets am hpnG.

12.7.2
Innenbereich

12.7.2.1
Massiv verbaute Strecken mit versiegeltem Nahbereich

Das Entwicklungspotential dieser Strecken ist vergleichsweise gering. Es orientiert sich an den realistisch umzusetzenden Maßnahmen - unter Berücksichtigung der Besitzverhältnisse am Gewässer, den siedlungswasserwirtschaftlichen Anforderungen, dem Hochwasserschutz, baustatischen Gesichtspunkten und nicht zuletzt den Kosten. Die kurzfristig umsetzbaren Maßnahmen werden sich zumeist auf Umgestaltungen der Uferbefestigung und Öffnen der Sohle beschränken.

12.7.2.2
Massiv verbaute Strecken mit unversiegeltem Nahbereich

Nach Anschluß der angrenzenden Grundstücke an die Kanalisation kann über einen sinnvollen Rückbau, der zwischen einer völligen Sich-selbst-Überlassung und dem jetzigen Zustand liegt, nachgedacht werden. Häufig müssen Gewässerrandstreifen gekauft werden, damit es bei der einsetzenden Krümmungserosion nach Entfernung des Verbaus nicht zu bösen Überraschungen und Grundstücksverlusten der Anwohnenden kommt.

Es gilt, den Gewässeranliegern frühzeitig die Absichten und Wirkungen der Rückbaumaßnahmen nahezubringen. Ihre Mithilfe, z.B. im Rahmen einer Bachpatenschaft, ist anzustreben. Schon das Verständnis der Anlieger für eine standortgerechte Vegetation im Gewässerumfeld kann einen erheblichen Erfolg bedeuten. Weg von der Fichte, hin zur Weide – und sei es auch nur die nicht bodenständige aber standortgerechte Trauerweide.

12.7.3
Verkehrssicherungspflichten

Eine kritische Betrachtung erfordert in diesem Zusammenhang die Verkehrssicherungspflicht, gemäß derer die Unterhaltungspflichtigen angehalten sind, Unfallgefahren zu minimieren.

Unzweifelhaft ist das höchste Schutzgut das Menschenleben, aber es sei gestattet zu fragen, ob die Forderungen nach mehr Sicherheit für spielende Kinder nicht gelegentlich weit über das Ziel hinausschießen. Zuweilen führt dies zu übertriebenen Sicherungsmaßnahmen an urbanen Gewässerstrecken, die oft nicht nur häßlich sind, sondern vielfach auch ökologisch problemverschärfend wirken.

Zu nennen sind übertriebene Geländer und Mauern, die den heranwachsenden Mitbürgern einen natürlichen Umgang mit fließendem Wasser hinter ihrem Elternhaus vereiteln. Begeben Sie sich dann zum Unterlauf des Stadtbaches in die "freie Natur", so können sie sich dort mit den teilweise dramatischen hydraulischen Auswirkungen der Sicherungsmaßnahmen im Oberstrom konfrontiert sehen. Die behördliche Gefahrenabwehr in der Innenstadt schafft neue Gefahren im Unterstrom.

Ökologisch problemverschärfend wirkt sich außerdem aus, daß ein "verkehrssicherer" Gewässerunterlauf wasserrechtliche Genehmigungen für Eingriffe im Oberlauf erleichtert. Der Gedanke einer ganzheitlichen, einzugsgebietsbezogenen Betrachtung wird hierdurch auf den Kopf gestellt.

12.8
Zusammenfassung

Die Gewässerstrukturgütekarte eignet sich zur Kartierung und Bewertung urban geprägter Bachstrecken. Als Leitbild dient dabei der hpnG. Das hat zur Folge, daß urban geprägte Gewässerstrecken von vornherein im unteren Teil der Bewertungsskala angesiedelt sind. Dennoch lassen die sieben Bewertungsstufen einigen Spielraum.

Problematisch ist der damit verbundene geringe Anreiz für die Gewässerpolitik, da sich ökologische Umgestaltungen an Gewässern nicht als "Höchstnoten" in der Karte widerspiegeln. Hier ist Aufklärung angezeigt.

Urbane Gewässer sollten mit einer besonderen Signatur (z.B. Schraffur) gekennzeichnet werden, damit der eingeschränktere Planungsspielraum ersichtlich ist. Eine wichtige Funktion kommt in diesem Zusammenhang der Kartenlegende zu, in der diese Signatur auch bezüglich ihres "warum" klar erläutert sein sollte. Dabei ist es wichtig, klar zu formulieren, wie die "Ortslage" von der "freien Landschaft" abgegrenzt wurde, empirisch, also aufgrund der Geländebeobachtung ("Hier sieht es aus wie in der Stadt ...") oder formal durch die behördliche Festlegung von "Im Zusammenhang bebauter Ortsteil" und Siedlungsstrukturen im "Außenbereich".

Eine über die Strukturgüteerhebung hinausgehende Bewertung nach Erlebniswert, Stadtklima etc. ist möglich, aber nicht primärer Gegenstand der Kartierabsicht der Strukturgüte. Es bleibt natürlich dem Kartierenden bzw. seinem Auftraggeber überlassen, zusätzliche Parameter zu bewerten, dieses wäre dann aber ein anderes bzw. verändertes Verfahren. Als Hilfestellung für die Erarbeitung von Detailplanungen können solche speziellen Betrachtungsweisen - zu denen z.B. auch Untersuchungen der Wassergüte und Belastung des angrenzenden Bodens gehören - von großem Nutzen sein.

Die Wichtigkeit einer qualifizierten und differenzierenden Bewertung im urbanen Bereich läßt sich auch umweltpolitisch begründen. Es kann nicht alleinige Aufgabe eines ökologischen Kartierverfahrens sein, aufzuzeigen, in welcher Weise ungenutzte, also reservatähnliche Gewässerzonen ausgestaltet sein sollen. Ebenso bedeutsam ist es, Stadtbäche zu bewerten und damit eine Grundlage für einen nachhaltigen Umgang mit der gesamten Fließgewässerlandschaft zu liefern.

Problematisch gestaltet sich die Bewertung durch das Indexsystem, da dieses mit nur wenig Detailinformationen über Stadtbäche "gefüttert" ist und somit aufgrund der Vielfalt von Spezialfällen nur grobe Bewertungshinweise liefern kann. Aus diesem Grund werden im urbanen Bereich an die "Vor-Ort Bewertung" und damit an die gewässerökologische Qualifizierung der Kartierenden besondere Anforderungen gestellt. Dies gilt insbesondere im Hinblick auf die Definition des hpnG. Bei vermeintlich irreversiblen Veränderungen, wie z.b. künstlicher Eintiefung der Sohle, sollte für die entsprechenden Einzelparameter derjenige Zustand *vor den wasserbaulichen Eingriffen* als Leitbild herangezogen werden.

Ansatzpunkt einer Gewässerentwicklung bei Stadtbächen ist wesentlich stärker als in der freien Landschaft das einzelfallbezogene *Entwicklungsziel*. Während bei Stadtbach A nach Aufgabe einer Einleitung die Entfernung des gesamten Verbaus möglich erscheint, ist für Stadtbach B zu dessen Fortbestand eine Abdichtung der Sohle dringend erforderlich.

Lediglich vorsichtige Forderungen können für alle Stadtbäche Allgemeingültigkeit besitzen, wie sie z.b. die Richtlinie für naturnahe Unterhaltung und naturnahen Ausbau der Fließgewässer in NRW (LUA 1998, Entwurf) gibt.

Hierzu gehören insbesondere:
- Freiraumbereitstellung zur Gewässerentwicklung
- Geschickte Wegeführung zur Beruhigung einzelner Gewässerabschnitte
- Erhöhung des Erlebniswertes und zugleich Förderung der Organismenbesiedlung durch unverfugte Natursteinmauern,
- naturnahe Vegetation (Röhrichte, Stauden, Solitärgehölze)
- naturnahe Ausprägung der Sohle, Durchgängigkeit, funktionsfähiges Interstitial, pendelnder Stromstrich.

Die Formulierung eines Entwicklungszieles muß sich an den realistischen Möglichkeiten bemessen. Von großer Bedeutung ist dabei, ob die angrenzenden Nutzungen zu ihrem Fortbestand (oder auch aus Sicht der Verkehrssicherungspflicht) einen fixierten Gewässerlauf erfordern oder nicht. Tabelle 12.1 faßt die wichtigsten Aussagen zusammen.

Tabelle 12.3. Häufig vorkommende Kategorien von "Stadtbächen"

Kategorie	Beispiele		Versiegelung im Einzugsgebiet	fixierter Verlauf notwendig	hydraulischer Streß durch Abschläge aus Kanalisation	Entwicklungsziel			größte Schädigung	höchstes realistisches Entwicklungspotential
						Sohle	Ufer	Umfeld		
U 1	Dorf, großes Gehöft Splittersiedlung	freie Landschaft	offen	gering	nein	i. d. R. nicht	offen	offenporig		Ufer, Nahbereich	Ufer
U 2	Innenstadt, Industrieflächen, mit Straße überbaut	Stadt	verrohrt	hoch	ja	ja	offen	offenporig		Sohle, Ufer, Aue	Sohle, Ufer
U 3	Häuserwände als Ufer Industrie-, Gewerbeflächen	Stadt	offen	hoch	ja	ja	offen			Ufer, Aue	Sohle und Mauern
U 4	Kleingartenanlagen, Villenviertel, Gartenstadt, Industriebrache	Stadt	offen	mittel bis hoch	bedingt	ja	offen	unverbaut	Randstreifen	Sohle, Ufer, Aue,	Sohle, Ufer, Randstreifen
U 5	Parkanlage, Stadtwald, unerschlossenes Bauland Industriebrache	Stadt	offen	mittel	nein	ja	offen	unverbaut	Randstreifen	Ufer	Ufer

Anmerkungen:
Der Begriff "offen" meint in diesem Fall ein durchgängiges Interstitial. Sohlenverbauungen sind nicht vorhanden.
Der Begriff "offenporig" beschreibt ein mit unverfugtem Mauerwerk oder Steinschüttungen befestigtes Ufer.

Literatur

Erftverband: Gesamtkonzept Erft – Leitbild für die Umgestaltung der Erft. Grundlagen und Vorgehensweise. Bergheim 1995 (unveröff.)

Niehoff, N.: Ökologische Bewertung von Fließgewässerlandschaften, Berlin, Heidelberg, New York 1996.

Friedrich, G., Lacombe, J. (Hrsg.): Ökologische Bewertung von Fließgewässern, Stuttgart, Jena, New York 1992.

Länderarbeitsgemeinschaft Wasser: Gewässerstrukturgütekartierung in der Bundesrepublik Deutschland. Verfahrensbeschreibung für kleine und mittelgroße Fließgewässer. Berlin 1998, im Druck

Landesamt für Wasser und Abfall Nordrhein-Westfalen (LWA) (Hrsg.): Allgemeine Güteanforderungen für Fließgewässer (AGA), Düsseldorf 1991.

Landesumweltamt Nordrhein-Westfalen (HRSG.): Richtlinie für naturnahe Unterhaltung und naturnahen Ausbau der Fließgewässer in NRW Düsseldorf 1998 (Entwurf).

Patt, H., Jürging, P., Kraus, W.: Naturnaher Wasserbau, Berlin, Heidelberg, New York 1998.

Petry; D.: Die Erfassung und Bewertung für die Funktionen von Fließgewässern einer Stadt, Diplomarbeit. Universität Bonn 1996 (unveröff.)

Schumacher, H, Thiesmeier, B. (Hrsg.): Urbane Gewässer, Essen 1991

Schlichter & Stich: Berliner Kommentar zum Baugesetzbuch BauGB, Köln, Berlin, Bonn, München, 1995

Wasserverband Rhein-Sieg-Kreis: Konzept zur naturnahen Entwicklung des Eipbaches und des Obereiper Baches. erstellt durch das BÜRO FÜR UMWELTANALYTIK BONN / ESSEN, Siegburg 1998 (unveröff.)

Ders.: Detailplanung zur Sanierung des Eipbaches in Eitorf, erstellt durch das BÜRO FÜR UMWELTANALYTIK BONN / ESSEN, Siegburg 1998 (unveröff.)

13 Kritische Anmerkungen zur Berechnung von Strukturgüteindices

Andreas Müller
Büro für Umweltanalytik Bonn / Essen

13.1 Vorbemerkung

Nachdem in diesem Band in zahlreichen Beiträgen das Verfahren der Gewässerstrukturgütekartierung detailliert beschrieben wurde, von seinen ökologischen Grundlagen bis zu seiner Bedeutung in der Wasserwirtschaftsverwaltung, erscheint es geboten, auf einige Vorurteile, unausgesprochene Meinungen und Ideen einzugehen, die z.T. im Rahmen der Verfahrensentwicklung diskutiert wurden, die aber auch bei vielen Anwendern immer wieder zutage treten.

Die Ausführungen auf den folgenden Seiten sollen daher zu einem besseren Verständnis, zu einem selbstsicheren Umgang und einem klareren Blick für die Möglichkeiten und Grenzen des Verfahrens der Gewässerstrukturgütekartierung beitragen, dessen grundsätzlicher Nutzen hier keineswegs in Frage gestellt werden soll. Kurz gesagt, der Bogen soll nicht überspannt werden, sondern treffsicher und einsatzfähig bleiben.

13.2 "Berechnung" komplexer ökologischer Größen – eine "Krücke"?

Jeder Studierende einer Naturwissenschaft wird schon frühzeitig in seinem bzw. ihrem Studium erkennen, daß natürliche Systeme von ihrem Grundwesen her nicht-linear und hochgradig komplex sind. In entsprechendem Maße gilt dies auch für Ökosysteme. Die unübersehbare Vielfalt der chemischen, physikalischen und biologischen Prozesse, die miteinander wechselwirken, sich verstärken oder sich behindern macht es schier unmöglich, sie in einem einfachen Modell exakt abzubilden.

Wer sich theoretisch mit der Modellierung ökologischer Systeme beschäftigt, gerät in kürzester Zeit in einen Strudel aus nicht-linearen Gleichungssystemen, hochkomplexen Differentialgleichungen, deterministischem Chaos und anderen, dem "gesunden Menschenverstand" nicht mehr unmittelbar zugänglichen mathematischen Konstrukten.

Nun mag dies alles sehr interessant sein und außerdem geeignet, jedem ökologischen Forschungsinstitut seinen eigenen Höchstleistungsrechner zukommen zu lassen.

Was aber macht der Tiefbauamtsleiter, der doch einfach nur "seinen" Bachlauf ökologisch aufwerten möchte?

Er hat ja wohl kaum den Etat, ein vielköpfiges interdisziplinäres Team jahrelang nach "der Systemformel" suchen zu lassen, aus der dann abgeleitet wird, welche Größenklasse die Wasserbausteine haben sollten, die er als Ersatz für die Betonspundwand guten Gewissens einbauen kann und die sowohl die an das Gewässer angrenzende Landstraße schützen, als auch eine optimale Besiedelbarkeit für die regional ansässigen, aber bereits selten gewordenen Insektenlarven gewährleistet.

Nein, der Tiefbauamtsleiter macht im Grunde so weiter wie bisher. Als guter Ingenieur hat er gelernt, mit Näherungsverfahren qualifiziert umzugehen, heißen sie nun "Manning-Strickler" oder "Gewässerstrukturgüteindex".

Mit diesem Beispiel soll einleitend deutlich gemacht werden, daß die Gewässerstrukturgütekartierung[15] und hier insbesondere die Berechnung von wie auch immer gearteten Indices nicht mehr und nicht weniger ist als eine Näherung, die zumindest, wenn man sie mit dem Auge des Mathematikers betrachtet, auf z.T. recht waghalsigen Axiomen aufbaut.

13.3
Index + Index + Index = ?

Um die Grenzen der bei der Strukturgütebestimmung angewandten Rechenverfahren deutlich zu machen, soll zunächst untersucht werden, ob das Verfahren einigen grundlegenden mathematischen Ansprüchen genügt.

Den einzelnen Zustandsmerkmalen der 25 Einzelparameter sind, z.T. in Abhängigkeit von naturräumlichen Gegebenheiten, Zahlenwerte zwischen 1 und 7 zugeordnet. Diese werden in drei Schritten (erstens: Addition, zweitens: Division, also letzlich: arithmetische Mittelwertbildung und drittens: Zuordnung der jeweils gewonnenen rationalen Zahl zu einer ganzen Zahl zwischen 1 und 7) zu insgesamt sechs Hauptparameterindices verknüpft. Die Gewässerstrukturgüte ergibt sich letztlich wiederum durch Mittelwert- und anschließender Klassenbildung.

Wollen wir nun dieses Vorgehen anhand streng arithmetischen Kriterien beurteilen, so müssen wir die folgende Frage beantworten:

Unter welchen Bedingungen dürfen Strukturgüteindices addiert und dividiert werden?

Diese Bedingungen sind leicht formuliert:

Erste Bedingung: Die Indices sind Kardinalzahlen.

---

[15] Dies gilt in gleicher Weise selbstverständlich auch für viele andere anerkannte ökologische Bewertungsverfahren, wie z.B. für die Gewässergüte nach dem Saprobienindex oder die Ermittlung von ökologischen Ausgleichsmaßnahmen durch Verrechnung unterschiedlicher Biotoptypen.

Zweite Bedingung: Die Indices sind dimensionslos oder haben die gleiche Dimension.

Nun soll mit klassischen Methoden der mathematischen Beweisführung geprüft werden, ob diese Bedingungen beide erfüllt sind. Dazu wählen wir das Verfahren des indirekten Beweises.

Behauptung: Die o.a. Bedingungen sind nicht beide erfüllt.

Oder anders formuliert:

Aus der Zuordnung ganzer Zahlen zu bestimmten Phänomenen, wie im vorliegenden Fall, läßt sich nicht ableiten, daß diese Zahlen sich kardinal verhalten und daß sie dimensionslos sind oder die gleiche Dimension aufweisen.

Es ist trivial, zu zeigen, daß die zweite Bedingung immer erfüllt ist. Schließlich sind die Indexziffern, die den einzelnen Zustandsmerkmalen zugeordnet sind, ja gerade als dimensionslose Zahlen gewählt.

Da aber beide Bedingungen zugleich erfüllt sein müssen, um unsere Behauptung zu widerlegen, müssen wir uns nun der Frage der Kardinalität zuwenden.

Dies soll ohne Beschränkung der Allgemeinheit, am Beispiel des Einzelparameters "Laufkrümmung" untersucht werden.

Dem Zustandsmerkmal "mäandrierend" ist der Index "1", dem Zustandsmerkmal "stark geschwungen" der Index "2", dem Zustandsmerkmal "mäßig geschwungen" der Index "3" zugeordnet usw.

Sicherlich verhalten sich die Zahlen 1, 2, 3 usw. auf den ersten Blick kardinal (1 + 2 = 3 usw.).

Dies ist jedoch bezogen auf den vorliegenden Fall ein Trugschluß. Denn es gilt bei dieser Betrachtung auch die Bedeutung der Zahlen zu beachten (die Addition 1 + 2 etc. bedeutet ja stets z.B.: ein Apfel plus zwei Äpfel, 1 DM plus 2 DM etc.).

In unserem Beispiel entspräche dies der Rechnung: "mäandrierend" + "stark geschwungen" = "mäßig geschwungen". Dies ist jedoch gänzlich sinnlos.

Es zeigt allerdings auch, daß der Begriff des Strukturgüte-Index völlig korrekt gewählt ist: Indices sind Zahlen, die Objekten zugeordnet werden, in der Regel zum Zwecke der Numerierung, also Sortierung, und somit Ordinalzahlen!

Nun geht die Strukturgüteindexberechnung noch einen Schritt weiter. Es werden nicht Indexziffern von Zustandsmerkmalen des gleichen Einzelparameters miteinander verrechnet, sondern es werden gar verschiedene Einzelparameter, die ganz unterschiedliche Phänomene beschreiben, in einen scheinbar mathematischen Bezug gesetzt.

Einfach formuliert könnte man sagen, daß "Äpfel mit Birnen vermischt werden".

13.4
Ursachenforschung ...

In wenigen Sätzen konnte gezeigt werden, daß die Berechnung von Strukturgüteindices (wie auch von anderen) letztlich einen mathematischen Taschenspielertrick darstellt.

Wie müßte nun ein Verfahren beschaffen sein, bei dem derartige Berechnungen auch mathematisch haltbar sind?

Die Anforderungen für die Addition haben wir bereits in Ansätzen kennengelernt. Zusammengefaßt läßt sich formulieren, daß die mit Zahlen verknüpften Phänomene skalierbar sein müssen. Es muß also gewährleistet sein, daß der Abstand/der Unterschied/die Differenz zwischen je zwei beliebigen Zustandsmerkmalen eines Einzelparameters, deren Indices die gleiche Differenz bilden, auch tatsächlich gleich ist.

Dies führt unmittelbar zu der Frage: "Gleich in bezug auf was?", auf die wir zunächst nicht weiter eingehen (wir kommen jedoch später noch einmal darauf zurück).

Doch nicht nur für die Zustandsmerkmale eines Einzelparameters muß dies gelten. Da die Indices durch arithmetische Mittelwertbildung miteinander verknüpft werden (zu sechs Hauptparameter-Indices und letztlich zu einem Strukturgüteindex) muß die vorgenannte Bedingung für jedes Paar von Zustandsmerkmalen gelten, das aus der nahezu unübersehbaren Vielfalt ausgewählt wird. Der Unterschied zwischen "mäandrierend" (Index 1) und "keine Längsbänke" (Index 7) muß also genauso groß sein wie zwischen "keine Strömungsdiversität" (Index 7) und "bodenständiger Wald" (Index 1).

Dies zeigt sehr klar, daß es kaum zu belegen ist, daß die Indices alle die gleiche Dimension haben und daher insgesamt als dimensionslos betrachtet werden dürfen.

Weiterhin gilt es, noch einen weiteren Aspekt zu berücksichtigen, der ebenfalls häufig übersehen wird.

13.5
Äpfel mit Äpfeln ...

Sei einmal angenommen, die Zustandsmerkmale seien tatsächlich derart skalierbar, wie es notwendig ist, um ihre Indices addieren zu dürfen. Nach der Addition wird jedoch noch eine weitere Operation ausgeführt, um schließlich zu einem Index für den Hauptparameter zu gelangen, eine Division durch die Anzahl der Indices, also eine arithmetische Mittelwertbildung.

Ein ungewichteter Mittelwert (auch: "Erwartungswert") kann (= darf) aber nur gebildet werden, wenn die Wahrscheinlichkeit des Eintretens der einzelnen Phänomene gleich ist. Außerdem müssen die einzelnen Ereignisse voneinander unabhängig sein. Beides gilt in unserem Falle nicht.

So ist es mehr als unwahrscheinlich, daß in einem linear und massiv ausgebauten Gewässer ohne Tiefenvarianz die Strömungsdiversität sehr groß ist und außerdem viele "besondere Uferstrukturen" auftreten.

Bestimmte Ausprägungsmuster sind so untrennbar miteinander verbunden, daß sie praktisch nur gemeinsam auftreten, da sie sich zum Teil gegenseitig bedingen - wer würde schon in einer in jeglicher Hinsicht unberührten Klamm die Ufer befestigen und eine nicht bodenständige Baumreihe pflanzen? Die Verfahrensbeschreibung (und die limnologische Erfahrung) sagen einem, daß beispielsweise

Tiefenvarianz und Strömungsdiversität positiv korrelieren, während es sich z.B. bei Uferverbau und naturnaher Umfeldnutzung gerade umgekehrt verhält.

Diese Phänomene sind nun keineswegs zufällig. Sie sind vielmehr eine logische Konsequenz aus der Struktur des Verfahrens und der darin betrachteten Kenngrößen, wie auch seiner Zielsetzung, nämlich die für eine vorhandene (oder fehlende) Naturnähe eines Gewässerabschnittes relevanten Kenngrößen zu erheben (und zu bewerten).

Als Quintessenz läßt sich formulieren, daß die Ermittlung eines Strukturgüteindex auf Grundlage von den einzelnen Zustandsmerkmalen zugeordneten Wertziffern keineswegs ein arithmetisches Verfahren darstellt.

Bevor nun auf die Frage eingegangen wird, was denn nun die Ermittlung eines Strukturgüteindex wirklich ist, soll weiter die Frage verfolgt werden, welche Anforderungen an ein korrektes Berechnungsverfahren zu stellen wären.

13.6
Anforderungen an ein korrektes Berechnungsverfahren für die Strukturgüte

Nachdem deutlich geworden ist, warum die bei der Gewässerstrukturgütekartierung angewandten "mathematischen" Methoden zu Recht in Anführungszeichen gesetzt werden sollten, sollen nun die Anforderungen formuliert werden, die erfüllt sein müssen, um so etwas wie Strukturgüteindices mathematisch korrekt berechnen zu können.

Zunächst müssen die verschiedenen Kenngrößen, in unserem Fall also die Einzelparameter, skalierbar und damit letztlich meßbar sein.

In erster Näherung kann man dies für einige wenige Parameter (wie z.B. die "Besonderen ...-strukturen" mit ihrer Klassierung von "keine" bis "viele") näherungsweise annehmen. Einzelparameter wie "Uferbewuchs" oder "Profiltyp" entziehen sich jedoch zunächst jeglicher Quantifizierung, da sie rein beschreibende Größen darstellen.

Das letztere Problem ließe sich allerdings dadurch beheben, daß gezeigt wird, daß die "Bedeutung" ihrer Merkmale für eine bestimmte dritte Größe, in unserem Fall die "Gewässerstrukturgüte" quantifizierbar ist. Das bedeutet, man muß beweisen, daß ein V-Profil (Index 7) genauso "schlecht" für die Gewässerstrukturgüte ist, wie ein aufgrund von Verbau fehlender Uferbewuchs (Index 7) usw. Dies wird zwar im Rahmen des Verfahrens postuliert (deshalb die gleichen Indices), ist aber bis dato nicht bewiesen (letztlich insbesondere deshalb, weil eine exakte, auf meßbare Größen zurückgeführte Definition der Gewässerstrukturgüte bzw. der Güteklassen fehlt).

Doch selbst, wenn diese Bedingung erfüllt wäre bzw. man sich auf die für das Verfahren der Gewässerstrukturgütekartierung notwendige intersubjektive Werthaltung verließe, die durch die Indexdotierung vorgegeben ist, muß noch eine weitere Bedingung erfüllt sein, damit die Indices unbefangen miteinander verrechnet werden dürfen. Diese bezieht sich auf das Verhältnis der unterschiedlichen Einzelparameter zueinander.

Die Mittelwertbildung erfordert, wie bereits ausgeführt, die lineare Unabhängigkeit der Einzelparameter. Das heißt, die Einzelparameter müssen völlig unabhängig voneinander variierbar sein. Dies gilt, wie bereits weiter oben gezeigt wurde, nur rein theoretisch, da in der Natur bestimmte Merkmalsausprägungen immer miteinander und andere nie miteinander korrelieren.

Die notwendigen Voraussetzungen für ein mathematisch korrektes Umgehen mit den Indices lauten also:
1. Die Gewässerstrukturgüte muß auf wirklich meßbare Größen zurückgeführt werden.
2. Die Auswirkungen der Einzelparameterausprägungen auf die Gewässerstrukturgüte müssen exakt quantifizierbar sein.
3. Die Einzelparameterausprägungen müssen normiert sein, also bei gleichen Indexdifferenzen stets gleiche Abstände voneinander aufweisen.
4. Die Einzelparameter müssen voneinander unabhängige Größen darstellen.

Während die Bedingungen 1 und 4 nicht erfüllt sind, fehlt für die Erfüllung der Bedingungen 2 und 3 zumindest jeglicher Beweis.

Um die obigen Bedingungen zu erfüllen, müßte ein vollkommen neues System von Einzelparametern formuliert werden, welches ausschließlich auf voneinander unabhängigen Meßgrößen basiert. Zwei (zugegeben pragmatische) Gründe sprechen dagegen, ein solches System zu entwickeln.

Zum einen fehlt hierzu bislang jeglicher brauchbare Ansatz, zum anderen ist davon auszugehen, daß ein derartiges Einzelparametersystem die Grundfesten des Verfahrens erschüttern würde. Denn es ist davon auszugehen, daß diese Größen
- sehr wenig anschaulich wären und dementsprechend schwierig zu kartieren und vor allem
- ihre jeweilige Aussagekraft für die anthropogene Überprägung eines Fließgewässers nur sehr eingeschränkt gegeben wäre.

Ein derartiges Verfahren hätte somit vielleicht den Vorteil, vor dem kritischen Auge eines Mathematikers zu bestehen, es wäre allerdings in der Praxis kaum brauchbar, da ihm jegliche Anwendbarkeit und Anschaulichkeit fehlte.

13.7 Also doch ...

Nachdem nunmehr zunächst von dem Gedankengebäude, auf welchem die Strukturgüte-Indexberechnung fußt bzw. zu fußen scheint, nur noch wenig übrig geblieben ist, soll der Versuch gewagt werden, darzulegen, warum die Berechnung von Gewässerstrukturgüteindices dennoch eine Berechtigung hat.

Nach einer eher mathematisch ausgerichteten Argumentation soll anschließend auch eine inhaltliche und praxisorientierte Begründung gegeben werden.

13.7.1
Was sagt eine Strukturgüteklasse aus?

Das Leitbild der Strukturgütekartierung ist der heutige potentiell natürliche Zustand eines Gewässers, so wie er nach Auflassen aller gewässerrelevanten Nutzungen und Beschränkungen eintreten würde.

Um dieses Konstrukt für die praktische Arbeit an einem konkreten Gewässer (-abschnitt) nutzbar zu machen, muß formuliert werden, wie dieser Zustand für das konkrete Gewässer aussähe. Derartige regional- bzw. gewässertypspezifische Leitbildbeschreibungen sind in anderen Teilen dieses Buches bereits dargestellt worden.

Übersetzt in die Sprache der Gewässerstrukturgüte heißt dies zusammengefaßt: ein Gewässer entspricht dann seinem Leitbild, wenn es die Strukturgüteklasse "1" erhält.

Dies wiederum bedeutet für die Zustandsmerkmale der Einzelparameter: jeder Einzelparameter ist bei dem Untersuchungsgewässer so ausgeprägt, wie er es auch bei dem Gewässerleitbild wäre.

Abb. 13.1. Die Annahme, ein wie auch immer gearteter Index könnte den gewässerökologischen Sachverstand ersetzen, ist leicht widerlegbar.

Für jedes spezifische Leitbild bedarf es also einer Auflistung der Einzelparameter und der für das Leitbild zulässigen Ausprägungen, z.B.:
- Laufkrümmung: mäandrierend
- Krümmungserosion: vereinzelt schwach
- Längsbänke: viele
- Besondere Laufstrukturen: viele
- etc.

Die Ermittlung der Strukturgüte ist also nichts anderes als ein Vergleich der in der Natur vorgefundenen Einzelparameterausprägungen mit denen des Leitbildes, also:

"Wenn "mein Bachabschnitt" die Laufkrümmung "mäandrierend", "vereinzelt schwache" Krümmungserosion etc. aufweist, so erhält er die Strukturgüteklasse 1."

Damit ist allerdings noch nicht eindeutig definiert, welche Güteklasse ein Gewässerabschnitt erhält, wenn er nicht in allen Punkten dem Leitbild entspricht. Bislang ist lediglich klar, daß es nicht die "1" ist ...

An dieser Stelle kommen die einzelnen Wertzahlen der Zustandsmerkmale zum Einsatz. Sie stellen letztlich eine verkürzte logische Wenn-Dann-Aussage dar, die da lautet:

"Wenn die den Einzelparameterausprägungen "meines Bachabschnittes" zugeordneten Indices im Falle einer arithmetischen Mittelwertbildung eine Zahl ergeben, die bei Vergleich mit einer Klassentabelle (1 - 1.7 entspricht Klasse 1, 1.8 bis 2.7 entspricht Klasse 2 usw.) eine bestimmte Klasse ergeben, dann ist diese Klasse die Strukturgüteklasse für diesen Abschnitt."

Dies ist nichts anderes als die Abkürzung für z.B.

"wenn 'mein Bachabschnitt' eine 'gestreckte' Laufkrümmung, 'keine' Krümmungserosion, ..., einen 'sehr hohen Absturz', ... usw. aufweist, dann hat er die Strukturgüteklasse '4'"

Um diese Klassifizierung exakt zu verifizieren, wäre es erforderlich, alle theoretisch denkbaren Ausprägungsmuster einzeln zu betrachten und jedes für sich einer Strukturgüteklasse zuzuordnen. Allein für den Hauptparameter "Laufentwicklung" wären dies beispielsweise 1.260 verschiedene Ausprägungsmuster (7 × 5 × 6 × 6 Zustandsmerkmale)!

Anschließend müßten den Zustandsmerkmalen die Indexziffern so zugeordnet werden, daß bei einer Berechnung dann auch tatsächlich die jeweilige Klasse daraus resultiert.

Ein gleichwertiges Verfahren könnte also auch ganz ohne Zahlen auskommen und z.B. mit den Buchstaben A bis G die einzelnen Wertstufen charakterisieren. In diesem Fall käme wohl auch niemand auf den Gedanken, mit den Indices ein wenig "Mathematik" zu betreiben.

Es gibt allerdings ein gewichtiges Argument für die Verwendung von Zahlen.

Da die oben beschriebene Sysyphos-Arbeit (Verifikation einer unübersehbaren Vielfalt von Einzelfällen) praktisch nicht zu leisten ist, wurde eine eher intuitive Vorgehensweise gewählt.

Jeder Einzelparameter wurde zunächst für sich betrachtet. Eine Klassifizierung erfolgte derart, daß diejenigen Zustandsmerkmale mit der Wertzahl "1" versehen wurden, deren Ausprägung bei leitbildähnlichen Gewässerstrecken anzutreffen ist und eine relative Anordnung der übrigen Zustandsmerkmale so vorgenommen wurde, daß dasjenige mit der höchsten Wertzahl der größten Auslenkung vom Leitbild entspricht.

Durch Probekartierungen und einige hypothetische Betrachtungen wurde anschließend die Plausibilität dieser Zuordnungen anhand des gewässerökologischen Erfahrungsschatzes überprüft und ggf. korrigiert.

Beschreibt man die Berechnung von Strukturgüteindices auf diese Weise, so ist der Vorwurf der mathematischen Unzulässigkeit tatsächlich nicht länger aufrechtzuerhalten!

Es ist jedoch darauf hinzuweisen, daß aufgrund der unübersehbaren Vielfalt der denkbaren Merkmals- und damit Indexkombinationen noch lange nicht davon auszugehen ist, daß eine hinreichend große Zahl von Plausibilitätsprüfungen erfolgt ist. (Man denke hier nur an die unübersehbare Vielfalt von irreversibel beeinflußten Fließgewässern.) Dies gilt umso mehr, als die Gewässerstrukturgüte als hochintegrierende Bewertungsgröße mit vielerlei gewässerökologischen Kenngrößen in bezug zu setzen wäre.

So ist es nicht gesichert, daß zwei Gewässerstrecken, die z.B. beide die Güteklasse "3" aufweisen, in bezug auf ökologische Größen wie z.B. Besiedlung durch Makrozoobenthos oder Eignung als Fischlaichgrund stets die gleiche Qualität aufweisen. Auch wenn hierzu bereits die ersten Arbeiten geleistet wurden, besteht noch ein erheblicher Forschungsbedarf (vgl. hierzu z.B. ROGMANN 1995, SCHATTMANN 1996).

Dies mündet unmittelbar in die Notwendigkeit einer weitergehenden Beschreibung von Referenzgewässerstrecken. Gewässer, die weitestgehend dem Leitbild entsprechen, wurden und werden derzeit in vielerlei Hinsicht, auch bezüglich ihrer Gewässerstruktur untersucht. Defizite bestehen jedoch bei der Beschreibung von Gewässerstrecken, die um einen definierten Betrag vom Leitbild abweichen. Auch hier ist es erforderlich, gewässertypbezogene Referenzen zu suchen und zu beschreiben, um auf diesem Weg die Indexdotierungen zu stützen bzw. zu optimieren sowie Hilfestellungen für die praktische Kartierung zu liefern.

Zusammengefaßt läßt sich schließlich die Rolle der Strukturgüteindexberechnung so formulieren:

Ein komplexer logischer Entscheidungsbaum wird näherungsweise auf eine einfache Arithmetik abgebildet, die dadurch zustande kommt, daß Ordinalzahlen als kardinal angenommen werden.

Verifiziert wird diese Näherung in jedem Einzelfall (= Gewässerabschnitt) durch die parallele Vergabe von Güteklassen durch das gewässerökologisch qualifizierte Kartierpersonal vor dem Hintergrund allgemeiner Fließgewässerleitbilder[16].

13.7.2
Das Argument aus der Praxis ...

Die ungeheure Komplexität der Phänomene, die einen kleinen Mittelgebirgsbach ausmachen, ist durch ein einfaches Modell nicht beschreibbar. Gewässerstrukturgütekartierung hat sich nicht zum Ziel gesetzt, Ökosysteme erschöpfend und wissenschaftlich korrekt zu beschreiben. Sie will nur plausible Ergebnisse liefern, auf deren Grundlage Menschen ökologisch und ökonomisch richtige Entscheidungen treffen können.

Versetzen wir uns wieder in unseren Tiefbauamtsleiter. Er ist ein gelehriger, aber auch ein praktisch denkender Mensch. Er kennt seine Lokalpolitiker und weiß, daß für die meisten von ihnen die feinen Unterschiede zwischen einem stark geschwungenen und einem mäandrierenden Gewässerverlauf genauso wichtig sind, wie der Unterschied zwischen einem stehenden und einem umgefallenen Sack Reis in China. Daher zeigt er ihnen in der Umweltausschußsitzung keine flußmorphologischen Diagramme, keine Tabellen über Erosionsleistungen und keine Abflußdaten. Er zeigt ihnen eine Gewässerstrukturgütekarte. Daß "rot" schlecht ist und "Gefahr" signalisiert, hat sich eingeprägt. Und siehe da, auch in Zeiten angespannter öffentlicher Haushalte gelingt es ihm immer wieder, das für die Renaturierung erforderliche Geld bereitgestellt zu bekommen ...

Gewässerstrukturgütekartierung ist wissenschaftlich und insbesondere mathematisch nicht exakt. Sie erhebt auch nicht diesen Anspruch. Sie will allerdings gewässerökologisch plausible Ergebnisse liefern, ihre Verfahrensqualität, z.B. durch ergänzende Leitbildbeschreibungen und Indexdotierungen, kontinuierlich verbessern sowie für wichtige Teilbereiche der hochkomplexen Fließgewässerökosysteme verständliche und nachvollziehbare Darstellungen liefern.

Dies gelingt ihr bislang in ausreichendem Maße.

Literatur

Bronstein, I.N., Semendjajew, K.A.: Taschenbuch der Mathematik. 23. Aufl., Leipzig 1987.
Rogmann, A.: Die Fischfauna als Indikator für die Gewässerstruktur im Vergleich mit einer abiotischen ökomorphologischen Bewertung. Diplomarbeit Bonn 1995. Unveröff.
Schattmann, A.: Zusammenhänge zwischen Gewässersturkturgüte und Makrozoobenthon untersucht an Nebenbächen der mittleren und unteren Ahr. Diplomarbeit Bonn 1996. Unveröff.

---

[16] An dieser Stelle wird erneut deutlich, wie wichtig die Zweigleisigkeit des Bewertungsverfahrens ist - allerdings aus der entgegengesetzten Blickrichtung. Denn es ist nicht nur der berechnete Index, der dem Kartierer im Falle gravierender Abweichungen signalisiert, daß die Bewertungsentscheidung genau zu prüfen ist. Umgekehrt prüft der Kartierer bei jedem Abschnitt immer wieder die Plausibilität des berechneten Ergebnisses.

Anhang

Einzelparameter, Zustandsmerkmale und Indices

Im folgenden sind die Einzelparameter mit ihren Zustandsmerkmalen und der leitbildspezifischen Indexdotierung aufgeführt. Dabei werden verschiedene Symbole und Kürzel verwendet. Diese sind in Tabelle A.1 erläutert.

Tabelle A.1. Verwendete Symbole und ihre Bedeutung

☝	Nur das dominierende Merkmal darf angekreuzt werden.
🖐	Mehrere Merkmale können angekreuzt werden.
☹	Nur der schlechteste Wert fließt in die Berechnung ein.
↘	Merkmal fließt nur bei Abwertung des Indexes in die Berechnung ein.
X	Merkmal fließt nicht in die Indexberechnung ein.
K	Klamm-/Kerbtalgewässer
S	Sohlenkerbtalgewässer
M	Mäandertalgewässer ("gebundene" Mäander)
A	Aue-/Muldentalgewässer
F	Flachlandgewässer

Bei der Berechnung der Hauptparameterindices aus den Werten für die Einzelparameter sind spezielle Rundungsregeln anzuwenden. Sinn dieser Regeln ist es, konstante Klassenbreiten zu erreichen. Sie sind in der folgenden Tabelle dargestellt.

Tabelle A.2. Rundungsregeln

Indexspanne	1,0-1,7	1,8-2,6	2,7-3,5	3,6-4,4	4,5-5,3	5,4-6,2	6,3-7,0
Güteklasse	1	2	3	4	5	6	7

Leitbildabhängige Indexdotierung

Hauptparameter 1 Laufentwicklung

1.1 Laufkrümmung ✋

	A	F	S	K	
mäandrierend	1	1			
geschlängelt	2	1		X	gekrümmt
stark geschwungen	3	2		X	gekrümmt
mäßig geschwungen	4	3			
schwach geschwungen	5	4		X	ungekrümmt
gestreckt	6	5		X	ungekrümmt
geradlinig	7	7			

1.2 Krümmungserosion ✋

	S A F		K
	gekrümmt	ungekrümmt	
häufig stark	2	2	
vereinzelt stark	2	3	X
häufig schwach	1	4	X
vereinzelt schwach	1	5	
keine	1	7	

1.3 Längsbänke ✋

	Gewässerbreite	
	< 5 m	5 - 10 m
viele	1	1
mehrere	2	1
zwei	3	2
eine	4	2
Ansätze	5	4
keine	7	7

1.4 Besondere Laufstrukturen ✋

	Gewässerbreite	
	< 5 m	5 - 10 m
viele	1	1
mehrere	2	1
zwei	3	2
eine	4	2
Ansätze	5	4
keine	7	7

Hauptparameter 2 Längsprofil

2.1 Querbauwerke ✋ ☹ ↘

Grundschwelle	X
Absturz mit Umlauf	3
rauhe Gleite/Rampe	3
Absturz mit Teilrampe	3
kleiner Absturz	3
Absturz mit Fischpaß	4
glatte Gleite	6
glatte Rampe	6
hoher Absturz	6
sehr hoher Absturz	7
kein Querbauwerk	X

2.2 Rückstau ✋ ☹ ↘

geringer Rückstau	X
mäßiger Rückstau	5
starker Rückstau	7
kein Rückstau	X

2.3 Verrohrung ✋ ☹ ↘

	Sediment	glatt
bis 5%	X	X
5 bis 20 %	5	7
> 20 %	6	7
keine Verrohrung	X	

2.4 Querbänke ✋

	S A F		K
	Gewässerbreite		
	<5m	5-10m	
viele	1	1	
mehrere	2	1	
zwei	3	2	X
eine	4	2	X
Ansätze	5	5	
keine	7	7	7

2.5 Strömungsdiversität ✋

	S A K	F
sehr groß	1	1
groß	2	1
mäßig	4	3
gering	5	5
keine	7	7

2.6 Tiefenvarianz ✋

	S A K	F
sehr groß	1	1
groß	2	1
mäßig	4	3
gering	5	5
keine	7	7

Hauptparameter 3 Sohlenstruktur

3.1 Sohlensubstrat

	natürlich	unnatürlich
Schlick, Schlamm	X	7
Ton, Lehm, Schluff	X	7
Sand	X	7
Kies und Schotter	X	
Schotter	X	
Schotter und Steine	X	
Blöcke, Schotter, Steine	X	
reines Blockwerk	X	
anstehender Fels	X	
anstehender Torf	X	
Sohlenverbau		X
nicht feststellbar	X	

3.2 Sohlenverbau

Steinschüttung	5
Massivsohle mit Sediment	6
Massivsohle, kein Sediment	7
kein Sohlenverbau	X

3.3 Substratdiversität

	S A K	F
sehr groß	1	1
groß	2	1
mäßig	4	2
gering	5	4
keine	7	7

3.4 Besondere Sohlenstrukturen

	S A K	F
viele	1	1
mehrere	2	1
zwei	3	2
eine	4	3
Ansätze	5	5
keine	7	7

Hauptparameter 4 Querprofil

4.1 Profiltyp

Naturprofil	1
+/- Naturprofil	2
Erosionsprofil, variierend	3
verfallendes Regelprofil	4
Erosionsprofil, tief	6
Trapez, Doppeltrapez	7
V-Profil, Kastenprofil	7

4.2 Profiltiefe

sehr flach	1
flach	2
mäßig tief	4
tief	6
sehr tief	7
staureguliert	X

4.3 Breitenerosion

	S A F		K
	sehr tief - tief	mäßig tief - sehr flach	
stark	3	3	
schwach	5	1	X
keine	7	1	X

4.4 Breitenvarianz

	S A K	F
sehr groß	1	1
groß	2	1
mäßig	4	2
gering	6	4
keine	7	7

4.5 Durchlässe

nicht strukturschädlich	X
Lauf verengt	6
Ufer unterbrochen	6
kein Sediment	7
kein Durchlaß	X

Hauptparameter 5 Uferstruktur

5.1 Uferbewuchs

	L/R	
Wald	1	
Galerie	2	
Röhricht	2	bodenständig
teilweise Wald, Galerie	3	
Gebüsch, Einzelgehölz	4	
Krautflur, Hochstauden	4	
Wiese, Rasen	6	
Forst	5	
Galerie	5	nicht bodenständig
Gebüsch, Einzelgehölz	6	
Verbau	7	
Erosion	5	kein Uferbewuchs
naturbedingt	1	

5.2 Uferverbau

	L/R
Lebendverbau	5
Steinschüttung/Steinwurf	5
Holzverbau	6
Böschungsrasen	6
Pflaster, Steinsatz, unverfugt	6
wilder Verbau	7
Beton, Mauer, Pflaster	7
kein Uferverbau	X

5.3 Besondere Uferstrukturen

	L/R
viele	1
mehrere	2
zwei	3
eine	4
Ansätze	5
keine	7

Hauptparameter 6 Gewässerumfeld

6.1 Flächennutzung

	L/R		
	S A F		K
	>50%	10-50%	
Wald, bodenständig	1	1	
naturnahe Biotope	1	1	
Brache	2	2	
Grünland	3	3	
Wald, nicht bodenständig	5	4	X
Äcker, Garten, Nadelforst	6	5	
Park, Grünanlage	3	3	
Bebauung mit Freiflächen	6	5	
Bebauung ohne Freiflächen	7	6	
Flächenhafte Umfeldstruktur			X

6.2 Gewässerrandstreifen

	L/R	
	>50%	10-50%
flächenhaft Wald oder Sukzession	1	1
Gewässerrandstreifen	1	2
Saumstreifen	5	3
Nutzung	7	6

6.3 Sonstige Umfeldstrukturen

	Abstand		
	gering	mäßig	groß
Abgrabung	7	6	5
Fischteich	7	6	5
gewässerunverträgl. Anlagen	7	6	5
befestigte Verkehrsanlagen	7	6	5
Anschüttung, Müllablagerung	7	6	5
Hochwasserschutzbauwerk	7	5	3
keine	X		

Typische Gewässerabschnitte und ihre Bewertung

Bei zahlreichen Schulungen und Seminaren zur Gewässerstrukturgütekartierung hat sich gezeigt, daß bei erstmaliger Anwendung des Verfahrens insbesondere für die Bewertung anhand funktionaler Einheiten Orientierungshilfen gewünscht werden.

Im folgenden werden daher Beispiele für die Bewertung typischer Gewässerabschnitte gegeben. Dabei werden charakteristische Fotos und die Bewertung der Hauptparameter des betreffenden Gewässerabschnittes dargestellt. Die jeweils dargestellte Strecke soll dabei einer Länge von 100 m entsprechen.

Die Güteklasssen sind Ergebnis des Abgleichs zwischen Indexberechnung und Bewertung der funktionalen Einheiten. Letztere erfolgen vor dem Hintergrund des jeweiligen naturraumspezifischen Leitbildes.

262 Typische Gewässerabschnitte und ihre Bewertung

Abb. A.1. Klammgewässer, 5 bis 10m, Landschaft, Mittelwasser, Blick gegen Fließrichtung

Hauptparameter	Klasse	Erläuterung
Laufentwicklung	1	gestreckter Verlauf, viele besondere Laufstrukturen
Längsprofil	1	sehr große Tiefenvarianz und Strömungsdiversität, viele Querbänke
Sohlenstruktur	1	Substratverteilung natürlich, viele besondere Sohlenstrukturen, kein Sohlenverbau
Querprofil	1	Naturprofil, große Breitenvarianz
Uferstruktur links	1	naturbedingt kein Bewuchs, kein Uferverbau
Uferstruktur rechts	1	naturbedingt kein Bewuchs, kein Uferverbau
Gewässerumfeld links	1	flächenhaft bodenständiger Wald
Gewässerumfeld rechts	1	flächenhaft bodenständiger Wald

Typische Gewässerabschnitte und ihre Bewertung 263

Abb. A.2. Kerbtalgewässer, bis 1 m, Landschaft, Mittelwasser, Blick gegen Fließrichtung

Hauptparameter	Klasse	Erläuterung
Laufentwicklung	1	gestreckter Verlauf, mehrere besondere Laufstrukturen und Längsbänke, schwache Krümmungserosion
Längsprofil	1	sehr große Tiefenvarianz und Strömungsdiversität, viele Querbänke
Sohlenstruktur	1	naturnahe Substratverteilung, kein Sohlenverbau
Querprofil	1	Naturprofil, naturgemäße Profiltiefe (Kerbtal!), große Breitenvarianz, schwache Breitenerosion
Uferstruktur links	1	bodenständiger Wald
Uferstruktur rechts	1	bodenständiger Wald
Gewässerumfeld links	1	bodenständiger Wald
Gewässerumfeld rechts	1	bodenständiger Wald

264 Typische Gewässerabschnitte und ihre Bewertung

Abb. A.3. Kerbtalgewässer, bis 1 m, Landschaft, Mittelwasser, Blick gegen Fließrichtung

Hauptparameter	Klasse	Erläuterung
Laufentwicklung	7	gestreckter Verlauf, weder Laufstrukturen noch Längsbänke, keine Krümmungserosion
Längsprofil	7	weder Tiefenvarianz, Strömungsdiversität noch Querbänke
Sohlenstruktur	7	massiver Sohlenverbau, kein natürliches Substrat
Querprofil	7	Regelprofil, sehr große Profiltiefe, keine Breitenvarianz, keine Breitenerosion
Uferstruktur links	7	kein Bewuchs wegen Verbau
Uferstruktur rechts	7	kein Bewuchs wegen Verbau
Gewässerumfeld links	4	Grünland (im Bildhintergrund zu sehen), Saumstreifen
Gewässerumfeld rechts	1	bodenständiger Wald

Typische Gewässerabschnitte und ihre Bewertung 265

Abb. A.4. Kerbtalgewässer, 5 bis 10 m, Ortslage, hoher Abfluß, Blick in Fließrichtung

Hauptparameter	Klasse	Erläuterung
Laufentwicklung	7	gestreckter Verlauf, weder besondere Laufstrukturen noch Längsbänke, keine Krümmungserosion
Längsprofil	2	mehrere Querbänke, große Tiefenvarianz, mäßige Strömungsdiversität
Sohlenstruktur	2	natürliche Substrate, große Substratdiversität, mehrere besondere Sohlenstrukturen
Querprofil	7	Kastenprofil, sehr große Profiltiefe, keine Breitenerosion und -varianz
Uferstruktur links	7	kein Bewuchs wegen Gebäudemauern, keine besondere Uferstruktur
Uferstruktur rechts	7	kein Bewuchs wegen Gebäudemauern, keine besondere Uferstruktur
Gewässerumfeld links	7	Bebauung ohne Freiflächen, kein Gewässerrandstreifen
Gewässerumfeld rechts	7	Bebauung ohne Freiflächen, kein Gewässerrandstreifen

Abb. A.5. Sohlenkerbtalgewässer, 5 bis 10 m, Landschaft, Mittelwasser, Blick in Fließrichtung

Hauptparameter	Klasse	Erläuterung
Laufentwicklung	4	gestreckter Verlauf, Ansätze von besonderen Laufstrukturen und Längsbänken
Längsprofil	2	große Tiefenvarianz und Strömungsdiversität, viele Querbänke
Sohlenstruktur	2	naturnahe Substratverteilung, kein Sohlenverbau
Querprofil	3	mäßig tiefes naturnahes Profil (gemessen an rechter Böschungsoberkante), mäßige Breitenvarianz, schwache Breitenerosion
Uferstruktur links	5	bodenständiger Wald, überwiegend Steinschüttung, streckenweise Ufermauer
Uferstruktur rechts	2	bodenständiger Wald, streckenweise Steinschüttung, mehrere besondere Uferstrukturen,
Gewässerumfeld links	5	Bebauung mit Freiflächen, Saumstreifen, befestigter Verkehrsweg
Gewässerumfeld rechts	1	bodenständiger Wald

Abb. A.6. Sohlenkerbtalgewässer, 5 bis 10 , Landschaft, Mittelwasser, Blick in Fließrichtung

Hauptparameter	Klasse	Erläuterung
Laufentwicklung	6	gestreckter Verlauf, keine Krümmungserosion, keine Längsbank und keine besondere Laufstruktur,
Längsprofil	6	keine Querbänke, geringe Strömungsdiversität, geringe Tiefenvarianz
Sohlenstruktur	4	natürliches Substrat, keine besondere Sohlenstruktur
Querprofil	6	tiefes Kastenprofil (nur links, aber prägend für gesamten Abschnitt), keine Breitenerosion, geringe Breitenvarianz
Uferstruktur links	7	kein Bewuchs wegen Betonverbau, keine besondere Uferstruktur
Uferstruktur rechts	4	Gebüsch, Wiese, keine besondere Uferstruktur
Gewässerumfeld links	6	Bebauung mit Freiflächen, kein Uferstreifen, Verkehrsweg befestigt
Gewässerumfeld rechts	4	Grünanlage, Saumstreifen

268 Typische Gewässerabschnitte und ihre Bewertung

Abb. A.7. Sohlenkerbtalgewässer, 1 bis 5 m, Ortslage, Niedrigwasser, Blick in Fließrichtung

Hauptparameter	Klasse	Erläuterung
Laufentwicklung	6	keine Beweglichkeit wegen Verbau, Uferbänke vorhanden
Längsprofil	3	Mehrere überströmte Querbänke, mäßige Tiefenvarianz
Sohlenstruktur	3	Substratverteilung naturnah, nur ansatzweise besondere Sohlenstrukturen, kein Sohlenverbau
Querprofil	7	tiefes Kastenprofil, weder Breitenerosion noch Breitenvarianz
Uferstruktur links	7	kein Uferbewuchs, massiver Uferverbau
Uferstruktur rechts	7	kein Uferbewuchs, massiver Uferverbau
Gewässerumfeld links	7	kein Gewässerrandstreifen, Bebauung ohne Freiflächen
Gewässerumfeld rechts	6	kein Gewässerrandstreifen, Bebauung mit Freiflächen

Typische Gewässerabschnitte und ihre Bewertung 269

Abb. A.8. Sohlenkerbtalgewässer, 5 bis 10 m, Ortslage, Mittelwasser, Blick in Fließrichtung

Hauptparameter	Klasse	Erläuterung
Laufentwicklung	6	gestreckter Verlauf, vereinzelt schwache Krümmungserosion (rechts), Ansätze zu Längsbänken, keine besondere Laufstruktur,
Längsprofil	4	Ansätze zu Querbänken, mäßige Strömungsdiversität, mäßige Tiefenvarianz
Sohlenstruktur	3	natürliches Substrat, Ansätze zu besonderen Sohlenstrukturen
Querprofil	7	sehr tiefes Kastenprofil, keine Breitenerosion, geringe Breitenvarianz (rechts)
Uferstruktur links	6	überwiegend kein Bewuchs wegen Verbau durch Mauer, keine Gehölze, Krautflur
Uferstruktur rechts	5	überwiegend kein Bewuchs wegen Verbau durch Mauer, bodenständiges Gebüsch, Krautflur, Ansätze zu besonderen Uferstrukturen
Gewässerumfeld links	7	Bebauung ohne Freiflächen, kein Gewässerrandstreifen, befestigter Verkehrsweg
Gewässerumfeld rechts	6	Bebauung mit Freiflächen, kein Gewässerrandstreifen wegen Nutzung 10-50%, Gewässerrandstreifen > 50%

270 Typische Gewässerabschnitte und ihre Bewertung

Abb. A.9. Muldentalgewässer, 1 bis 5 m, Landschaft, Mittelwasser, Blick in Fließrichtung

Hauptparameter	Klasse	Erläuterung
Laufentwicklung	1	stark geschwungener Verlauf, häufig schwache Krümmungserosion, viele Längsbänke und besondere Laufstrukturen,
Längsprofil	1	viele Querbänke, große Strömungsdiversität und Tiefenvarianz
Sohlenstruktur	1	natürliches Substrat, große Tiefenvarianz, mehrere besondere Sohlenstrukturen
Querprofil	2	mäßig tiefes Naturprofil, keine Breitenerosion, mäßige Breitenvarianz
Uferstruktur links	2	bodenständige Galerie, Krautflur, mehrere besondere Uferstrukturen
Uferstruktur rechts	2	bodenständige Galerie, Krautflur, mehrere besondere Uferstrukturen
Gewässerumfeld links	5	Grünland, kein Gewässerrandstreifen
Gewässerumfeld rechts	5	Grünland, kein Gewässerrandstreifen

Abb. A.10. Auentalgewässer, 1 bis 5 m, Landschaft, Mittelwasser, Blick in Fließrichtung

Hauptparameter	Klasse	Erläuterung
Laufentwicklung	6	gestreckter Verlauf, keine Krümmungserosion, keine Längsbank, und keine besondere Laufstruktur
Längsprofil	2	mehrere Querbänke, mäßige Strömungsdiversität, große Tiefenvarianz
Sohlenstruktur	4	Sohlenverbau aus natürlichem Substrat (Steinschüttung), mäßige Substratdiversität, mehrere besondere Sohlenstrukturen
Querprofil	6	sehr tiefes Trapezprofil, keine Breitenerosion, geringe Breitenvarianz
Uferstruktur links	5	junge Gehölzpflanzung, Lebendverbau (Weidenstecklinge), Steinsatz, keine besondere Uferstruktur
Uferstruktur rechts	5	junge Gehölzpflanzung, Lebendverbau (Weidenstecklinge), Steinsatz, keine besondere Uferstruktur
Gewässerumfeld links	3	Grünland, Saumstreifen
Gewässerumfeld rechts	3	Grünland, Saumstreifen

272 Typische Gewässerabschnitte und ihre Bewertung

Abb. A.11. Auentalgewässer, 1 bis 5 m, Landschaft, Mittelwasser, Blick in Fließrichtung

Hauptparameter	Klasse	Erläuterung
Laufentwicklung	4	stark geschwungener Verlauf, schwache Krümmungserosion, eine Längsbank, Ansätze zu besonderen Laufstrukturen,
Längsprofil	3	Ansätze zu Querbänken, geringe Strömungsdiversität, mäßige Tiefenvarianz
Sohlenstruktur	2	natürliches Substrat, mehrere besondere Sohlenstrukturen
Querprofil	4	Erosionsprofil variierend, mäßige Profiltiefe, schwache Breitenerosion, geringe Breitenvarianz
Uferstruktur links	4	bodenständiger Wald, Krautflur, Steinschüttung
Uferstruktur rechts	4	bodenständiger Wald, Krautflur, Lebendverbau (Kokoswalze mit Saatgut), Steinschüttung
Gewässerumfeld links	1	bodenständiger Wald
Gewässerumfeld rechts	2	Grünland (im Bildhintergrund zu sehen), Gewässerrandstreifen bzw. flächig Wald

Typische Gewässerabschnitte und ihre Bewertung 273

Abb. A.12. Auentalgewässer, 1 bis 5 m, Landschaft, Mittelwasser, Blick in Fließrichtung

Hauptparameter	Klasse	Erläuterung
Laufentwicklung	7	geradliniger Verlauf, keine Krümmungserosion, keine Längsbank und keine besondere Laufstruktur,
Längsprofil	5	Ansätze zu Querbänken, geringe Strömungsdiversität und Tiefenvarianz
Sohlenstruktur	4	natürliches Substrat, keine besonderen Sohlenstrukturen
Querprofil	7	sehr tiefes Trapezprofil (Uferbegrenzung = Böschungoberkante), keine Breitenerosion und -varianz
Uferstruktur links	6	Böschungsrasen, keine besonderen Strukturen
Uferstruktur rechts	6	Böschungsrasen, keine besonderen Strukturen
Gewässerumfeld links	5	gewässerparallel Böschungsrasen, daran anschließend Park, kein Gewässerrandstreifen (gewässerparalleler Streifen wird gemäht und als Unterhaltungsweg genutzt)
Gewässerumfeld rechts	5	gewässerparallel Böschungsrasen, daran anschließend Park, kein Gewässerrandstreifen

274 Typische Gewässerabschnitte und ihre Bewertung

Abb. A.13. Auentalgewässer, 1 bis 5 m, Ortslage, Mittelwasser, Blick in Fließrichtung

Hauptparameter	Klasse	Erläuterung
Laufentwicklung	5	gestreckter Verlauf, keine Krümmungserosion, mehrere Längsbänke, Ansätze zu besonderen Laufstrukturen,
Längsprofil	4	Ansätze zu Querbänken (an der örtlich geriffelten Strömung zu erkennen), geringe Strömungsdiversität, mäßige Tiefenvarianz
Sohlenstruktur	2	natürliches Substrat, mehrere besondere Sohlenstrukturen
Querprofil	6	sehr tiefes Kastenprofil (Ufer = Amphibische Zone und Mauer), keine Breitenerosion, mäßige Breitenvarianz
Uferstruktur links	6	Gebüsch, Krautflur, Mauer
Uferstruktur rechts	6	Gebüsch, Krautflur, Mauer
Gewässerumfeld links	6	Bebauung mit Freiflächen, kein Gewässerrandstreifen
Gewässerumfeld rechts	6	Bebauung mit Freiflächen, kein Gewässerrandstreifen

Abb. A.14. Flachlandgewässer, bis 1 m, Landschaft, Niedrigwasser, Blick in Fließrichtung

Hauptparameter	Klasse	Erläuterung
Laufentwicklung	7	geradliniger Verlauf (Krümmung nur an Parzellengrenzen), weder besondere Laufstrukturen noch Längsbänke, keine Krümmungserosion
Längsprofil	3	naturgemäß geringe Tiefenvarianz und Strömungsdiversität, ansatzweise Querbänke
Sohlenstruktur	2	naturnahe Substratverteilung (Flachland!), kein Sohlenverbau
Querprofil	6	tiefes Trapezrofil, geringe Breitenvarianz, keine Breitenerosion
Uferstruktur links	5	Wiese, kein Uferverbau
Uferstruktur rechts	5	Wiese, kein Uferverbau
Gewässerumfeld links	5	Intensivgrünland, kein Gewässerrandstreifen
Gewässerumfeld rechts	5	Intensivgrünland, kein Gewässerrandstreifen

276 Typische Gewässerabschnitte und ihre Bewertung

Abb. A.15. Flachlandgewässer, 1 bis 5 m, Landschaft, Mittelwasser, Blick in Fließrichtung

Hauptparameter	Klasse	Erläuterung
Laufentwicklung	6	geradliniger Verlauf, Ansätze von Längsbänken
Längsprofil	3	mehrere überströmte Querbänke, mäßige Tiefenvarianz
Sohlenstruktur	3	Substratverteilung naturnah, nur ansatzweise besondere Sohlenstrukturen, kein Sohlenverbau
Querprofil	6	tiefes Trapezprofil, geringe Breitenvarianz
Uferstruktur links	5	Krautflur, keine Gehölze, kein (sichtbarer) Uferverbau
Uferstruktur rechts	5	Krautflur, keine Gehölze, kein (sichtbarer) Uferverbau
Gewässerumfeld links	5	Saumstreifen, Ackernutzung,
Gewässerumfeld rechts	6	Saumstreifen, Ackernutzung, befestigter Verkehrsweg

Typische Gewässerabschnitte und ihre Bewertung 277

Abb. A.16. Flachlandgewässer, 1 bis 5 m, Landschaft, Mittelwasser, Blick in Fließrichtung

Hauptparameter	Klasse	Erläuterung
Laufentwicklung	7	geradliniger Verlauf, keine Krümmungserosion, keine Längsbank und keine besondere Laufstruktur,
Längsprofil	7	keine Querbank, keine Strömungsdiversität und keine Tiefenvarianz
Sohlenstruktur	7	kein natürliches Substrat und keine besondere Sohlenstruktur
Querprofil	7	tiefes Trapezprofil (Uferbegrenzung = Böschungsoberkante), keine Breitenerosion und Breitenvarianz
Uferstruktur links	7	überwiegend kein Bewuchs wegen Verbau, untergeordnet Rasen
Uferstruktur rechts	7	überwiegend kein Bewuchs wegen Verbau, untergeordnet Rasen
Gewässerumfeld links	4	gewässerparallel Böschungsrasen, daran anschließend bodenständiger Wald, kein Gewässerrandstreifen (gewässerparalleler Streifen wird gemäht und als Unterhaltungsweg genutzt)
Gewässerumfeld rechts	4	gewässerparallel Böschungsrasen, daran anschließend bodenständiger Wald, kein Gewässerrandstreifen

278 Typische Gewässerabschnitte und ihre Bewertung

Abb. A.17. Flachlandgewässer, 5 bis 10 m, Landschaft, Mittelwasser, Blick in Fließrichtung

Hauptparameter	Klasse	Erläuterung
Laufentwicklung	3	mäßig geschwungener Verlauf, vereinzelt schwache Krümmungserosion, keine Längsbank und keine besondere Laufstruktur,
Längsprofil	7	starker Rückstau, keine Querbank, keine Strömungsdiversität und keine Tiefenvarianz
Sohlenstruktur	5	natürliches Substrat, geringe Substratdiversität, keine besondere Sohlenstruktur
Querprofil	4	mäßig tiefes Regelprofil, schwache Breitenerosion, geringe Breitenvarianz
Uferstruktur links	5	teilw. nicht bodenständige Galerie, Wiese, kein Verbau und keine besondere Uferstruktur
Uferstruktur rechts	6	nicht bodenständiges Einzelgehölz, Wiese, kein Verbau und keine besondere Uferstruktur
Gewässerumfeld links	4	Grünland, Saumstreifen
Gewässerumfeld rechts	5	Park, kein Gewässerrandstreifen

Abb. A.18. Flachlandgewässer, 1 bis 5 m, Landschaft, Mittelwasser, Blick in Fließrichtung

Hauptparameter	Klasse	Erläuterung
Laufentwicklung	7	geradliniger Verlauf, keine Krümmungserosion, keine Längsbank und keine besondere Laufstruktur,
Längsprofil	7	"Verrohrung" glatt 5-20 m, keine Querbank, geringe Strömungsdiversität, keine Tiefenvarianz
Sohlenstruktur	7	kein natürliches Substrat, Massivsohle ohne Sediment, keine besondere Sohlenstruktur
Querprofil	7	sehr tiefes Kastenprofil (Ufer = Böschung und Spundwand), keine Breitenerosion, keine Breitenvarianz, Durchlaß mit unterbrochenem Ufer
Uferstruktur links	6	z.T. Krautflur, z.T. kein Bewuchs wegen Metallspundwand, keine besondere Uferstruktur, Sonstige: besondere Belastung (Einleitung)
Uferstruktur rechts	6	z.T. Krautflur, z.T. kein Bewuchs wegen Metallspundwand, keine besondere Uferstruktur
Gewässerumfeld links	3	Brache, Gewässerrandstreifen (trotz Spundwand im Uferbereich)
Gewässerumfeld rechts	4	Brache, Saumstreifen (nur im Gelände erkennbar)

280 Typische Gewässerabschnitte und ihre Bewertung

Abb. A.19. Flachlandgewässer, 5 bis 10 m, Ortslage, Mittelwasser, Blick in Fließrichtung

Hauptparameter	Klasse	Erläuterung
Laufentwicklung	7	geradliniger Verlauf, keine Krümmungserosion, keine Längsbank und keine besondere Laufstruktur
Längsprofil	6	geringe Tiefenvarianz und Strömungsdiversität, keine Querbänke
Sohlenstruktur	7	massiver Sohlenverbau (nur im Gelände erkennbar)
Querprofil	6	Trapezprofil, geringe Breitenvarianz, keine Breitenerosion, Durchlaß mit Uferunterbrechung (im Bildhintergrund)
Uferstruktur links	6	nicht bodenständige Galerie, Steinschüttung
Uferstruktur rechts	6	nicht bodenständige Galerie, Steinschüttung
Gewässerumfeld links	4	Parknutzung, Saumstreifen
Gewässerumfeld rechts	4	Parknutzung, Saumstreifen

Abb. A.20. Flachlandgewässer, 1 bis 5 m, Landschaft, Mittelwasser, Blick in Fließrichtung

Hauptparameter	Klasse	Erläuterung
Laufentwicklung	7	gestreckter Verlauf, keine Krümmungserosion, keine Längsbank und keine besondere Laufstruktur
Längsprofil	6	keine Querbank, geringe Tiefenvarianz und Strömungsdiversität,
Sohlenstruktur	4	natürliches Substrat, geringe Substratdiversität, keine besondere Sohlenstruktur
Querprofil	7	sehr tiefes Trapezprofil, geringe Breitenvarianz, keine Breitenerosion
Uferstruktur links	6	Wiese, kein Verbau, keine besondere Struktur
Uferstruktur rechts	6	Wiese, kein Verbau, keine besondere Struktur
Gewässerumfeld links	6	Acker, kein Gewässerrandstreifen
Gewässerumfeld rechts	4	Grünland, Saumstreifen

282 Typische Gewässerabschnitte und ihre Bewertung

Abb. A.21. Flachlandgewässer, 5 bis 10 m, Ortslage, Mittelwasser, Blick in Fließrichtung

Hauptparameter	Klasse	Erläuterung
Laufentwicklung	6	gestreckter Verlauf, keine Krümmungserosion, eine Längsbank, Ansätze zu besonderen Laufstrukturen
Längsprofil	3	mehrere (überströmte) Querbänke, mäßige Strömungsdiversität und Tie-fenvarianz
Sohlenstruktur	3	natürliches Substrat, Ansätze zu besonderen Sohlenstrukturen
Querprofil	6	sehr tiefes Kastenprofil (Ufer = Mauer), keine Breitenerosion, mäßige Breitenvarianz
Uferstruktur links	6	Mauerwerk, Krautflur
Uferstruktur rechts	6	Mauerwerk, Krautflur
Gewässerumfeld links	6	Bebauung mit Freiflächen
Gewässerumfeld rechts	6	Bebauung mit Freiflächen

Typische Gewässerabschnitte und ihre Bewertung 283

Abb. A.22. Flachlandgewässer, 1 bis 5 m, Ortslage, Mittelwasser, Blick in Fließrichtung

Hauptparameter	Klasse	Erläuterung
Laufentwicklung	7	geradliniger Verlauf, keine Krümmungserosion, keine Längsbank, keine besondere Laufstruktur
Längsprofil	6	Ansätze zu Querbänken (zu erkennen an der örtlich geriffelten Strömung), geringe Strömungsdiversität, geringe Tiefenvarianz
Sohlenstruktur	7	natürliches Substrat, geringe Substratdiversität, Massivsohle, keine besondere Sohlenstruktur
Querprofil	7	mäßig tiefes Kastenprofil, keine Breitenerosion und Breitenvarianz
Uferstruktur links	7	kein Bewuchs wegen Verbau (Pflaster), keine besondere Uferstruktur
Uferstruktur rechts	7	kein Bewuchs wegen Verbau (Pflaster), keine besondere Uferstruktur
Gewässerumfeld links	7	Bebauung ohne Freiflächen, kein Gewässerrandstreifen, befestigte Verkehrswege
Gewässerumfeld rechts	7	Bebauung ohne Freiflächen, kein Gewässerrandstreifen, befestigte Verkehrswege

Bildnachweis

J. Aderhold
Bilder   7.5; 7.6; 7.10
Grafik   7.2

R. Boettcher
Grafiken   9.1; 9.3 bis 9.18

G. Friedrich
Bilder   A.7; A.8; A.13; A.15; A.17; A.21; A.22

D. Glacer
Bild   4.4
Grafiken   8.1 bis 8.3

J. Lacombe
Grafiken   3.2; 3.3; 3.5; 3.9; 3.10; 3.12

A. Müller
Bilder   6.11; 10.3; 11.1; 12.1
                     A.1; A.2; A.5; A.14
Grafik   6.2

M. Sommerhäuser
Bilder   3.1; 3.6; 3.8; 5.4 bis 5.8
Grafiken   5.1 bis 5.3; 5.9

Th. Zumbroich
Bilder   2.1; 2.2; 2.5; 3.4; 3.7; 3.11; 4.1 bis 4.3; 4.5; 6.1; 6.3; 6.5 bis 6.8; 6.10; 6.12; 6.13; 7.7; 7.12; 9.2; 10.2; 10.4; 11.2; 11.3; 12.2 bis 12.4; 12.6 bis 12.11; 13.1
                     A.3; A.4; A.6; A.9 bis A.11; A.16; A.18 bis A.20
Grafik   6.9

Springer und Umwelt

Als internationaler wissenschaftlicher Verlag sind wir uns unserer besonderen Verpflichtung der Umwelt gegenüber bewußt und beziehen umweltorientierte Grundsätze in Unternehmensentscheidungen mit ein. Von unseren Geschäftspartnern (Druckereien, Papierfabriken, Verpackungsherstellern usw.) verlangen wir, daß sie sowohl beim Herstellungsprozess selbst als auch beim Einsatz der zur Verwendung kommenden Materialien ökologische Gesichtspunkte berücksichtigen.
Das für dieses Buch verwendete Papier ist aus chlorfrei bzw. chlorarm hergestelltem Zellstoff gefertigt und im pH-Wert neutral.

MIX
Papier aus verantwortungsvollen Quellen
Paper from responsible sources
FSC® C105338

If you have any concerns about our products,
you can contact us on
ProductSafety@springernature.com

In case Publisher is established outside the EU,
the EU authorized representative is:
**Springer Nature Customer Service Center GmbH
Europaplatz 3, 69115 Heidelberg, Germany**

Printed by Libri Plureos GmbH
in Hamburg, Germany